云南省科学技术厅科学技术普及专项

# 图解分析仪器

杨晓琴　主编
姜倩　郑云武　侯英　副主编

化学工业出版社
·北京·

## 内容简介

随着科学技术的飞速发展，分析仪器持续迭代升级并取得突破性进展，为化学、材料科学、生物医药、食品、环境监测及微电子等领域的研发和工业生产提供了不可或缺的技术支撑。《图解分析仪器》是面向相关专业技术人员的一部科普读物，通过图解形式直观解析了数十种专业分析仪器的原理、结构、使用注意事项和应用领域等，为读者选择和精准应用适宜的分析仪器提供指导和帮助。

本书适宜化学、材料科学、生物医药、食品工程、环境监测及微电子等领域技术人员阅读，也可供相关专业的普通读者参考。

### 图书在版编目（CIP）数据

图解分析仪器 / 杨晓琴主编；姜倩，郑云武，侯英副主编. — 北京：化学工业出版社，2025.3. — ISBN 978-7-122-47033-1

Ⅰ．TH83-64

中国国家版本馆 CIP 数据核字第 2025PH9929 号

责任编辑：邢　涛　　装帧设计：韩　飞
责任校对：王鹏飞

出版发行：化学工业出版社
　　　　　（北京市东城区青年湖南街 13 号　邮政编码 100011）
印　　装：北京云浩印刷有限责任公司
710mm×1000mm　1/16　印张 20½　字数 400 千字
2025 年 2 月北京第 1 版第 1 次印刷

购书咨询：010-64518888　　　售后服务：010-64518899
网　　址：http://www.cip.com.cn

凡购买本书，如有缺损质量问题，本社销售中心负责调换。

定　　价：98.00 元　　　　　版权所有　违者必究

## 《图解分析仪器》编写人员

主　编：杨晓琴
副主编：姜　倩　郑云武　侯英
编　者：（按姓氏汉语拼音排序）

曹　龙　陈保森　丁章帅
桂磊进　韩康佳　何远平
侯　英　姜　倩　李光鑫
李剑锋　李云仙　刘梦哲
彭宗铸　钱　雯　秦秀娟
谭浩雪　夏　娇　谢　东
解思达　徐俊明　杨发忠
杨晓琴　杨　洋　姚传慧
尹文行　喻艳华　张璟雯
张茜棉　张晓旭　赵　平
郑云武　朱国磊　邹丽花

# 前 言

随着科学技术的快速发展,各类分析仪器在化学、生物、环境、材料等领域的应用日益广泛,这些仪器为我们提供了丰富的信息。然而,对于非专业人士来说,理解和掌握这些复杂的仪器和分析方法常常是一大难题。

《图解分析仪器》是一本面向广大读者的科普读物,旨在通过图解的方式,使复杂的分析仪器知识变得通俗易懂。无论是学生、科研人员,还是对科学技术感兴趣的普通读者,都能通过本书轻松理解和掌握各种仪器的基本工作原理、使用方法和应用领域。

在通用分析仪器部分,我们将带领读者了解光学类、电化学类、色谱类和质谱类等常用分析仪器的工作原理和应用领域;在专用分析仪器领域,我们将从生物技术专用和材料科学专用两个维度,解析生物和材料专业领域常用仪器的工作原理和应用领域。

本书力求在科学性和通俗性之间找到平衡,使读者在轻松愉快的阅读过程中,获得有价值的知识和技能。希望读者通过本书不仅能够系统地了解各类分析仪器的基础知识,还能通过丰富的图示分析,直观地感受到科学仪器在各个领域中的重要性和实际应用价值。

本书的出版得到了云南省科技厅科学技术普及专项(No.202404AM350011)的经费资助和西南林业大学"十四五"校级规划教材项目的立项支持,在此表示特别感谢。在大家慷慨资助和共同努力下,本书得以顺利出版。

希望本书能够成为您进入科学世界的一把钥匙,激发您对科学探索的兴趣,并在实际应用中帮助您更好地理解和使用各种分析仪器。

杨晓琴
2024 年 7 月 24 日于昆明

# 目 录

## 上篇　通用分析仪器

### 第1章　光学类分析仪器 ———————————————— 2

#### 1.1　非光谱类分析仪器 ———————————————— 4
　　色度计 ———————————————— 4
　　阿贝折射仪 ———————————————— 7
　　光学式浊度计 ———————————————— 11
　　椭圆偏振光谱仪 ———————————————— 15
　　迈克耳逊干涉仪 ———————————————— 19
　　旋光仪 ———————————————— 22
　　X射线衍射仪 ———————————————— 25
　　圆二色光谱仪 ———————————————— 28

#### 1.2　光谱类分析仪器 ———————————————— 32
##### 1.2.1　原子光谱类 ———————————————— 32
　　原子发射光谱仪 ———————————————— 34
　　原子吸收光谱仪 ———————————————— 39
　　原子荧光光谱仪 ———————————————— 42
　　X射线荧光光谱仪 ———————————————— 48

##### 1.2.2　分子光谱类 ———————————————— 54
　　紫外-可见分光光度计 ———————————————— 56
　　近红外光谱仪 ———————————————— 63
　　红外光谱仪 ———————————————— 68
　　拉曼光谱仪 ———————————————— 75
　　荧光光谱仪 ———————————————— 83
　　核磁共振波谱仪 ———————————————— 87
　　电子顺磁共振波谱仪 ———————————————— 96

# 第2章 电化学类分析仪器 — 100
- 电位差计 — 100
- 库仑计 — 103
- 电位滴定仪 — 106
- pH 计 — 108
- 电导率仪 — 111
- 电解质分析仪 — 114
- 极谱仪 — 118
- 电化学工作站 — 120
- 电泳仪 — 123
- Zeta 电位分析仪 — 126

# 第3章 色谱分析仪器 — 130
- 薄层色谱扫描仪 — 130
- 气相色谱仪 — 135
- 高效液相色谱仪 — 140
- 凝胶渗透色谱仪 — 146
- 离子色谱仪 — 150
- 毛细管电泳仪 — 154

# 第4章 质谱分析仪器 — 158
- 质谱仪 — 158
- 磁质谱仪 — 170
- 四极杆质谱仪 — 176
- 离子阱质谱仪 — 180
- 飞行时间质谱仪 — 183

# 第5章 联用仪器 — 187
- 气相色谱-质谱联用仪 — 187
- 气相色谱-傅里叶变换红外光谱联用仪 — 193
- 液相色谱-质谱联用仪 — 197
- 电感耦合等离子体-质谱仪 — 203

## 下篇 专用分析仪器

### 第 6 章 生物技术专用分析仪器 ········ 207

#### 6.1 样品保存专用仪器设备 ········ 207
实验室冰箱 ········ 210
冷库 ········ 213
液氮罐 ········ 217
超低温冰箱 ········ 219

#### 6.2 样品前处理专用仪器设备 ········ 222
移液器 ········ 222
离心机 ········ 225
冷冻干燥机 ········ 228
均质机 ········ 230
培养箱 ········ 236
生物安全柜 ········ 240
超净工作台 ········ 244

#### 6.3 过程分析专用仪器设备 ········ 247
PCR 基因扩增仪 ········ 247
酶标仪 ········ 251
核酸提取仪 ········ 260
暗箱式紫外分析仪 ········ 264
荧光显微镜 ········ 266

#### 6.4 清洗灭菌专用仪器设备 ········ 269
高压灭菌锅 ········ 269
超声波清洗机 ········ 272

### 第 7 章 材料科学专用分析仪器 ········ 277
X 射线光电子能谱仪 ········ 277
元素分析仪 ········ 282
比表面积分析仪 ········ 284
化学吸附分析仪 ········ 288
扫描隧道显微镜 ········ 292

透射电镜 ·················································· 299

球差矫正透射电镜 ······································ 306

激光粒度仪 ·············································· 310

能谱仪 ···················································· 315

**参考文献** ················································ 320

# 上篇 通用分析仪器

# 第1章 光学类分析仪器

  光学类分析仪器是基于光学原理,利用光与物质相互作用方式对样品的光学性质和特性进行测量和分析。这类仪器可分为非光谱类和光谱类两大类。

  非光谱类分析仪器主要关注物质与辐射能相互作用时,测量辐射的某些性质的仪器。这些仪器观测包括折射、散射、干涉、衍射和偏振等变化,它们用于测量和研究样品的光学特性,而不涉及特定的波长或频率范围。

  光谱类分析仪器则侧重物质与辐射能相互作用时,测量由物质内部发生量子化的能级之间跃迁所产生的发射、吸收或散射辐射的波长和强度。这些仪器用于获得样品在不同波长或频率下的光谱信息,以分析样品的分子结构、组成和性质。

  表 1-1 列举了一些常见的光学类分析仪器的类型、被测光学性质和应用。显然,此表虽然不是详尽无遗的,但它可对光学类分析仪器的类型和应用提供一个初步的概述。

表 1-1　常见光学类分析仪器的类型、被测光学性质和应用

| 仪器类型 | 被测光学性质 | 相应的分析仪器 | 应用 |
| --- | --- | --- | --- |
| 非光谱类 | 颜色 | 色度计 | 测量样品的颜色属性,包括色调、饱和度、亮度 |
| | 折射现象 | 阿贝折射仪 | 测量样品的折射率,从而确定样品的折射性质 |
| | 浊度 | 光学式浊度计 | 测量样品中的微粒或悬浮物的浓度,从而描述液体或气体的透明度 |
| | 折射率、反射率和各向异性 | 椭圆偏振光谱仪 | 用于研究薄膜、涂层和材料表面的光学性质和薄膜厚度等 |

续表

| 仪器类型 | | 被测光学性质 | 相应的分析仪器 | 应用 |
|---|---|---|---|---|
| 非光谱类 | | 干涉现象 | 迈克耳逊干涉仪 | 测量光的干涉模式,从而获得样品的光学路径差和波长信息 |
| | | 旋光度 | 旋光仪 | 测量样品对偏振光的旋光效应,通常用于分析手性分子的浓度和性质 |
| | | X射线衍射图案 | X射线衍射仪 | 确定晶体结构和样品中的原子排列 |
| | | 圆二色性 | 圆二色光谱仪 | 研究生物分子(如蛋白质和核酸)的构象和手性性质 |
| 光谱类 | 原子 | 元素的发射光谱 | 原子发射光谱仪 | 确定样品中不同元素的存在和浓度 |
| | | 元素的吸收光谱 | 原子吸收分光光度计 | 分析样品中特定元素的浓度 |
| | | 元素的荧光光谱 | 原子荧光分光光度计 | 检测和测量样品中的特定元素 |
| | | X射线荧光光谱 | X射线荧光光谱仪 | 分析样品中元素的种类和浓度 |
| | 分子 | 可见光范围内的吸收或透射 | 可见分光光度计 | 定量分析物质的浓度 |
| | | 紫外线和可见光范围内的吸收或透射 | 紫外-可见分光光度计 | 分析化合物的浓度和化学结构 |
| | | 近红外光范围内的吸收或反射 | 近红外光谱仪 | 分析样品的成分和特性 |
| | | 红外光范围内的吸收或反射 | 红外光谱仪 | 研究样品的分子结构和成分 |
| | | 散射光的频移 | 拉曼分光光度计 | 研究样品的分子振动和旋转模式,提供关于样品的结构信息 |
| | | 发射的荧光光谱 | 荧光分光光度计 | 检测和测量样品中的荧光物质 |
| | | 核磁共振信号 | 核磁共振仪 | 分析样品的核磁共振谱,提供有关分子结构的信息 |
| | | 电子顺磁共振信号 | 电子顺磁共振波谱仪 | 研究样品中的未成对电子和自由基 |

## 1.1 非光谱类分析仪器

### 色度计（Colorimeter）

色度计，也称测色计、比色计或色差计，是一种量化物体颜色现象的光敏检测仪器，可通过对物体进行测量，得到直接描述物体颜色的色度数据，从而将人眼对颜色的定性颜色感觉转变成定量的描述。通过色度测量，可以从视觉上均匀并精确评价物体的颜色，也可以通过色差比较对不同的工艺过程进行评价。

**工作原理**

色度测量是模拟人眼对红（625nm）、绿（545nm）、蓝（435nm）光的感应方式，如图 1-1 所示，通过对被测颜色表面直接测量获得与颜色三刺激值 $X$、$Y$、$Z$ 成比例的视觉响应，经过换算得出被测颜色的 $X$、$Y$、$Z$ 值，也可以将这些值转换成其他匀色空间的颜色参数。

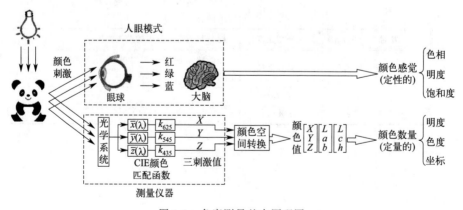

图 1-1　色度测量基本原理图

色度计一般由光源、校正滤色器、光电积分观测器组成。如图 1-2 所示,光源照射待测物体,通过由校正滤色器和光电接收器组成的光电积分标准观测器来模拟人眼对颜色的三种响应。色度计获得三刺激值的方法是由仪器内部光学模拟积分完成的,也就是由滤色器来校正光源和探测器的光谱特性,使输出电信号大小正比于颜色的三刺激值,所以色度计测量值可以精确地描述色彩,并且与人的视觉相一致。

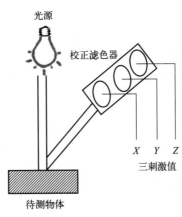

图 1-2　色度计原理图

**应用领域**

色度计对于简单的颜色测量非常精确,非常适合于色差、牢度和强度的测定,以及类似颜色的常规比较,在各个领域中都扮演着关键角色,帮助确保产品的质量、一致性和视觉吸引力。它对于满足各种行业的标准和规定以及满足消费者的期望至关重要,主要应用领域如下。

① 食品和饮料工业:用于检测食品和饮料的颜色,以确保产品的一致性和质量。这对于食品的外观和口感非常重要,如巧克力、果汁、面包和糖果等。

② 纺织和服装工业:用于评估织物、染料的颜色的一致性。这有助于生产符合标准的面料和服装。

③ 化妆品工业:用于测量化妆品的颜色,如口红、粉底、眼影和指甲油等。

④ 塑料和涂料工业:用于检测塑料和涂料的颜色,以确保产品的质量和外观。这对于汽车涂料、塑料制品和建筑涂料等非常重要。

⑤ 医疗设备和药品：用于检测药片、胶囊和医疗设备的颜色，以帮助识别和分类不同的产品。

⑥ 印刷和包装工业：用于监测印刷品和包装材料的颜色，以确保印刷品的一致性和品质。

⑦ 艺术和设计：用于帮助艺术家、设计师和创意人员精确测量和选择颜色。

⑧ 环境监测：用于测量自然环境中的水体、土壤和大气中的颜色变化，以评估水质、土壤质量和空气质量。

# 阿贝折射仪（Abbe Refractometer）

阿贝折射仪是一种用于测定透明、半透明液体或固体的折射率和平均色散的仪器。折射率和平均色散是物质的重要光学常数之一，可用于了解物质的光学性能、纯度和色散大小等特性。折射率是物质的关键物理特性之一，许多纯物质都具有特定的折射率。如果物质中存在杂质，折射率将发生变化，导致折射率的偏差。杂质的含量越高，偏差越显著。因此，通过测定折射率，可以确定物质的浓度。

**工作原理**

当光由折射率为 $n_1$ 的介质 I 射入折射率为 $n_2$ 的介质 II 时，如图 1-3 所示，由折射定律可知，入射角 $\theta_1$ 和折射角 $\theta_2$ 之间存在下列关系：

$$n_1 \sin\theta_1 = n_2 \sin\theta_2 \tag{1-1}$$

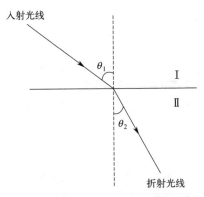

图 1-3 光在两种媒质界面上的折射现象

显然，若 $n_1 > n_2$，则 $\theta_1 < \theta_2$。其中绝对折射率较大的介质称为光密介质，较小的称为光疏介质。当光线从光密介质 I 进入光疏介质 II 时，折射角 $\theta_2$ 恒大于入射角 $\theta_1$，且 $\theta_2$ 随 $\theta_1$ 的增大而增大，当入射角增大到最大值 $\theta_1 = 90°$ 时，折射角达到最大值 $\theta_2 = \theta_c$，此时的入射光线称掠射光线，对应的折射角称为折射临界角或全反射角，可得

$$n_1 \sin 90 = n_2 \sin \theta_c \tag{1-2}$$

即

$$n_1 = n_2 \sin \theta_c \tag{1-3}$$

已知 $n_2$ 值，则测出折射临界角 $\theta_c$，即可算出待测介质的折射率 $n_1$。

阿贝折射仪测定折射率正是基于测定临界角的原理，如果用一望远镜对出射光线视察，可以看到望远镜视场被分为明暗两部分，二者之间有明显分界线，明暗分界处即为临界角的位置。

阿贝折射仪的主要部分是由一直角进光棱镜 $A'B'C'$ 和另一直角折光棱镜 $ABC$ 组成，其中有一块的一个面 $A'B'$ 是磨砂的。测液体时，光从 $B'C'$ 面入射，如图 1-4 所示，三棱镜 $ABC$ 的折射率为已知量，测出 $\varphi(\theta_c)$ 角并代入式(1-3)即可算出折射率。测固体折射率时只用一个棱镜 $ABC$，将待测固体磨成平板块，如图 1-5 所示，在被测固体与棱镜间滴入高折射率液体，测出 $\varphi$ 后亦可求出折射率。阿贝折射仪直接刻出了 $\varphi$ 角所对应的折射率，使用时直接读数无需计算，测量范围是 1.3～1.7。

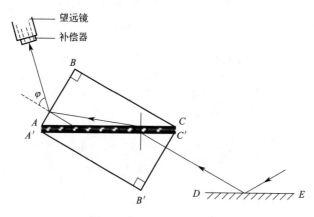

图 1-4　阿贝折射仪原理图

阿贝折射仪的外形和结构如图 1-6 所示，望远镜前面装有光补偿器，测量时无需用钠光灯，只要用白光（日光或普通灯光）作为光源，旋转补偿器可使色散为零，各种波长的光的极限方向都与钠黄光的极限方向重合，所以视场出现半边黑色，半边白色，黑白的分界线就是钠黄光的极限方向。补偿器上面还附有刻度盘，读出其读数后利用仪器附带的卡片再经过简单的计算，可以求出物质的色散率。

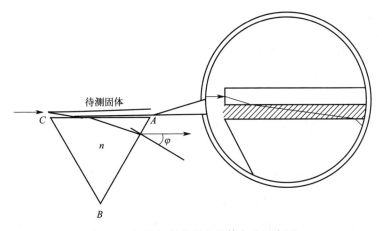

图1-5 阿贝折射仪测量固体方法示意图

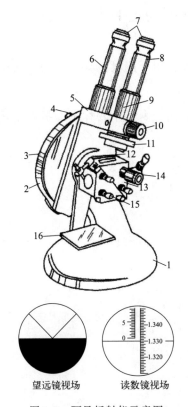

图1-6 阿贝折射仪示意图

1—底座；2—棱镜转动手轮（在背后）；3—圆盘组（内有刻度板）；4—小反光镜；5—支架；
6—读数镜筒；7—目镜；8—望远镜筒；9—刻度校准螺丝；10—色散棱镜手轮；11—色散值刻度圈；
12—折射棱镜锁紧扳手；13—折射棱镜组；14—温差计座；15—恒温水接口；16—反光镜

**应用领域**

阿贝折射仪在各种领域中都有广泛的应用,用于测量液体样品的折射率,从而提供关于样品成分和性质的重要信息,主要应用领域如下。

① 食品工业:用于检测和控制食品中的糖分含量。通过测量食品样品的折射率,可以确定其糖度,这对于饮料、果汁、果酱、蜂蜜等产品的质量控制非常重要。

② 酒类工业:用于测量葡萄酒、啤酒和烈酒中的糖度和酒精含量。这有助于确定产品的质量、口感和酒精浓度。

③ 制药工业:药品制造中需要确保药物的浓度和纯度,阿贝折射仪可用于检测药物溶液中的活性成分的浓度,以确保其质量。

④ 化学实验:用于研究和分析化合物的折射率,这对于确定化学物质的特性和纯度非常重要。

⑤ 石油和石化工业:用于测量液体样品的折射率,以确定液体的成分和质量。

⑥ 生物化学研究:用于测量生物样本的折射率,以研究生物分子的浓度和相互作用。

# 光学式浊度计（Optical Turbidimeter）

浊度计用于测定透明液体中不溶性颗粒物质所产生的光的散射程度，并能定量表征这些悬浮颗粒物质的含量，根据光接收方式有透射光式浊度计、散射光式浊度计和透射散射光式浊度计等，统称为光学式浊度计。

当使用散射光浊度法测量浊度时，浊度计以与入射光传播方向成 90°角的角度测量散射光，浊度单位称为散射光浊度法浊度单位（Nephelometric Turbidity Unit，NTU），ISO 标准所用的浊度测量单位为 FTU（Formazan Turbidity Unit），FTU 与 NTU 在数值上相等。

**工作原理**

浊度是一种光学效应，是光线与溶液中的悬浮颗粒相互作用的结果，并不能直接测量。测量原理如图 1-7 所示，当光线照射到液面上，入射光强、透射光强和散射光强相互之间比值和试样浊度之间存在一定的相互关系，用一定的入射光强透过同一厚度不同浊度的试样时，将得到不同的透射光强或散射光强，其消光值和浊度成正比，浊度计通过计量透射光强或散射光强，并经过电路处理，得到试样的浊度值。通常试样的透射光强度越小或散射光强度越大，表征试样的浊度越大。目前，浊度测量方法按光接收方式主要分为透射光式浊度测量法、散射光式浊度测量法、透射光-散射光比较测量法三种。

(1) 透射光式浊度测量法

该方法比较简便，其原理如图 1-8 所示，从光源（发光二极管）发出的光束射入待测液体，待测液体中的浊度物质会使光的强度衰减，此光穿过待测液体并被光敏晶体管接收转换，得到的电信号驱动仪器的后置电路，指示出待测液体的浊度。

(2) 散射光式浊度测量法

光束射入试样时，由于试样中浊度物质使光产生散射，通过测量与入射

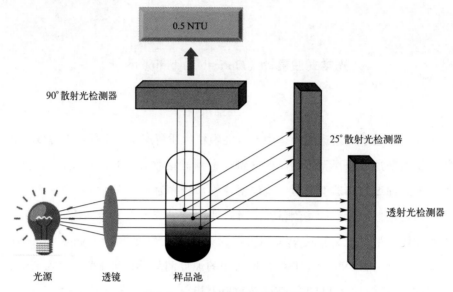

图 1-7　光学式浊度计工作原理图

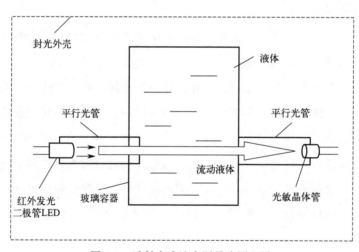

图 1-8　透射光式浊度测量法原理图

光垂直方向的散射光强度，即光源与光电接收器件集成在密封的探头中，使得入射光经过试样中颗粒的散射，被与它成 90°角的光电接收器件接收后，即可测出待测试样的浊度。其原理如图 1-9 所示。

（3）透射光-散射光比较测量法

当光源发出的发光强度为 $I_0$ 的光通过试样时，由于试样中悬浮固体和杂质的吸收和散射作用，使穿过试样的透射光发光强度减弱到 $I_r$，发光强

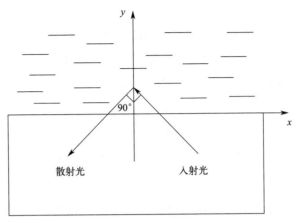

图 1-9 散射光式浊度测量法原理图

度减弱。试样颗粒物质与光相互作用时,产生的散射光发光强度及其在空间的分布与微粒直径大小、微粒折射率、入射光发光强度等诸多因素有关。同时测量投射于试样光束的透射光和散射光强度,再按这两者光强度比值可测量其浊度大小。该法消除了由于 LED 光源老化以及不稳定对浊度测量的影响,有效提高了测量准确度。其原理如图 1-10 所示,测量仪器由光源、光电检测设备以及电子放大与计算机数据处理、控制系统等组成。光源发出的光通过待测试样,到达光电检测设备后被接收而转化为电信号,同时待测试样中的样品在光照下产生散射,散射光被与入射光线成 90°角放置的另一光电检测器接收并转化为电信号。两信号经电子放大后输入计算机系统,两信号随样品浊度的增加分别减小和增大,计算机将两信号进行适当的计算得到待测试样的浊度值并显示在液晶屏上。

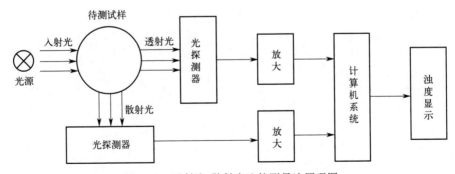

图 1-10 透射光-散射光比较测量法原理图

**应用领域**

光学式浊度计在液体浊度或悬浮物浓度测量方面具有广泛的应用,用于监测和控制各种液体系统的质量和性能,主要应用领域如下。

① 食品和饮料工业:用于检测食品和饮料的浑浊度,以评估产品的质量和一致性,这对于牛奶、果汁、啤酒以及酒和食品原料的生产非常重要。

② 饮用水和污水处理:在水处理工业中,浊度是评估水质的一个重要指标,光学式浊度计可用于监测饮用水和污水中的悬浮物含量,以确保水质符合标准。

③ 制药工业:可用于检测药物溶液中的微粒和杂质,以确保药品的纯度和质量。

④ 化学工业:用于监测反应溶液的清澈度和颗粒物的生成。

⑤ 环境监测:可用于监测自然水体中的浊度变化,如河流、湖泊和海洋,以评估水质和环境健康。

⑥ 纺织和造纸工业:用于评估染料、涂料和纤维悬浮物的浓度。

⑦ 化妆品工业:用于检测化妆品中的乳化液和颗粒物,以确保产品的稳定性和外观。

⑧ 矿业和矿物处理:用于监测矿浆中的固体颗粒浓度。

⑨ 医疗和生物科学:用于监测细胞、微粒和生物反应物质的浓度。

## 椭圆偏振光谱仪（Spectroscopic Ellipsometer）

椭圆偏振光谱仪，简称椭偏仪，是一种利用偏振光通过测量被测样品反射（或透射）光线偏振状态的变化获得薄膜厚度或界面参量的光学测量仪器。由于测量精度高，与样品非接触，对样品没有破坏且不需要真空，能同时测定薄膜厚度和光学常数，主要用于探测薄膜厚度、光学常数以及材料微结构。

**工作原理**

光是一种电磁波，因此，光波的传播方向就是电磁波的传播方向。如图1-11所示，光振动方向和光波前进方向构成的平面叫作振动面，由于电磁波是横波，当光波振动时，振动面也就发生了变化，可能在某一个方向的振动强或弱于其他平面，这种振动方向对于传播方向的不对称性叫作偏振，具有偏振性的光则称为偏振光。

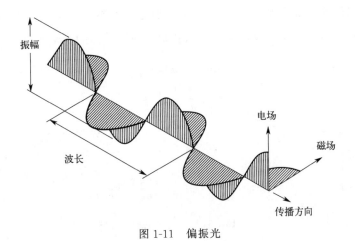

图 1-11　偏振光

按照偏振光的性质，可分为完全偏振光和部分偏振光，完全偏振光包括线偏振光、圆偏振光和椭圆偏振光。

如图1-12所示，如果光矢量端点的轨迹为直线，即光矢量只沿着一个确定的方向振动，其大小随相位变化、方向不变，称为线偏振光。如果光矢量端点的轨迹为一圆，即光矢量不断旋转，其大小不变，但方向随时间有规律地变化，称为圆偏振光。如果光矢量端点的轨迹为一椭圆，即光矢量不断旋转，其大小、方向随时间有规律的变化，称为椭圆偏振光。如果光矢量的振动在传播过程中只是在某一确定的方向上占有相对优势，这种偏振光就称为部分偏振光。

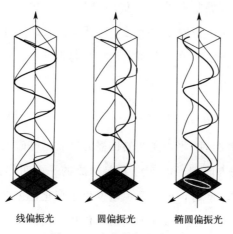

图 1-12　完全偏振光类型

椭偏仪的测量原理如图 1-13 所示，通过测量线偏振光经样品表面反射后光的相对振幅与相位改变量，可以获得所研究样品的光学性质。

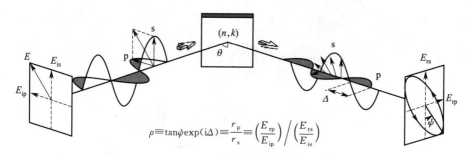

图 1-13　椭偏仪测量原理示意图

椭偏仪根据测量方式可以分为反射式、透射式和散射式椭偏仪，其中应用最为广泛的是反射式椭偏仪。其主要构成部分较为统一，如图 1-14 和图 1-15 所示，包括光源、偏振器件、补偿器、光束调节器和探测器。

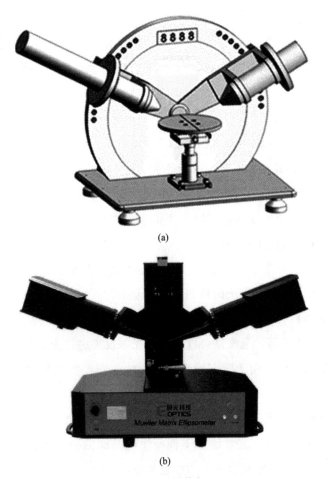

图 1-14 椭偏仪

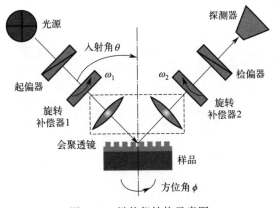

图 1-15 椭偏仪结构示意图

**应用领域**

椭圆偏振光谱仪在研究、设计和制造复杂光学和材料系统时具有关键作用。它能提供有关材料、分子结构和光学性质的详细信息，因此在各种科学和工程应用中得到广泛应用，主要应用领域如下。

① 材料科学和表面分析：用于研究材料的光学性质、表面涂层的厚度和复杂多层结构，这在半导体制造、薄膜技术和光学涂层设计中非常有用。

② 生物医学和生物化学：用于研究生物分子、蛋白质折叠、细胞膜结构和分子间相互作用，这对于生物药物开发和生物分子研究非常重要。

③ 光电子学和半导体：可用于评估半导体材料和光电子元件的光学性质，如反射率、折射率和吸收谱。

④ 液晶技术：在液晶显示器（LCD）和液晶光学器件制造中，椭圆偏振光谱仪用于研究液晶分子的排列和椭圆偏振性质。

⑤ 光学材料研究：研究和开发新型光学材料，如非线性光学材料、光子晶体和光学波导等，通常需要椭圆偏振光谱仪来进行光学性质的表征。

⑥ 纳米技术：可用于研究纳米结构和纳米颗粒的光学性质，有助于设计和优化纳米材料。

⑦ 磁性材料：可用于研究磁性薄膜的磁性性质的变化。

⑧ 光学涂层设计：光学涂层工程师使用椭圆偏振光谱仪来设计和优化光学镀膜，以满足特定光学设备的性能要求。

# 迈克耳逊干涉仪（Michelson Interferometer）

光学干涉仪（Optical Interferometer）是一种用于测量和分析光波干涉现象的仪器，它是基于光的波动性质，通过比较不同光波的相位差来测量或分析光学性质。迈克耳逊干涉仪是光学干涉仪中最常见的一种，1887年，美国物理学家迈克耳逊和爱德华·莫雷进行了迈克耳逊-莫雷实验，证实了"以太"的不存在，启发了狭义相对论。在近代物理和近代计量技术中，迈克耳逊干涉仪在光谱线精细结构的研究和用光波标定标准米尺等实验中都有着重要的应用。

**工作原理**

如图1-16所示，在一台标准的迈克耳逊干涉仪中，从光源到光检测器之间存在有两条光路，一束光被光学分束器（例如一面半透半反镜）反射后入射到上方的平面镜后反射回分束器，之后透射过分束器被光检测器接收；另一束光透射过分束器后入射到右侧的平面镜，之后反射回分束器后再次被反射到光检测器上。注意到两束光在干涉过程中穿过分束器的次数是不同的，从右侧平面镜反射的那束光只穿过一次分束器，而从上方平面镜反射的那束光要经过三次，这会导致两者光程差的变化。对于单色光的干涉而言这无所谓，因为这种差异可以通过调节干涉臂长度来补偿；但对于复色光而言，由于在介质中不同色光存在色散，这往往需要在右侧平面镜的路径上加一块和分束器同样材料和厚度的补偿板，从而消除由这个因素导致的光程差。

在干涉过程中，如果两束光的光程差是光波长的整数倍（0，1，2，…），在光检测器上得到的是相长的干涉信号；如果光程差是半波长的奇数倍（1，3，5，…），在光检测器上得到的是相消的干涉信号。当两面平面镜严格垂直时为等倾干涉，其干涉光可以在屏幕上接收为圆环形的等倾条纹；而当两面平面镜不严格垂直时是等厚干涉，可以得到以等厚交线为中心

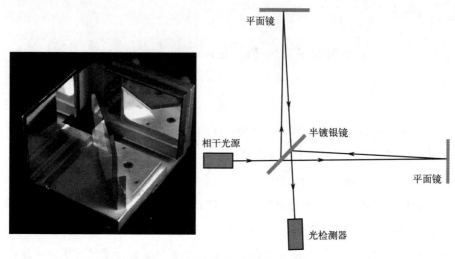

图 1-16　迈克耳逊干涉仪示意图

对称的直等厚条纹。在光波的干涉中能量被重新分布，相消干涉位置的光能量被转移到相长干涉的位置，而总能量总保持守恒。

**应用领域**

迈克耳逊干涉仪是一种多功能的仪器，它在光学研究、精密测量和工程应用中发挥着重要作用，可以用于测量和分析光学性质、表面形貌和材料特性。迈克耳逊干涉仪最著名应用是它在迈克耳逊-莫雷实验中对以太风观测中所得到的零结果，这为狭义相对论的基本假设提供了实验依据。除此之外，由于激光干涉仪能够非常精确地测量干涉中的光程差，在当今的引力波探测中迈克耳逊干涉仪以及其他种类的干涉仪都得到了相当广泛的应用，主要应用领域如下。

① 波长测量：可以用来测量光波的波长，这对于确定光源的光谱特性非常重要，它在光谱学研究中有广泛的应用，包括分析原子吸收光谱和分子光谱。

② 折射率测量：通过引入具有已知折射率的样品，迈克耳逊干涉仪可以用来测量未知样品的折射率。这在材料研究和光学设计中非常有用。

③ 薄膜厚度测量：可用于测量薄膜的厚度。通过观察干涉条纹的位置变化，可以确定薄膜的厚度，这在半导体制造和光学涂层设计中非常重要。

④ 表面形貌分析：可用于测量物体表面的形貌和轮廓，这对于工程测量和制造质量控制非常有用。

⑤ 天文观测：可用于天文观测，特别是用于测量天体的直径和距离，它对天文学的贡献包括测量恒星的直径、测量星系距离和测量恒星视差。

⑥ 光学元件测试：可用于测试和校准光学元件，如透镜、棱镜和反射镜，有助于确保光学系统的性能和精度。

⑦ 相干光源测量：在激光技术和光学通信中，迈克耳逊干涉仪可以用于测量相干光源的相干性、波长和波前形状。

⑧ 材料研究：在材料研究中用于测量材料的光学性质、折射率和色散性质。

⑨ 干涉显微镜：可用于干涉显微镜，用于观察生物样本和微观结构，如细胞和纳米材料。

# 旋光仪（Polarimeter）

旋光仪是一种用于测量光的旋光现象的仪器，也称为光学旋光仪。旋光现象是一种涉及光的偏振状态变化的现象，通常是光与手性分子（旋光体）相互作用而导致。旋光体具有对圆偏振光具有选择性吸收或相位延迟的能力，导致通过旋光体的光的偏振状态发生旋转。通过对样品旋光度的测定，可以研究有机物的结构，定量测定旋光物质的浓度，特别是可以精准测定溶液中有非旋光性杂质存在时旋光物质的含量。

**工作原理**

光线具有波动性质，这意味着光波在传播时会呈现出波浪形状。这个波浪形的特性可以导致光线的偏振，而光的旋光性就是一种偏振现象。为了更好地理解光的旋光性，可以使用一个易于理解的比喻。如图1-17所示，想象一张长方形的纸，上面画有波浪线。现在，用手指牢牢抓住这张纸的两端的中点，并尝试以各种不同的角度旋转它。在这个过程中，波浪线会沿着不同的方向振荡，这模拟了光波在传播过程中波动方向的变化（图1-18）。在这种状态下，我们无法确定通过物质后的光束将以何种方式旋转。要测量光的旋光角，我们需要将光线限制在特定方向上传播。为了实现这一点，我们可以使用一个称为"起偏镜"的光学器件。起偏镜内部具有网格状图案，使光线无法自由通过。它只允许以特定方向振荡的单一光波通过，这种振荡方向被称为偏振方向，这就是所谓的"偏振光"。

当两个偏振镜片依次放置，并且只有一个进行旋转时，会发生一个特殊的情况，其中光线完全被阻挡。这是因为已经穿过第一个偏振镜片并已被限制为以特定偏振方向振荡的光被第二个偏振镜片（在旋光仪中称为"分析器"）以不同的角度阻挡。通过旋转起偏镜片（通常是旋光仪中的第一个镜片）并找到偏振光通过或被阻挡的角度，可以测量光线通过物质时的旋光角。旋光仪正是利用这个原理来测量物质的旋光度。

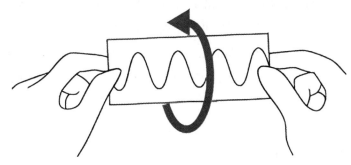

图 1-17　模拟光波的传播过程

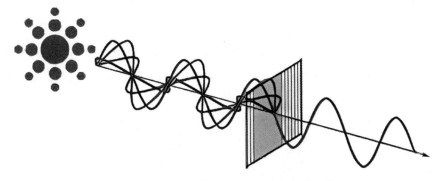

图 1-18　光波在传播过程中波动方向的变化

一般的旋光仪通常由光源和起偏镜等光学元件组成。光源发出的光穿过起偏镜，该镜片限制光波的振荡方向，当光通过物质时，我们测量光线旋转的角度。在测量过程中，如果光的振动平面绕向光源方向的轴顺时针旋转，那么我们称之为右旋光。如果振动平面逆时针旋转，则称为左旋光。术语"右旋光"源于拉丁语单词"dextro"，意为"右"，因此"d-rotary"也用于表示右旋光。同样，"左旋光"源于拉丁语单词"levo"，意为"左"，因此用"l-rotary"表示左旋光。

**应用领域**

旋光仪在化学、食品科学、制药、生物化学、材料科学等领域中发挥着关键作用，帮助科学家和工程师理解和利用手性分子的性质，从而影响了化学制造、食品生产、药物开发、材料设计和教育等方面的发展。主要应用领域包括：

① 化学分析：常用于确定化学物质的手性性质，例如药物、氨基酸、糖类等。左旋光和右旋光的测量可用于确定化合物的立体异构体。

② 食品科学：可用于测量食品中的糖度，有助于检测食品中的糖分含量，特别是在酿造、饮料和食品加工中；也可用于分析食品中的脂肪和蛋白质的手性性质，帮助确定食品成分。

③ 制药工业：用于监测和控制药物合成过程中的手性化合物的产生，确保合成出符合标准的药物。

④ 生物化学：可用于蛋白质和核酸生物分子的手性性质，有助于了解它们的结构和功能；也可通过测量酶对手性底物的反应，用于研究酶的活性和特异性。

⑤ 材料科学：可用于研究液晶材料的光学旋光性质，对于液晶显示技术的发展非常重要；也可用于光学材料研究中，测量材料的旋光性质，包括非晶态和晶体材料。

# X射线衍射仪（X-ray Diffractometer，XRD）

X射线衍射仪是一种用于分析晶体结构的科学仪器，它能够通过测量物质对入射X射线的散射模式来确定晶体的原子排列和晶格结构。XRD仪分为单晶X射线衍射仪（SXRD）和多晶X射线衍射仪两种（PXRD）。SXRD的被测对象为单晶体试样，主要用于确定未知晶体材料的晶体结构。PXRD也被称为粉末X射线衍射仪，被测对象通常为粉末、多晶体结构金属或高聚物等块体纳米材料。

**工作原理**

特征X射线及其衍射X射线是一种波长（0.06～20nm）很短的电磁波，能穿透一定厚度的物质，并能使荧光物质发光、照相机乳胶感光、气体电离。用高能电子束轰击金属靶产生X射线，它具有靶中元素相对应的特定波长，称为特征（或标识）X射线。如铜靶对应的X射线波长为0.154056nm。

如图1-19所示，X射线的波长和晶体内部原子面之间的间距相近，晶体可以作为X射线的空间衍射光栅，即一束X射线照射到物体上时，受到物体中原子的散射，每个原子都产生散射波，这些波互相干涉，结果就产生衍射。衍射波叠加的结果使射线的强度在某些方向上加强，在其他方向上减弱。分析衍射结果，便可获得晶体结构。以上是1912年德国物理学家劳厄提出的一个重要科学预见，随即被实验所证实。1913年，英国物理学家布拉格父子（W. H. Bragg，W. L. Bragg）在劳厄发现的基础上，不仅成功地测定了NaCl，KCl等晶体结构，还提出了作为晶体衍射基础的著名公式——布拉格方程：

$$2d\sin\theta = n\lambda \quad (1-4)$$

在使用XRD法的检测过程中，SXRD的检测对象为一颗晶体，PXRD的检测对象为众多随机取向的微小颗粒，它们可以是晶体或非晶体等固体样

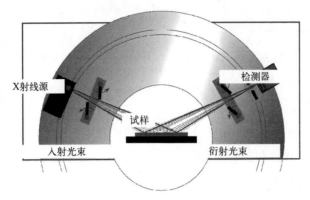

图 1-19　XRD 工作原理

品。对于晶体材料，当待测晶体与入射光束呈不同角度时，那些满足布拉格衍射的晶面就会被检测出来，体现在 XRD 图谱上就是具有不同的衍射强度的衍射峰。对于非晶体材料，由于其结构不存在晶体结构中原子排列的长程有序，只是在几个原子范围内存在着短程有序，故非晶体材料的 XRD 图谱为一些漫散射馒头峰。

**应用领域**

XRD 仪是一种多功能的仪器，它在各种科学研究和工业应用中都发挥着关键作用，有助于深入了解材料的结构和性质，从而推动了材料科学、制药、化学、地质学、生物学和工程学等领域的发展。主要应用领域如下。

（1）材料科学

晶体结构分析：用于确定各种材料的晶体结构，包括金属、陶瓷、半导体等。

材料质量控制：在制造和加工过程中用于监测材料的晶体结构和质量，以确保产品符合规格。

材料相变研究：用于研究材料在不同温度和压力条件下的相变行为，以了解材料的性能。

（2）化学研究

晶体化学：用于确定化学化合物的晶体结构，有助于了解分子之间的排列和相互作用。

药物研发：在药物制造中用于确认药物的结晶形式，以确保药物的稳定性和溶解性。

催化剂研究：用于分析催化剂的晶体结构，有助于改进催化剂的设计和性能。

(3) 地质学和矿物学

岩石分析：用于分析岩石和矿物的晶体结构，从而帮助地质学家了解地球内部的成分和演化过程。

矿物鉴定：用于鉴定和分析不同矿物的晶体结构，有助于勘探和采矿工作。

(4) 生物化学和生物学

蛋白质晶体学：在蛋白质晶体学中广泛用于解析蛋白质的三维结构，有助于药物研发和生物学研究。

生物材料研究：用于研究生物材料（如骨骼和牙齿）的晶体结构和性质。

(5) 工程和材料设计

新材料开发：用于研究新材料的结构和性能，有助于开发高性能材料。

纳米材料分析：可用于分析纳米材料的晶体结构和纳米颗粒的尺寸分布。

(6) 质量控制和制造业

合金分析：用于分析合金的晶格结构，以确保合金的质量和性能。

半导体生产：在半导体制造中用于检查晶体的质量和完整性。

# 圆二色光谱仪（Circular Dichroism Spectrometer）

圆二色光谱仪是一种用于研究物质对右旋圆偏振光和左旋圆偏振光的吸收差异的光谱技术。光学活性物质对组成平面偏振光的左旋和右旋圆偏振光的吸收系数（ε）是不相等的，这会使左、右圆偏振光透过后变成椭圆偏振光，这种现象称为圆二色性（Circular Dichroism，CD）。根据这一现象的原理和测试要求设计制成的仪器称为圆二色光谱仪，是应用最为广泛的测定蛋白质二级结构的仪器。

**工作原理**

光是电磁波，是一种在各个方向上振动的射线，其电场矢量与磁场矢量相互垂直，且与光波传播方向垂直。由于产生感光作用的主要是电场矢量，一般就将电场矢量作为光波的振动矢量。光波电场矢量与传播方向所组成的平面称为光波的振动面。若此振动面不随时间变化，这束光就称为平面偏振光，其振动面称为偏振面，如图1-20所示。

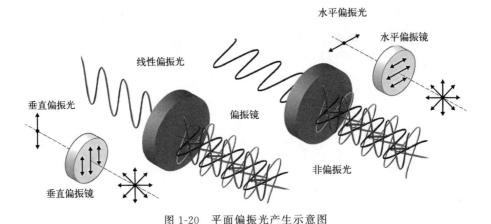

图1-20 平面偏振光产生示意图

平面偏振光可分解为振幅、频率相同，旋转方向相反的两圆偏振光，如图1-21所示，圆偏振光的振幅保持不变，而方向周期性变化，电场矢量绕

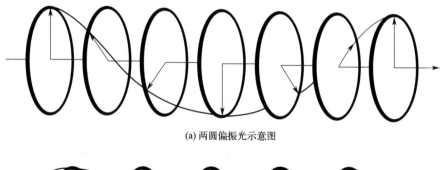

(a) 两圆偏振光示意图

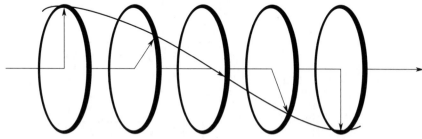

(b) 右旋圆偏振光示意图

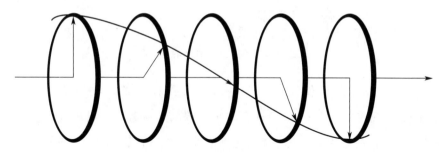

(c) 左旋圆偏振光示意图

图 1-21　两圆偏振光示意图

传播方向螺旋前进。其中电矢量以顺时针方向旋转的称为右旋圆偏振光，如图 1-21(b) 所示，其中以逆时针方向旋转的称为左旋圆偏振光，如图 1-21(c) 所示。两束振幅、频率相同，旋转方向相反的偏振光也可以合成为一束平面偏振光。如果两束偏振光的振幅不相同，则合成的将是一束椭圆偏振光。圆二色光谱仪利用左旋、右旋圆偏振光（手性光）通过一定的物质时所显示的总的旋光性的不同，判定该物质的结构或结构变化，利用圆二色光谱仪进行分析时，所得结果常以圆二色光谱显示。圆二色光谱中的横坐标是平面偏振光的波长 $\lambda$，纵坐标为吸收系数之差（$\Delta\varepsilon = \varepsilon_L - \varepsilon_R$）。由于 $\varepsilon_L \neq \varepsilon_R$，透射光不再是平面偏振光,而是椭圆偏振光,摩尔椭圆度[$\theta$]与$\Delta\varepsilon$的关系为:[$\theta$]=3300$\Delta\varepsilon$,因此圆二色光谱也可以摩尔椭圆度为纵坐标,以波长为横坐标作图。

圆二色光谱仪主要由氙灯、单色器、光电调节器、样品池以及光电倍增管检测器组成,其结构如图1-22所示。

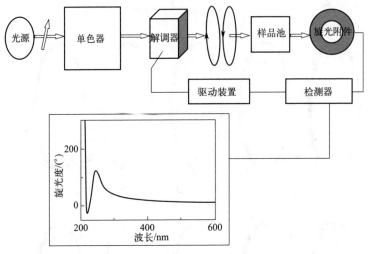

图1-22 圆二色光谱仪结构图

该仪器采用氙灯作光源,光电倍增管作检测器,波长范围165~850nm,检测范围为±3000°,具有波长可调、光通量大、灵敏度高、数据准确和信噪比高等优势。其中旋光色散附件包含一个可旋转的线偏振分析棱镜,其以45°角处在样品和检测器之间,来切换垂直和水平光。在圆二色光谱仪的光路上装配旋光色散附件即可进行旋光的测定,从而在手性药物研究中不需使用两种仪器。

**应用领域**

由于生物大分子基本含有手性的基团和结构,而圆二色光谱仪可以帮助测量和观察生物大分子的结构和构象变化,因此圆二色光谱技术成为生物物理和生物化学研究中的一个非常重要的手段,在生物化学、制药、材料科学、食品科学和化学合成等领域都发挥着关键作用,帮助研究人员了解分子的手性性质和结构特征,对于新药研发、生物学研究和材料设计等方面都具有重要意义。主要应用领域如下。

(1) 生物化学和生物物理

蛋白质结构研究：用于研究蛋白质的二级结构，如 α 螺旋、β 折叠和无规则构象，以及蛋白质的折叠状态。

核酸结构分析：用于研究 DNA 和 RNA 的结构，包括双链、三链和四链 DNA 的特征。

蛋白质-核酸相互作用：用于研究蛋白质和核酸之间的相互作用和结合。

(2) 药物研发和制药

药物构象分析：用于研究药物分子的构象和手性性质，有助于药物设计和药效学研究。

药物-蛋白质相互作用：用于研究药物与蛋白质之间的相互作用，包括药物的结合方式和亲和性。

(3) 生物医学研究

生物分子的手性分析：用于分析生物分子（如药物、代谢产物和激素）的手性性质，以确定其药代动力学和毒理学特性。

疾病诊断：用于研究生物标志物的结构和性质，以帮助诊断和监测疾病。

(4) 化学合成

手性合成：用于检测合成化合物的手性纯度，有助于优化合成路线和生产工艺。

(5) 材料科学

聚合物和液晶研究：用于研究手性聚合物和手性液晶材料的结构和性质，对显示技术和光学材料的发展具有重要意义。

(6) 食品科学

食品成分分析：可用于分析食品中的手性分子，如糖和氨基酸，以评估食品的质量和安全性。

## 1.2 光谱类分析仪器

光谱分析是一种利用物质吸收、发射或散射光的特性来确定其化学组成、结构或相对含量的方法。根据光谱的生成方式，光谱分析可以分为发射光谱、吸收光谱和散射光谱三种类型。这种方法的优势在于其高灵敏度和快速性，即使某种元素的含量只达到 $10^{-10}$ g 级别，其特征谱线仍然可以从光谱中检测到，因此能够用于极微量元素的检测。历史上曾通过光谱分析发现了许多新元素，如铷、铯等。

光谱类分析仪器是基于光的相互作用方式来确定物质的物理和化学性质的一类仪器。在这些仪器中，光被分解成不同波长的组分，从而创建了一个光谱。不同波长的光以不同的方式与样品中的不同化合物相互作用，这使得研究人员能够使用光谱数据来了解样品的物理和化学性质。光谱类分析仪器可以分为原子光谱类和分子光谱类两大类，原子光谱类仪器的光谱是由原子外层或内层电子能级的变化产生的，它的表现形式为线光谱，属于这类分析仪器的有原子发射光谱仪、原子吸收光谱仪、原子荧光光谱仪以及 X 射线荧光光谱仪等。分子光谱类仪器的光谱是由分子中电子能级、振动和转动能级的变化产生的，表现为带光谱，属于这类分析仪器的有紫外-可见光谱仪（计）、（近）红外光谱仪、拉曼光谱仪、分子荧光光谱仪、分子磷光光谱仪、核磁共振波谱仪和电子顺磁共振波谱仪等。

### 1.2.1 原子光谱类

绝大多数的化合物在加热到足够高的温度时可解离成气态原子或离子，气态自由原子在外界作用下，既能发射也能吸收具有特征的光波而形成谱线很窄的锐线光谱。因此，原子光谱的特征是线状光谱，一个线系中各谱线间隔都较大，只在接近线系极限处越来越密，该处强度也较弱；若原子外层电子数目较少，谱线系也为数不多。通过测量自由原子对特征谱线的吸收程度或发射强度可以推断试样的元素组成和含量，这就是 20 世纪 70 年代起得到迅速发展和广泛应用的原子光谱法。属于这类分析方法的仪器有原子发射光谱仪（Atomic Emission Spectrometer，AES）、原子吸收光谱仪（Atomic Absorption Spectrometer，AAS）、原子荧光光谱仪（Atomic Fluorescence Spectrometer，AFS）以及 X 射线荧光光谱仪（X-ray Fluorescence Spectrometer，XFS）。AES 是利用物质在热激发或电激发下，每种元素的原子发射特征光谱来判断物质的组成并进行元素的定性与定量分析，在正常状态下，原子处于基态，原子在受到热（火焰）或电（电火花）激发时，由基态跃迁到激发态，返回到基态时，发射出特征谱线。AAS 是基于气态的基态原子外层电子对紫外光和可见光的吸收为基础的分析方法，当元素的特征辐射通过该元素的气态基态原子区时，部分光被蒸气中基态原子共振吸收而减弱，通过单色器和检测器测得特征谱线被减弱的程度，即吸光度，根据吸光度与被测元素的浓度成线性关系，从而进行元素的定量分析。AFS 是介于 AES 和 AAS 之间的光谱分析技术，其原理类似于原子发射光谱技术，通过测量待测元素的原子蒸气在特定频率辐射能激发下所产生的荧光发射强度，以此来测定待测元素含量的方法。XFS 是基于 X 射线特性的元素分析方法，其原理是通过测量样品中某种元素荧光 X 射线的强度，采用适当的方法进行校准与校正，就可以求出该元素在样品中的含量，从而进行定量分析。

# 原子发射光谱仪（Atomic Emission Spectrometer，AES）

原子发射光谱仪是根据试样中被测元素的气态原子或离子在光源中被激发而产生特征辐射，通过测定受激后所发射的特征光谱的波长及强度，对各元素进行定性分析和定量分析的仪器。原子发射光谱仪的高分辨率和灵敏度使其成为金属分析的有力工具。

**工作原理**

原子发射光谱分析是根据原子所发射的光谱来测定物质的化学组分的。不同物质由不同元素的原子所组成，而原子都包含着一个结构紧密的原子核，核外围绕着不断运动的电子。每个电子处于一定的能级上，具有一定的能量。在正常的情况下，原子处于稳定状态，它的能量是最低的，这种状态称为基态。但当原子受到能量（如热能、电能等）的作用时，原子由于与高速运动的气态粒子和电子相互碰撞而获得了能量，使原子中外层的电子从基态跃迁到更高的能级上，处在这种状态的原子称激发态。电子从基态跃迁至激发态所需的能量称为激发电位，当外加的能量足够大时，原子中的电子脱离原子核的束缚，使原子成为离子，这种过程称为电离。原子失去一个电子成为离子时所需要的能量称为一级电离电位。离子中的外层电子也能被激发，其所需的能量即为相应离子的激发电位。处于激发态的原子是十分不稳定的，在极短的时间内便跃迁至基态或其他较低的能级上。在原子从较高能级跃迁到基态或其他较低的能级的过程中，将释放出多余的能量，这种能量是以一定波长的电磁波的形式辐射出去的，其辐射的能量可用式（1-5）表示：

$$\Delta E = E_2 - E_1 = h\nu = hc/\lambda \qquad (1-5)$$

式中，$E_2$、$E_1$ 分别为高能级、低能级的能量；$h$ 为普朗克（Planck）常数；$\nu$ 及 $\lambda$ 分别为所发射电磁波的频率及波长；$c$ 为光在真空中的速度。

每一束所发射的光波的波长，取决于跃迁前后两个能级之差。由于原子的能级很多，原子在被激发后，其外层电子可有不同的跃迁，但这些跃迁应遵循一定的规则（即"光谱选律"），因此对特定元素的原子可产生一系列不同波长的特征光谱线，这些谱线按一定的顺序排列，并保持一定的强度比例。

光谱分析就是从识别这些元素的特征光谱线来鉴别元素的存在（定性分析），而这些光谱线的强度又与试样中该元素的含量有关，因此又可利用这些谱线的强度来测定元素的含量（定量分析），这就是发射光谱分析的基本依据。

原子发射光谱仪或分光光度计是将光源发射的不同波长的光色散成为光谱或单色光，并且进行记录和检测，如图1-23所示，包括激发光源、分光系统、检测系统和数据处理。

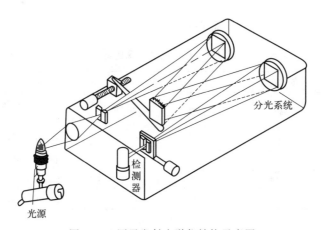

图1-23　原子发射光谱仪结构示意图

在光谱分析中，样品无论是固体还是液体，必须首先转化为原子蒸气，这些原子或离子受到高温激发或电激发后，会产生外层电子跃迁，外层电子跃迁到高能态后，返回低能态即产生电磁辐射。一般来说，一切能使样品蒸发并使原子或离子激发而产生光辐射的装置称为光源，因此，作为光谱分析的激发光源需要提供试样的蒸发、解离和激发所需的能量，以实现两个方面的作用：①蒸发，把试样中的组分蒸发、解离为气态原子；②激发，试样被蒸发后，气态原子被激发，使之产生特征光谱。由此可见，光源是决定测定灵敏度、准确度的重要因素，在选择激发光源时，要求激发能力强、灵敏度高、稳定性好、结构简单、操作方便且使用安全,并从分析元素的性质、分析元素的含量、试样的性质和分析任务等方面进行考虑。激发光源的类型如图 1-24 和表 1-2 所示,包括直流电弧(DC arc)、低压交流电弧(AC arc)、高压火花(electric spark)、电感耦合等离子体(Inductively Coupled Plasma,ICP)、微波等离子体。

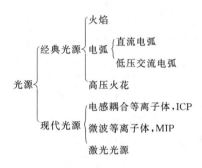

图 1-24　激发光源类型

表 1-2　几种激发光源的比较

| 光源 | 蒸发温度 | 激发温度/K | 放电稳定性 | 应用范围 |
| --- | --- | --- | --- | --- |
| 直流电弧 | 高 | 4000～7000 | 稍差 | 定性分析,矿物、纯物质、难挥发元素的定量分析 |
| 低压交流电弧 | 中 | 4000～7000 | 较好 | 试样中低含量组分的定量分析 |
| 高压火花 | 低 | 瞬间 10000 | 好 | 纯金属与合金、难激发元素的定量分析 |
| 电感耦合等离子体 | 很高 | 6000～8000 | 最好 | 溶液的定量分析 |

单色器的作用是将光源发射的不同波长的光色散成为光谱或单色光,按单色器件的不同可分为棱镜色散仪和光栅色散仪,其组成包括照明系统、准光系统和色散系统。

在原子发射光谱法中,常用的检测方法有目视法、摄谱法和光电法。这三种方法基本原理都相同,都是把激发试样获得的复合光通过入射狭缝照射到分光元件上,使之色散为光谱,然后通过测量谱线而检测试样中的分析元素,其区别就在于目视法用人眼去接收,摄谱法用感光板接收,光电法用光电倍增管接收。目前,广泛使用的是摄谱法。

原子发射光谱仪通常根据其工作原理和光源类型的不同,分为以下几类。

火焰原子发射光谱仪（Flame Atomic Emission Spectrometer，FAES）：使用火焰作为样品的汽化和激发源，样品在火焰中被汽化并激发至激发态，然后发射特定的光谱线。常用于分析液体样品，如水、食品、药品和化学品，适用于分析金属元素的浓度。

电感耦合等离子体发射光谱仪（Inductively Coupled Plasma Atomic Emission Spectrometer，ICP-AES）：使用电感耦合等离子体（ICP）作为激发源，将样品汽化并激发。ICP产生的高温等离子体可激发多种元素，具有更高的灵敏度和多元素分析能力。广泛用于分析多种元素的浓度，包括环境样品、地质样品、合金、药品和食品。

电感耦合等离子体质谱仪（Inductively Coupled Plasma Mass Spectrometer，ICP-MS）：类似于ICP-AES，但结合了质谱分析，可以确定元素的质量，适用于精确测定同位素含量。主要用于地球科学、环境科学、核科学和生物医学等领域，特别是同位素分析。

电感耦合等离子体质谱联用原子发射光谱仪（ICP-AES/MS）：将ICP-AES和ICP-MS两种技术结合，可以同时测定元素的浓度和同位素含量。用于多种复杂样品的高灵敏度分析，如地质、环境和生物医学样品。

电火花原子发射光谱仪（Spark Atomic Emission Spectrometer）：使用电火花放电来激发样品，适用于固体和液体样品的分析。主要用于合金、矿石等固体样品的元素分析。

**应用领域**

原子发射光谱仪的高分辨率和灵敏度使其成为分析元素和化合物中的金属成分的仪器，在许多应用领域中都有广泛的应用。

（1）冶金工业

合金分析：用于分析合金中不同元素的含量，确保产品质量。

矿物分析：检测矿石和矿物样品中的金属元素，用于勘探和采矿过程。

（2）环境监测

水质分析：检测水体中的金属污染物，如重金属。

大气监测：测量大气中的金属元素，用于环境污染控制。

（3）食品和饮料工业

食品安全检测：分析食品中的微量元素，确保符合食品安全标准。

酒精饮料分析：测定酒精饮料中的元素含量，如酒中的铅含量。

（4）医药和生命科学

药品分析：用于药物制剂中的元素分析和质量控制。

生物样品分析：分析生物样本中的元素含量，如血液和尿液样品。

（5）化学和化工

化学品生产：用于检测化学品中的元素含量和杂质。

油品分析：分析原油和石油产品中的金属元素。

（6）材料科学

材料分析：用于分析材料的成分，如合金和陶瓷。

电子材料：分析半导体材料中的杂质元素。

（7）地质和地球科学

地质样品分析：分析岩石和土壤样品中的元素，用于地质研究和勘探。

# 原子吸收光谱仪（Atomic Absorption Spectrophotometer, AAS）

原子吸收光谱仪，又称原子吸收分光光度计，是一种用于测量物质中金属元素浓度的分析仪器，它根据物质基态原子蒸气对特征辐射吸收的作用来进行金属元素的分析，能够灵敏可靠地测定微量或痕量元素。

**工作原理**

由光源发出的被测元素的特征波长光（共振线），待测元素通过原子化后对特征波长光产生吸收，通过测定此吸收的大小，来计算出待测元素的含量。对于每种元素来说，它的原子核周围都有特定数量的电子。每种原子都有最常见和最稳定的轨道结构，即"基态"；如果将能量加到原子上，能量会被吸收且外层电子将被激发到不稳定形态，即"激发态"。因为这种状态是不稳定的，原子最终会回到"基态"，并放出光能。

原子吸收光谱仪型号不同，结构也有区别，但大致都由五个部分组成，如图 1-25 所示，包括光源（提供待测元素的共振吸收光，如空心阴极灯）、原子化器（将样品待测元素原子化，形成基态自由原子）、单色器（形成稳定精细的单色光）、检测器（将检测到的光信号转换为电信号）和数据处理系统。

原子吸收光谱仪的光源用空心阴极灯，它是一种锐线光源。灯管由硬质玻璃制成，一端由石英或玻璃制成光学窗口，两根钨棒封入管内，一根连有由钛、锆、钽等有吸气性能金属制成的阳极，另一根上镶有一个圆筒形的空心阴极。筒内衬上或熔入被测元素，管内充有几百帕的低压载气，常用氖或氩气。当在阴阳两极间加上电压时，气体发生电离，带正电荷的气体离子在电场作用下轰击阴极，使阴极表面的金属原子溅射出来，金属原子与电子、惰性气体的原子及离子碰撞激发而发出辐射。最后，金属原子又扩散回阴极表面而重新沉积下来。通常，改变空心阴极灯的电流可以改变灯的发射强度。在忽略自吸收的前提下，其经验公式为 $I = ai^n$，其中，$a$、$n$ 均为常

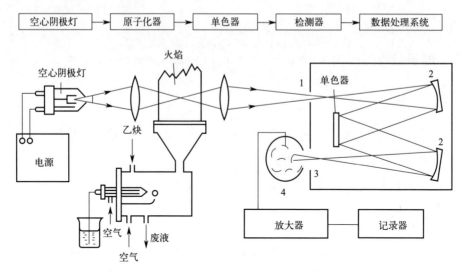

图 1-25 原子吸收光谱仪工作原理

1—入射狭缝；2—凹面反射镜；3—射出狭缝；4—检测器

数，$i$ 为电流强度，$n$ 与阴极材料、灯内所充气体及谱线的性质有关。对于 Ne、Ar 等气体，$n$ 值在 2~3 之间，由此可见，灯的发光强度受灯电流的影响较大，它影响吸光度值。

**应用领域**

(1) 食品和饮料工业

食品安全检测：分析食品中的微量元素，如铅、镉和汞，以确保食品安全。

饮料分析：测定饮料中的元素含量，如水中的矿物质。

(2) 环境监测

水质分析：检测水体中的金属污染物，如重金属。

大气监测：测量大气中的金属元素，用于环境污染控制。

(3) 医药和生命科学

药品分析：用于药物制剂中的金属元素分析和质量控制。

生物样品分析：分析生物样本中的元素含量，如血液和尿液样品。

(4) 冶金工业

合金分析：用于分析合金中不同元素的含量，确保产品质量。

矿物分析：检测矿石和矿物样品中的金属元素，用于勘探和采矿过程。

（5）化学和化工

化学品生产：用于检测化学品中的元素含量和杂质。

油品分析：分析原油和石油产品中的金属元素。

（6）材料科学

材料分析：用于分析材料的成分，如合金、陶瓷和塑料。

电子材料：分析半导体材料中的杂质元素。

（7）地质和地球科学

地质样品分析：分析岩石和土壤样品中的元素，用于地质研究和勘探。

# 原子荧光光谱仪（Atomic Fluorescence Spectrophotometer，AFS）

原子荧光光谱仪，又称原子荧光光度计，是一种用于分析物质中微量金属元素含量的仪器。该仪器利用氩等气体放电激发样品中的金属元素，使其原子能级上某些电子跃迁产生荧光发射，之后通过光谱仪分光装置将荧光进行分光，最后通过荧光的强度和波长来定量和鉴别金属元素，具有分析灵敏度高、干扰少、线性范围宽、可多元素同时分析等特点，是一种优良的痕量分析仪器。

**工作原理**

原子荧光的产生是利用还原剂（硼氢化钾或硼氢化钠）将样品溶液中的待分析元素（砷、铅、锑、汞等）还原为挥发性共价气态氢化物（或原子蒸气），然后借助载气将其导入原子化器，在氩-氢火焰中原子化而形成基态原子，如图 1-26 所示，基态原子受特征波长的光源照射后被激发跃迁到较高的能态，然后又跃迁返回基态或较低能级，同时发射出与原激发波长相同或不同的荧光即为原子荧光。原子荧光是光致发光，也是二次发光，利用这一物理现象发展起来的分析仪器被称为原子荧光光度计。

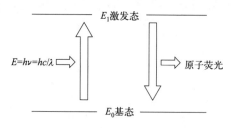

图 1-26　原子荧光的形成原理

原子荧光的类型有共振荧光、非共振荧光和敏化荧光，如图 1-27 所示。共振荧光是在同一低能态与高能态被激发和跃回，因而原子所吸收辐射的波长和辐射出的荧光波长相同 [图 1-27(a)]。非共振荧光是激发线波长和观察到的荧光线敏化荧光不相同时，就产生非共振荧光，分为直跃线荧光、阶跃线荧光和反斯托克斯荧光三种。直跃线荧光是激发态原子由高能级跃迁到高于基态的亚稳能级所产生的荧光［图1-27(b)］。阶跃线荧光是激发态原子先以非辐射方式去活化损失部分能量，回到较低的激发态，再以辐射方式去活化跃迁到基态所发射的荧光［图1-27(c)］。反斯托克斯荧光是气态自由原子吸收了光源的特征辐射后，原子的价电子跃迁到较高能级，然后又跃迁返回基态或较低能级，同时发射出小于光源激发辐射的波长的荧光［图1-27(d)］。直跃线和阶跃线荧光的波长都比吸收辐射的波长要长，反斯托克斯荧光的特点是荧光波长比吸收光辐射的波长要短。

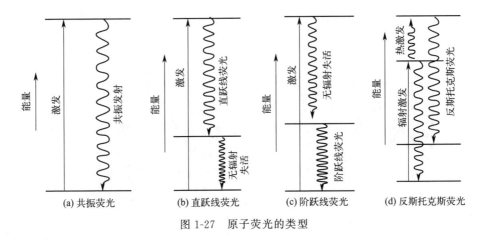

图 1-27 原子荧光的类型

敏化荧光是受光激发的原子与另一种原子碰撞时，把激发能传递给另一个原子使其激发，后者再以辐射形式去激发而发射的荧光，其发射过程如下：

$$S^{\#} + A \longrightarrow S + A^{\#}$$
$$A^{\#} \longrightarrow A + h\nu(荧光)$$

以上各类荧光中，共振荧光的强度最大，因此，共振跃迁产生的谱线是在分析中最有用的荧光谱线。

在分析时，各元素都有其特定的原子荧光光谱，在一定工作条件下，发射荧光的强度 $I_f$ 正比于基态原子对特定频率吸收光的吸收强度 $I_a$，如式(1-6)。

展开方程，忽略高次，可得

$$I_f = KC \tag{1-6}$$

式中，$C$ 为受光照射在检测器中观察到的有效面积；$K$ 为峰值吸收系数。

因此，根据原子荧光强度的高低可测得试样中待测元素含量。

原子荧光光谱仪分为色散型［图 1-28(b)］和非色散型［图 1-28(c)］，结构基本相似，如图 1-28(a)，均包括激发光源、原子化器、光学系统、检测器及数据记录系统等几部分，差别在于单色器部分，也就是对生成的荧光是否进行分光。

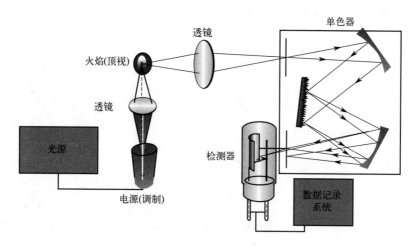

(a) 原子荧光光谱仪结构

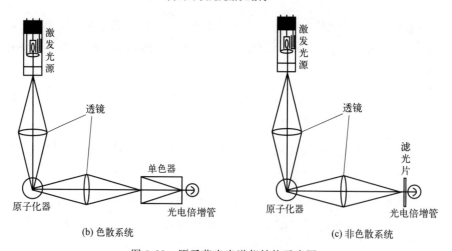

(b) 色散系统　　　　　　　　　　(c) 非色散系统

图 1-28　原子荧光光谱仪结构示意图

① 激发光源：光源是原子荧光光谱仪的重要组成部分，它的性能指标直接影响分析的检出限、精密度以及稳定性等性能。对于激发光源的基本要求有以下几点：要有足够的辐射强度，在一定的范围内，荧光分析的检出限与激发光源的强度成正比；发射线应是同种元素的共振线，并且发射线带宽小于或等于吸收线带宽，甚至采用连续光源也可以；光谱纯度高，背景低，在仪器光谱通带内无其他的干扰谱线；辐射能量稳定性好，这是提高测量精密度与稳定性及改善检出限的要求；使用寿命长，操作和维护方便。可用锐线光源如高强度空心阴极灯、无极放电灯、激光和等离子体等，也可使用连续光源如氙弧灯。连续光源稳定，操作简便，寿命长，能用于多元素同时分析，但检出限较差。锐线光源辐射强度高，稳定，可得到更好的检出限，其中空心阴极灯应用最为广泛。

② 原子化器：原子荧光分析仪对原子化器的要求与原子吸收光谱仪基本相同，主要作用是提高原子化效率。目前原子荧光光度计采用的原子化器均为氩氢火焰原子化器。

③ 光学系统：原子荧光光谱简单，谱线干扰小，对单色器的分辨率要求不高，分为非色散型和色散型，两种系统的优缺点比较如表 1-3 所示，色散型原子荧光光谱仪中的色散元件是光栅，非色散型仪器的滤光器用来分离分析线和邻近谱线，降低背景，常用的色散元件为滤光片。

表 1-3 非色散与色散系统比较的优缺点

| 体系 | 优点 | 缺点 |
| --- | --- | --- |
| 色散系统 | 1. 宽的波长范围<br>2. 分离散射光的能力较强<br>3. 灵活性较大，转动光源即可选择分析元素<br>4. 可以采用灵敏的宽波长范围的光电倍增管 | 1. 价格较高<br>2. 必须调整波长<br>3. 有可能产生波长漂移<br>4. 与非色散体系相比，接收荧光的立体角较小 |
| 非色散系统 | 1. 仪器简单而便宜<br>2. 不存在波长漂移<br>3. 较好的检出限 | 1. 较易受到散射干扰<br>2. 较易受到光谱干扰<br>3. 对光源的纯度有较高的要求 |

④ 检测器：目前普遍使用的检测器以光电倍增管为主，在多元素原子荧光分析仪中，也使用光导摄像管、析像管作为检测器。检测器与激发光束成直角配置，以避免激发光源对检测原子荧光信号的影响。

AFS 主要用于检测特定元素的不同化合物。目前，AFS 主要用于检测砷（As）、汞（Hg）、锑（Sb）、铋（Bi）、硒（Se）、碲（Te）、铅（Pb）、锡（Sn）、锗（Ge）、锌（Zn）、镉（Cd）等元素。人们已经逐渐认识到不同元素的不同化合物具有巨大的毒性差异。例如，砷是一种有毒元素，其毒性与砷的存在形态密切相关。无机砷具有强烈的毒性，而甲基砷的毒性相对较低。同样，汞元素的不同化学形态也具有不同的毒性，甲基汞的毒性要比无机汞大得多。因此，对这些元素进行形态分析已成为发展趋势。元素形态分析的主要方法是联用技术，将不同元素形态的分离系统与灵敏的检测器结合在一起，实现在线分离和测定。蒸气发生-非色散原子荧光光谱分析仪（VG-AFS）是将蒸气发生法与非色散原子荧光光谱法相结合的联用分析仪器，它是原子荧光光谱法中的一个重要分支，也是目前原子荧光光谱法中唯一成功商品化的仪器，因具有高灵敏度、优良的选择性和多元素检测能力等优点，被广泛应用于砷、汞、硒、铅和镉等元素形态分析，现已成为常规的原子法中测定痕量或超痕量元素的分析方法之一。

**应用领域**

原子荧光光谱仪在各种科学和工业领域中都发挥着关键的作用，用于精确测定不同样品中的元素含量，从而支持科研、监测和生产活动，主要包括以下几个方面。

① 环境监测：用于测定环境中的有害元素含量，如大气中的重金属污染物（例如砷、汞、铅、镉等），水体中的重金属和有害元素（如汞、铅、镉、锑等），土壤中的元素浓度。这有助于监测和控制环境污染。

② 食品安全：可用于检测食品中的有害元素，如重金属（例如铅、镉、砷）以及其他有毒元素。这有助于确保食品和饮用水的质量和安全性。

③ 制药工业：可用于分析药物中的元素含量，确保药品的质量控制，同时也用于检测原料药中的有害元素。

④ 地质勘探：用于分析岩石和矿物样品中的元素含量，有助于矿产资源勘探和矿床评估。

⑤ 化学研究：用于分析样品中的元素组成，以了解反应机制、化合物结构和元素间的相互作用。

⑥ 医学研究：可用于研究生物样本中的微量元素含量，有助于了解其与健康和疾病之间的关系。

⑦ 材料科学：用于分析和研究材料的元素组成和结构，对于开发新材料和质量控制具有重要意义。

# X射线荧光光谱仪（X-ray Fluorescence Spectrometer，XRF）

X射线荧光光谱仪是一种利用X射线荧光原理来测定不同元素的原子核化学成分的仪器。当待测样品受到X射线照射时，元素原子内部的电子吸收能量被激发到高能级，然后在回到基态时会发射出特定能量的X射线。荧光光谱仪通过测量这些发射的特定能量的X射线的强度和能谱，可以确定样品中元素的种类和含量。X射线荧光光谱仪具有广泛的检测能力范围和高的检测灵敏度，能够检测出超低浓度的元素，因此是一种非常有效的元素分析仪器。

**工作原理**

X射线荧光是原子内产生变化所致的现象。一个稳定的原子结构由原子核及核外电子组成，其核外电子都以各自特有的能量在各自的固定轨道上运行，当能量高于原子内层电子结合能的高能X射线与原子发生碰撞时，驱逐一个内层电子而出现一个空穴，使整个原子体系处于不稳定的激发态，激发态原子自发地由能量高的状态跃迁到能量低的状态。这个过程称为弛豫过程。弛豫过程既可以是非辐射跃迁，也可以是辐射跃迁。当较外层的电子跃迁到空穴时，所释放的能量随即在原子内部被吸收而逐出较外层的另一个次级光电子，此称为俄歇效应，亦称次级光电效应或无辐射效应，所逐出的次级光电子称为俄歇电子。它的能量是特征的，与入射辐射的能量无关。当较外层的电子跃入内层空穴所释放的能量不在原子内被吸收，而是以辐射形式放出，便产生X射线荧光，其能量等于两能级之间的能量差。因此，X射线荧光的能量或波长是特征性的，与元素有一一对应的关系。图1-29给出了X射线荧光和俄歇电子产生过程示意。

元素的原子受到高能辐射激发而引起内层电子的跃迁，同时发射出具有一定特殊性波长的X射线，根据莫斯莱定律，荧光X射线的波长$\lambda$与元素的原子序数$Z$有关，其数学关系如式(1-7)：

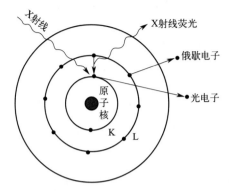

图 1-29　X 射线荧光和俄歇电子产生过程示意图

$$\lambda = K(Z-S)-2 \tag{1-7}$$

式中，$K$ 和 $S$ 是常数。

根据量子理论，X 射线可以看成由一种量子或光子组成的粒子流，每个光子具有的能量为：

$$E = h\nu = hC/\lambda \tag{1-8}$$

式中，$E$ 为 X 射线光子的能量，单位为 keV；$h$ 为普朗克常数；$\nu$ 为光波的频率；$C$ 为光速。

因此，只要测出荧光 X 射线的波长或者能量，就可以知道元素的种类，这就是荧光 X 射线定性分析的基础。将样品中有待分析的各种元素利用 X 射线轰击使它发射其特征谱线，经过狭缝准直，使其以近似平行光照射到分光晶体上，对已知其面间距为 $d$ 的分光晶体点阵面上的辐射加以衍射。依据布拉格定律，适用公式(1-9)，即

$$n\lambda = Zd\sin\theta \tag{1-9}$$

对于晶体的每一种角位置，只可能有一种波长的辐射被衍射，而这种辐射的强度则可用合适的计数器加以测量。分析样品时，鉴定所发射光谱中的特征谱线，就完成了定性分析，再将这些谱线的强度和某种适当标准的谱线强度进行对比，就完成了定量分析。

X 射线荧光光谱仪的主要元件是激发源（X 射线管）和探测器，X 射线管产生入射 X 射线（一次 X 射线）激发被测样品，产生 X 射线荧光（二次 X 射线），探测器对 X 射线荧光进行检测。

X射线荧光光谱仪有两种基本类型，分别是以X射线荧光的波粒二象性中波长特征为原理的波长色散型（WD-XRF）和以能量特征为原理的能量色散型（ED-XRF）。波长色散型X射线荧光光谱仪利用原级X射线或其他光子源激发待测物质中的原子，使之产生X射线荧光，从而进行物质成分分析。如图1-30所示，波长色散型X射线荧光光谱仪使用分光晶体，根据布拉格衍射将不同波长的光信号进行分离，主要由X光管（光源）、分光晶体、探测器、分析器和计算机组成。X光管作为光源，主要作用是产生一次X射线，分光晶体的作用是分出目标波长的X射线荧光。当样品激发产生的X射线荧光投射到与分光晶体晶面上，由于分光晶体可进行转动，通过在不同的布拉格角位置上测得不同波长的X射线即可做元素的定性分析。同时，探测器可将X射线光信号转化为电信号，通过分析器分析后再经计算机处理就可得到被测元素的含量。

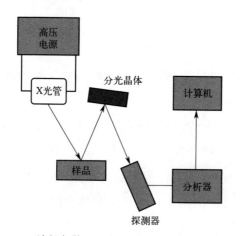

图1-30　波长色散型X射线荧光光谱仪原理示意图

图1-31为一水泥样品的波长色散型X射线荧光光谱图，横坐标表示布拉格角度，通过布拉格衍射公式可以得到波长信息，即定性分析；纵坐标表示相应元素的强度，可通过强度数据进行定量分析。

能量色散型X射线荧光光谱仪（ED-XRF）是将X射线激发被测所有元素的荧光简单过滤后，全部进入检测器中，利用计算机进行数据处理以分出其中的光谱。与波长色散型X射线荧光光谱仪相比，能量色散型X射线荧光光谱仪没有复杂的分光模块，结构比较简单，如图1-32所示，只需采

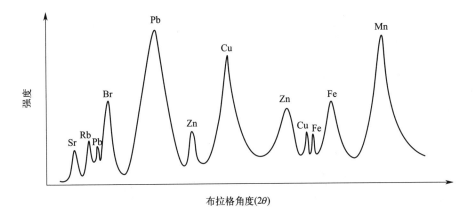

图 1-31 波长色散型 X 射线荧光光谱图

用小型 X 光管,所产生的 X 射线直接照射到样品上产生 X 射线荧光,该荧光信号直接进入探测器,再经分析器对不同能量的信号进行处理,最终在计算机上进行数据处理,就可以对能量范围很宽的 X 射线谱同时进行能量分辨(定性分析)和定量测定。能量色散型 X 射线荧光光谱仪可分为采用正比计数器作探测器的低分辨率能量色散型 X 射线荧光光谱仪和采用半导体探测器作探测器的较高分辨率能量色散型 X 射线荧光光谱仪两种类型。

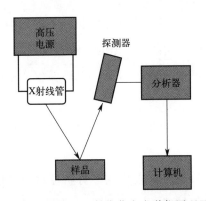

图 1-32 能量色散型 X 射线荧光光谱仪原理示意图

图 1-33 为一个微塑料样品的能量色散型 X 射线荧光光谱图,图中横坐标表示元素在不同轨道之间跃迁辐射的能量,纵坐标表示相应元素的测量强度。根据各元素特征 X 射线能量表对元素进行定性分析,根据强度信息进行定量分析。

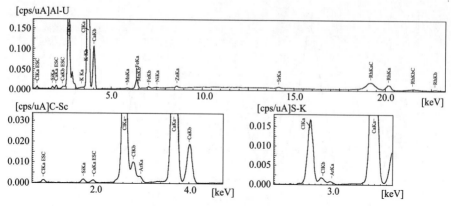

图 1-33　能量色散型 X 射线荧光光谱仪对微塑料的定性分析

**应用领域**

X 射线荧光光谱仪是一种用于无损元素分析的仪器，用于快速、准确地分析样品中的元素成分，有助于质量控制、环境保护和研究领域的进展，其应用范围涵盖了从金属分析到环境监测以及文化遗产保护等各个领域。

① 金属工业：用于合金分析，包括钢铁、铜、铝、镍等，以确定元素成分，质量控制和合金检验。

② 矿业和地质：在勘探、矿石分析和矿物研究中，可用于确定地质样本中的元素含量，有助于找到有价值的矿藏。

③ 水泥工业：用于水泥成分分析，以确保生产中的质量控制，并检测不良成分，如重金属。

④ 石油工业：用于原油和石油产品中的元素分析，帮助监测燃料质量和污染物含量。

⑤ 化学品生产：在化学工业中用于分析原材料、中间产品和最终产品的元素含量，确保质量合规。

⑥ 环境监测：用于分析土壤、水体和大气中的元素污染物，有助于环境保护和监测。

⑦ 食品安全：在食品和饮料工业中用于检测食品中的微量元素，如重金属，以确保食品安全。

⑧ 考古学和文化遗产保护：用于文物、艺术品和考古样本的非破坏性

元素分析，以研究材料的起源和历史。

⑨ 制药和医疗：在制药行业用于检测药物中的元素残留物。在医疗领域用于骨密度测量和医疗设备分析。

## 1.2.2 分子光谱类

分子运动包括整个分子的转动，分子中原子在平衡位置的振动以及分子内电子的运动，这三种不同的运动状态都对应一定的能级，分子能级之间的跃迁形成发射光谱和吸收光谱。发射光谱是指样品自身在被激发后，产生特征光谱并由检测器接收，通常无需外部光源，或者光源用于波长校准而在测定时关闭。吸收光谱是指光源发射的光经样品吸收部分后，其余光被检测器接收，通常需要光源持续工作，并确保光源、样品和检测器处于一条直线上，如果不在一条直线上，则可能是荧光光谱。

分子光谱非常丰富，利用不同分子能级之间的跃迁，可分为纯转动光谱、振动-转动光谱带和电子光谱带。如表 1-4 所示，分子的纯转动光谱由分子转动能级之间的跃迁产生，分布在远红外波段，通常主要观测吸收光谱；振动-转动光谱带由不同振动能级上的各转动能级之间跃迁产生，是一些密集的谱线，分布在近红外波段，通常也主要观测吸收光谱；电子光谱带由不同电子态上不同振动和不同转动能级之间的跃迁产生，可分成许多带，分布在可见光或紫外光波段，可观测发射光谱。非极性分子由于不存在电偶极矩，没有转动光谱和振动-转动光谱带，只有极性分子才有这类光谱带。

表 1-4 分子光谱分类

| 波谱区名称 | | 波长范围 | 跃迁能级类型 | 分析方法 |
| --- | --- | --- | --- | --- |
| γ 射线 | | 0.005~0.14nm | 原子核能级 | 放射化学分析法 |
| X 射线 | | 0.001~10nm | 内层电子能级 | X 射线光谱法 |
| 光学光谱区 | 远紫外光 | 10~200nm | 价电子或成键电子能级 | 真空紫外光度法 |
| | 近紫外光 | 200~400nm | 价电子或成键电子能级 | 紫外分光光度法 |
| | 可见光 | 400~800nm | 价电子或成键电子能级 | 比色法、可见分光光度法 |
| | 近红外光 | 0.8~2.5mm | 分子振动能级 | 近红外光谱法 |
| | 中红外光 | 2.5~25mm | 原子振动/分子转动能级 | 中红外光谱法 |
| | 远红外光 | 25~1000mm | 分子转动、晶格振动能级 | 远红外光谱法 |
| 微波 | | 0.1~100cm | 电子自旋、分子转动能级 | 微波光谱法 |
| 射频（无线电波） | | 1~1000m | 磁场中核自旋能级 | 核磁共振光谱法 |

分子光谱类仪器基于物质分子与电磁辐射（通常是可见光、紫外光、红

外光、微波或 X 射线）作用时，物质内部发生量子化的能级跃迁，将分子在不同波长或频率的电磁辐射下的响应按照波长顺序记录下来，便得到分子光谱，如图 1-34 所示，分子光谱与原子光谱有着明显的差异，其光谱特征主要体现为连续带状的谱线分布，被称为带状光谱。

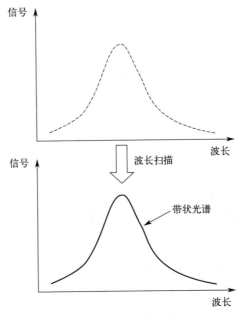

图 1-34 分子光谱示意图

分子光谱是提供分子内部信息的主要途径，根据分子光谱可以确定分子的转动惯量、分子的键长和键强度以及分子离解能等许多性质，从而可推测分子的结构。常见的分子光谱类仪器有紫外-可见分光光度计（UV-Vis）、（近）红外光谱仪（IR）、拉曼光谱仪、荧光光谱仪、核磁共振仪和电子顺磁共振波谱仪等。

# 紫外-可见分光光度计（Ultraviolet-Visible Spectrophotometer，UV-Vis）

紫外-可见分光光度计是一种用于测量和记录待测物质在波长范围200～760nm的电磁波吸收特性的仪器，通过测量物质在不同波长下的吸光度，可以生成吸收光谱图，显示物质在紫外光和可见光区域的吸收峰和吸收强度，从而确定物质的化学性质、浓度、反应动力学等信息，并通过吸收峰的位置和形状可以推断物质的分子结构。

### 工作原理

紫外-可见分光光度计是基于紫外-可见分光光度法的原理，利用物质分子对紫外-可见光谱区的辐射吸收来进行分析。由于分子中的某些基团吸收了紫外-可见辐射光后，发生了电子能级跃迁而产生吸收光谱。基于物质对光的吸收具有选择性，各种物质具有各自不同的分子、原子和不同的分子空间结构，其吸收光能量的情况也就不会相同，因此，每种物质就有其特有的、固定的吸收光谱曲线。

在一定的波长下，溶液中物质的浓度与光能量减弱的程度有一定的比例关系，即遵循朗伯-比耳（Lambert-Beer）定律。

$$T = \frac{I}{I_0} \tag{1-10}$$

$$A = \lg \frac{I_0}{I} = \lg \frac{1}{T} = abc \tag{1-11}$$

式中，$T$ 为透光率；$A$ 为吸光度；$I_0$ 为入射光强度；$a$ 为吸收系数；$I$ 为透射光强度；$b$ 为溶液的光程长度；$c$ 为溶液浓度。

由于物质浓度的不同，吸收光谱上的某些特征波长处的吸光度也不相同，当已知某纯物质在一定条件下的吸收系数后，可用同样条件将该供试品配成溶液，测定其吸收度，即可由式(1-11)计算出供试品中该物质的含量，从而通过对物质吸光度或透过率的测量判定该物质的含量。

紫外-可见分光光度计主要由光源、单色器、样品池、检测器等组成，如图 1-35 所示。紫外-可见分光光度计工作时，由光源发出连续辐射光，经单色器按波长大小色散为单色光，单色光照射到吸收池，一部分被样品溶液吸收，即物质在一定浓度的吸光度与它的吸收介质的厚度成正比，未被吸收的光经检测器的光电管将光强度转化为电信号，并经信号显示系统调制放大后显示或打印出吸光度，完成测试。

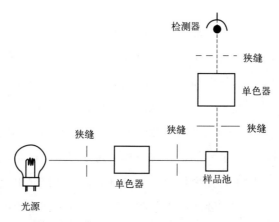

图 1-35　紫外-可见分光光度计结构示意图

（1）光源

光源是提供符合要求的入射光的装置，常用的光源有气体放电光源和热辐射光源两类。气体放电光源用于紫外光区，如氢灯、氘灯，连续波长范围是 180～360nm，最早作为紫外-可见分光光度计连续光源的是氢灯，由于氘灯的发射强度和使用寿命是氢灯的 3～5 倍，氢灯在 300nm 以上能量已很低，而氘灯可使用到 350nm，氘灯使用波长范围为 190～360nm，因此，氘灯已经逐渐取代氢灯成为紫外-可见分光光度计的主要光源。热辐射光源用于可见光区，一般为钨灯、卤钨灯，波长范围是 350～1000nm，当钨灯灯丝温度达 4000K 时，其发射能量大部分在可见光区，但灯的寿命显著减小，因此用卤钨灯代替钨灯，其使用波长范围为 350～2000nm。目前还可作为紫外-可见分光光度计光源的有氙灯、汞灯及属于激光光源的氩离子激光器和可调谐染料激光器等。不同光源适用波长范围如表 1-5 所示。

表 1-5　不同光源适用波长范围

| 光源 | 波长范围/nm | 光子输出强度 |
|---|---|---|
| 氢灯 | 180～360 | 弱，360nm 以上不能用 |
| 氘灯 | 190～360 | 中等强度（是氢灯的 3～5 倍） |
| 卤钨灯 | 350～2000 | 用玻璃灯壳，350nm 以下无输出 |
| 钨灯 | 350～1000 | 优质输出为 400～1000nm |

（2）单色器

单色器是将光源产生的复合光分解为单色光和分出所需的单色光束，它是紫外-可见分光光度计的核心部分，其性能直接影响吸收带的宽度，从而影响测定的灵敏度、选择性和工作曲线的线性范围。单色器由入射狭缝、准直透镜、色散元件（光栅或棱镜）、取焦透镜（物镜）和出射狭缝组成，如图 1-36 所示，入射狭缝用于限制杂散光进入单色器，准直透镜将入射光束变为平行光束后进入色散元件，然后将复合光分解为单色光，再通过聚焦透镜将出自色散元件的平行光聚焦于出射狭缝上，出射狭缝用于限制吸收带宽度。单色器质量的优劣主要取决于色散元件的质量，常用的色散元件有棱镜和光栅，根据色散元件的不同可将单色器分为棱镜单色器和光栅单色器两种。

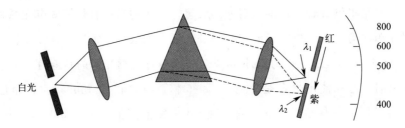

图 1-36　单色器光路示意图

（3）样品池

样品池即吸收池，又称比色皿或比色杯，供盛放试液进行吸光度测量之用，具有两个相互平行、透光、厚度精确的平面，其底及两侧为毛玻璃，另两面为光学透光面，为减少光的反射损失，吸收池的光学面必须完全垂直于光束方向，每套吸收池的质料、厚度应完全相同，以免产生误差。根据材质可分为玻璃池和石英池两种，可见光区用玻璃池，紫外光区须采用石英池。

吸收池有多种规格，典型的厚度是1cm。此外，吸收池上的指纹、油污或壁上的沉积物都会显著影响其透光性，因此在使用前务必彻底清洗。

（4）检测器

检测器是将光信号转变为电信号的光电转换设备，测量吸光度时，并非直接测量透过吸收池的光强度，而是将光强度转换为电流信号进行测试，将透过吸收池的光信号变成可测的电信号显示出来。目前大多采用光电池、光电管或光电倍增管作为检测器，光电倍增管利用二次电子发射来放大光电流，放大倍数可高达 $10^8$ 倍，是目前应用广泛但价格较高的检测器。较先进的仪器有采用二极管阵列作为检测器的，二极管阵列检测器不使用出射狭缝，在其位置上放一系列二极管（线形阵列），分光后不同波长的单色光同时被检测。二极管阵列检测器响应速度快，但灵敏度不如光电倍增管。

紫外-可见分光光度计的类型很多，可归纳为三种类型：单波长单光束分光光度计、单波长双光束分光光度计和双波长分光光度计。

（1）单波长单光束分光光度计

单波长单光束分光光度计如图 1-37 所示，由光源（钨灯或氘灯）发出的辐射聚焦到吸收池上，光通过吸收池到达光栅，经分光后的单色光照射到光二极管阵列检测器上被同时检测。这种仪器的特点是可快速给出不同波长的吸收信息，虽然灵敏度不及光电倍增管作检测器的仪器，但其特别适用于进行快速反应动力学研究和多组分混合物的分析。

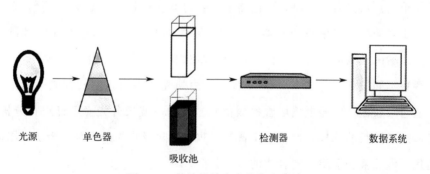

图 1-37　单波长单光束分光光度计

（2）单波长双光束分光光度计

单波长双光束分光光度计如图 1-38 所示，具有两个并行的光路，一个被用作参考通道，另一个用于样品通道。在测量时，经单色器分光后经反射镜分解为弧度相等的两束光，一束通过参比池，另一束通过样品池。单波长双光束分光光度计能自动比较两束光的强度，此比值即为试样的透射比，经对数变换将它转换成吸光度并作为波长的函数记录下来。由于两束光同时分别通过参比池和样品池，还能自动消除光源强度变化所引起的误差，并提高测量精度和重复性。

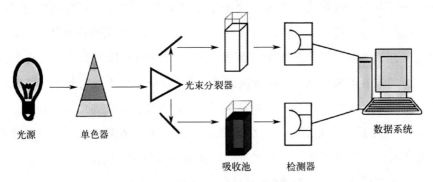

图 1-38　单波长双光束分光光度计

(3) 双波长分光光度计

双波长分光光度计与单波长分光光度计的主要差别在于采用两个并列的单色器，分别产生波长不同的两束光交替照射同一样品池，得到试液对不同波长的光的吸光度差值。双波长分光光度计如图 1-39 所示，在测量时，当用作单波长双光束仪器时，单色器 1 出射的单色光束被遮光板所阻挡，单色器 2 出射的单色光束被切光器分为两束断续的光，交替通过参比池和试样池，最后由光电倍增管检测信号。当用作双波长仪器时，由两个单色器分出的两束不同波长（$\lambda_1$ 和 $\lambda_2$）的单色光，由切光器并束，使其在同一光路交替通过吸收池，由光电倍增管检测信号。采用双波长分光光度计进行分析，可以通过波长的选择方便地校正背景吸收，消除吸收光谱重叠的干扰，因而适用于混浊液相多组分混合物的定量分析。

**应用领域**

紫外-可见分光光度计灵敏度高、选择性好、准确度高、分析成本低、使用浓度范围广、操作简单、分析速度快、应用广泛，可用于测量和分析各

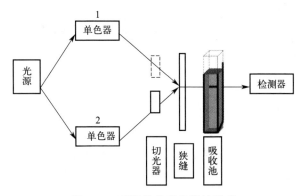

图 1-39 双波长分光光度计组成

种样品的吸收光谱,从而帮助研究人员了解样品的特性、浓度和反应性质,对于科学研究、工业质量控制和教育等领域都具有重要意义。主要应用领域包括:

(1) 化学分析

溶液浓度测量:紫外-可见分光光度计用于测量化学溶液中的物质浓度,例如酸碱滴定、金属离子测定等。

分子结构分析:用于分析化合物的结构,特别是具有共轭体系的有机分子。

(2) 生物化学

蛋白质和核酸测定:用于测量蛋白质、核酸和多肽的浓度,以及其对紫外光的吸收。

酶活性分析:用于测量酶的活性和底物浓度,从而研究酶反应动力学。

(3) 制药工业

药物质量控制:在药物制造中用于监测和确保药物产品的质量和一致性,包括药物含量测定和溶解度测试。

药物开发:在药物研发中用于筛选候选药物的性质和稳定性。

(4) 食品科学

食品成分分析:用于分析食品中的成分,如色素、脂肪、糖类和蛋白质。

食品质量控制:在食品工业中用于监测和确保产品的质量。

(5) 环境分析

水质分析：用于监测水中的污染物浓度，包括有机和无机化合物。

大气污染分析：用于测量大气中的颗粒物和气体污染物。

(6) 材料科学

材料特性分析：用于分析材料的光学特性，例如半导体材料、液晶材料和聚合物。

纳米材料研究：用于研究纳米颗粒和纳米结构材料的光学性质。

(7) 地质学和矿物学

矿物分析：用于分析矿石和岩石中的矿物成分。

地球化学研究：在地球化学研究中用于分析土壤与岩石样品中的元素和化合物。

# 近红外光谱仪（Near-Infrared Spectrophotometer，NIR）

近红外光谱仪是一种用棱镜或光栅进行分光以测量样品对近红外光的吸收特性的仪器，可以非破坏性地对样品进行快速分析，具有高灵敏度、高准确性和高重复性等优点，是20世纪90年代以来发展最快、最引人注目的分析技术之一。

**工作原理**

近红外光（NIR）是介于可见光（VIS）和中红外光（MIR）之间的电磁波，ASTM定义的近红外光谱区的波长范围为780～2500nm，习惯上又将近红外区划分为近红外短波（780～1100nm）和近红外长波（1100～2500nm）两个区域。

近红外光谱主要是由于分子振动的非谐振性使分子振动从基态向高能级跃迁时产生的，记录的主要是含氢基团X—H（X=C、N、O）振动的倍频和合频吸收。不同基团（如甲基、亚甲基、苯基等）或同一基团在不同化学环境中的近红外吸收波长与强度都有明显差别，NIR光谱具有丰富的结构和组成信息，非常适合用于碳氢有机物质的组成与性质测量。但在NIR区域，吸收强度弱，灵敏度相对较低，吸收带较宽且重叠严重。因此，依靠传统的建立工作曲线方法进行定量分析是十分困难的，化学计量学的发展为这一问题的解决奠定了数学基础。其工作原理是，如果样品的组成相同，则其光谱也相同，反之亦然。如果建立了光谱与待测参数之间的对应关系（称为分析模型），那么只要测得样品的光谱，通过光谱和上述对应关系，就能很快得到所需要的质量参数数据。因此，近红外光谱仪主要利用近红外光区的电磁辐射进行样品分析，当近红外光照射到样品上时，样品内部的分子会吸收特定波长的光，并产生振动或旋转能级跃迁，从而导致光的强度发生变化。通过测量这些光强度的变化，可以得到一个光谱图像，根据该图像可以识别出样品中的成分。

近红外光谱分析主要包括定性分析和定量分析。定性分析利用模式识别与聚类的一些算法，主要用于鉴定。在模式识别运算时需要有一组用于计算机"学习"的样品集，通过计算机运算，得出学习样品在数学空间的范围，对未知样品运算后，若也在此范围内，则该样品属于学习样品集类型，反之则否定。聚类运算时不需学习样品集，它通过待分析样品的光谱特征，根据光谱近似程度进行分类。

定量分析与其他吸收光谱类似，作常规光谱定量分析时，需要建立光谱参数与样品含量间的关系（标准曲线）。但对复杂样品作近红外光谱定量分析时，为了解决近红外谱区重叠与谱图测定不稳定的问题，必须充分应用全光谱的信息。这是由于在近红外光谱中各个谱区内都包含多种成分的信息（即谱峰重叠），而同一种组分的信息分布在近红外光谱的多个谱区，不同组分固然在某一谱区可能重叠，但在全光谱范围内不可能完全相同，因此，为了区别不同组分，必须应用全光谱的信息，利用化学计量学算法，建立全谱区的光谱信息与含量或性质间的数学关系（称为数学模型，相当于标准曲线），并且通过严格的统计验证，选择最佳数学模型。对于未知样品，只要测定其光谱，就可由选定的数学模型计算其对应成分的含量或性质。

近红外光谱仪的类型较多，如图 1-40 所示，主要有滤光片型、发光二极管（LED）型、光栅色散型、傅里叶变换干涉仪型、声光可调滤光片型（AOTF）、多通道检测型［二极管阵列（PDA）、电荷耦合器件（CCD）］等。光栅色散型仪器又可分为扫描-单通道检测器和固定光路-阵列检测器两种类型。除了采用单色器分光以外，也有仪器采用多种不同波长的发光二极管（LED）作光源，即 LED 型近红外光谱仪。

滤光片型近红外光谱仪以滤光片作为分光系统，即采用滤光片作为单色光器件，结构如图 1-41 所示，滤光片型近红外光谱仪可分为固定式滤光片和可调式滤光片两种形式，其中固定式滤光片型的仪器是近红外光谱仪最早的设计形式。仪器工作时，由光源发出的光通过滤光片后得到一定宽带的单色光，与样品作用后到达检测器。

光栅色散型近红外光谱仪是采用光栅单色器的仪器，通常称为色散型仪器，它是最常见的近红外光谱仪。这类仪器与紫外-可见吸收光谱仪具有通用的光学设计，只要更换光源、光栅、滤光片和检测器，就可构成近红外光

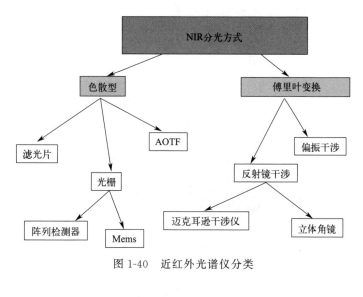

图 1-40　近红外光谱仪分类

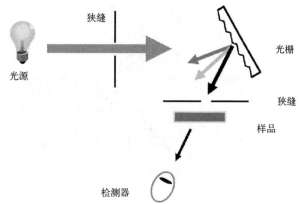

图 1-41　滤光片型近红外光谱仪结构

谱仪。图 1-42 是基于单色器的光栅色散型近红外光谱仪。

阵列检测型是小型光谱仪器常用的结构之一，具有光路固定、抗震性好、读取速度快等优点。阵列检测型近红外光谱仪的结构如图 1-43，入射光经过光学元件准直，之后由固定的光栅或棱镜分光，再由另一组光学元件聚焦到线阵列探测器上。

**应用领域**

近红外光谱仪是一种多功能的分析仪器，为各行业提供了快速、非破坏性、高灵敏度的分析工具，有助于实现质量控制、研究和监测应用。主要应

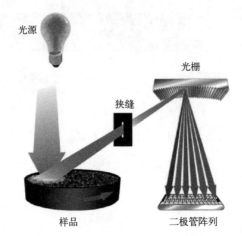

图 1-42　光栅色散型近红外光谱仪结构

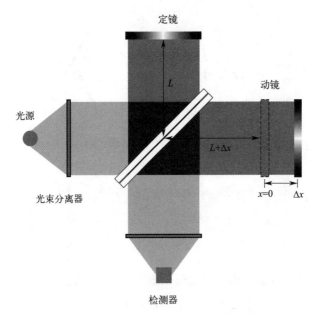

图 1-43　阵列检测型近红外光谱仪结构

用领域包括：

（1）食品和饮料工业

食品质量控制：分析食品中的脂肪、蛋白质、水分、糖分和其他成分，确保产品质量和一致性。

饮料分析：测定饮料中的糖分、酸度、酒精含量和其他关键参数。

(2) 制药和医药

药品制造：用于药物成分分析、质量控制和生产监测，确保药品的安全性和有效性。

药物含量测定：测定药物中活性成分的浓度，确保药物剂量准确。

生物制剂研究：分析生物制剂的结构和质量，包括蛋白质和生物药物。

(3) 化学和化工

化学品生产：实时监测反应过程中的化学成分和反应动力学。

溶剂选择：帮助选择合适的溶剂和反应条件。

(4) 农业和农产品

农产品分析：分析谷物、油籽、水果和蔬菜的成分、含水量和质量。

土壤分析：测定土壤中的养分、pH 值和污染物含量。

(5) 环境监测

水质分析：检测水中的污染物、溶解氧和水质参数。

大气监测：测量大气中的气体浓度，如甲烷、二氧化碳和一氧化碳。

土壤污染检测：分析土壤中的有害物质和污染程度。

(6) 材料科学

材料分析：分析聚合物、涂料、玻璃、陶瓷等材料的成分和性质。

质量控制：监测材料制造过程，确保产品符合规格。

(7) 能源产业

石油和天然气分析：测定原油和天然气中的成分、密度和硫含量。

可再生能源研究：分析生物质和生物燃料的质量和组成。

(8) 纸浆和纺织工业

纸浆分析：分析纸浆中的木浆成分和特性。

纺织品分析：测定纺织品的纤维组成和质量。

(9) 生物技术和生命科学

分子生物学研究：用于 DNA、RNA 和蛋白质的分析。

细胞培养监测：监测细胞培养过程中的生长和代谢。

# 红外光谱仪（Infrared Spectrophotometer，IR）

红外光谱仪是利用物质对不同波长的红外辐射的吸收特性，进行分子结构和化学组成分析的仪器。当样品吸收了一定频率的红外辐射后，分子的振动能级发生跃迁，透过的光束中相应频率的光被减弱，造成参比光路与样品光路相应辐射的强度差，从而得到所测样品的红外光谱。

**工作原理**

分子的振动能量比转动能量大，当发生振动能级跃迁时，不可避免地伴随有转动能级的跃迁，所以无法测量纯粹的振动光谱，而只能得到分子的振动-转动光谱，这种光谱称为红外吸收光谱。当样品受到频率连续变化的红外光照射时，分子吸收了某些频率的辐射并由其振动或转动运动引起偶极矩的净变化，产生分子振动和转动能级从基态到激发态的跃迁，使相应于这些吸收区域的透射光强度减弱。记录红外光的透射率与波数或波长关系曲线，就得到红外光谱。

红外光谱仪的结构主要包括光源、分光系统、样品池以及检测系统（检测器）四个部分。根据分光系统相对于样品的放置位置，红外光谱仪的结构可分为前分光和后分光两种形式，如图1-44所示，采用滤光片或傅里叶干涉仪时多采用前分光形式，即通过样品的光束是经过分光系统得到的单色光。

（1）光源

红外光谱仪测定红外吸收光谱需要能量较小的光源，要求能发射出稳定、高强度、连续波长的红外光，通常使用能斯特（Nernst）灯、卤钨灯、发光二极管、激光二极管以及碳化硅棒或涂有稀土化合物的镍铬旋状白炽线圈。

（2）分光系统

分光系统是红外光谱仪的核心器件，其作用是将复合光转化为单色光。主要的分光类型有滤光片、光栅、干涉仪和声光调谐滤光器，分别对应滤光片型红外光谱仪、色散型红外光谱仪，傅里叶变换红外光谱仪和声光滤光型

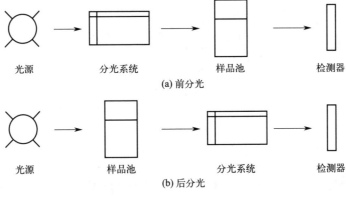

图 1-44 红外光谱仪的结构

红外光谱仪。

滤光片型红外光谱仪如图 1-45 所示,采用滤光片作为分光系统,即采用滤光片作为单色光器件,通过将不同的滤光片固定在转盘上,以此达到测量样品在多个波长处的红外光谱数据。

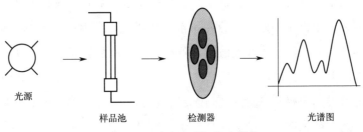

图 1-45 滤光片型红外光谱仪

滤光片型近红外光谱仪可分为固定式滤光片和可调式滤光片两种形式,其中固定式滤光片型的仪器是近红外光谱仪最早的设计形式,这种仪器首先要根据测定样品的光谱特征选择适当波长的滤光片,具有设计简单、成本低、光通量大、信号记录快、坚固耐用的特点,但这类仪器只能在单一波长下测定,灵活性较差,如样品的基体发生变化,往往会引起较大的测量误差。可调式滤光片型光谱仪采用滤光轮,可以根据需要比较方便地在一个或几个波长下进行测定,仪器工作时,如图 1-46 所示,由光源发出的光束通过滤光片后得到一定宽带的单色光,与样品作用后到达检测器,而且,这种仪器一般作专门分析,如粮食水分测定分析,但由于滤光片数量有限,很难分析复杂体系的样品。

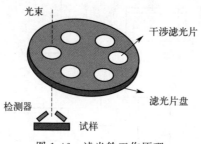

图 1-46　滤光轮工作原理

色散型红外光谱仪又叫作光栅扫描型红外光谱仪，采用棱镜或者光栅作为分光器。

如图 1-47 所示，仪器工作时，从光源发出的红外辐射分成二束，一束通过试样池，另一束通过参比池，然后进入分光系统单色器，在单色器内先通过以一定频率转动的扇形镜（斩光器），其作用是周期地切割二束光，使试样光束和参比光束交替地进入单色器中的色散棱镜或光栅，最后进入检测器。随着扇形镜的转动，检测器就交替地接收这二束光，假定从单色器发出的为某波数的单色光，而该单色光不被试样吸收，此时二束光的强度相等，检测器不产生交流信号；改变波数，若试样对该波数的光产生吸收，则二束光的强度有差异，此时就在检测器上产生一定频率的交流信号（其频率决定于斩光器的转动频率）。通过交流放大器放大，此信号即可通过伺服系统驱动参比光路上的光楔（光学衰减器）进行补偿，此时减弱参比光路的光强，

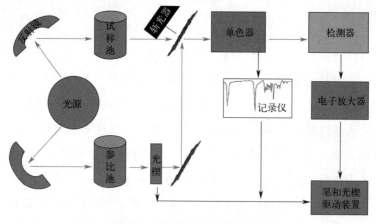

图 1-47　色散型红外光谱仪结构

使投射在检测器上的光强等于试样光路的光强。试样对某一波数的红外光吸收越多，光楔也就越多地遮住参比光路以使参比光强同样程度地减弱，使二束光重新处于平衡。试样对各种不同波数的红外辐射的吸收有多有少，参比光路上的光楔也相应地按比例移动以进行补偿。记录笔与光楔同步，因而光楔部位的改变相当于试样的透射比，它作为纵坐标直接被描绘在记录纸上。由于单色器内棱镜或光栅的转动，使单色光的波数连续地发生改变，并与记录纸的移动同步，这就是横坐标。这样在记录纸上就描绘出透射比 $T$ 对波数（或波长）的红外光谱吸收曲线。该类仪器的特点是可进行全谱扫描，分辨率较高。

傅里叶变换红外光谱仪与色散型红外分光原理不同，它是基于对干涉后的红外光进行傅里叶变换的原理而开发的，目前在红外光谱仪中占主导地位，被称为第三代红外光谱仪。傅里叶变换红外光谱仪的核心部件是迈克耳逊干涉仪，如图 1-16 和图 1-48 所示，迈克耳逊干涉仪主要由两个互成 90°的平面镜（动镜和定镜）和一个光束分裂器组成，动镜在平稳移动中要时时与定镜保持 90°，光束分裂器具有半透明性质，位于动镜与定镜之间并和它们呈 45°放置。

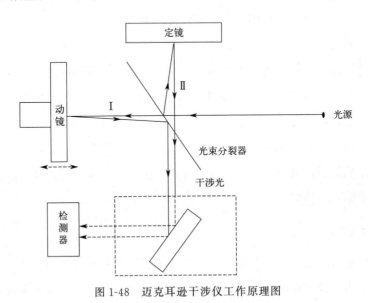

图 1-48　迈克耳逊干涉仪工作原理图

测量时，光源发出的红外光经准直成为平行光入射到光束分裂器后，被分为两束，Ⅰ为反射光，Ⅱ为透射光，其中50%的光反射到定镜，50%的光透射到动镜，射向定镜和动镜的光经反射后重新会合在一起成为具有干涉光特性的相干光。相干的红外光照射到样品上，在动镜连续运动中将得到强度不断变化的余弦干涉波，经检测器采集，获得含有样品信息的红外干涉图数据，经过计算机对数据进行傅里叶变换的数据处理后，把干涉图还原成光谱图，从而得到样品的红外光谱图。傅里叶变换红外光谱仪可以对样品进行定性和定量分析，具有扫描速率快，分辨率高，可重复性好等特点，克服了色散型光谱仪光能量输出小、光谱范围窄、测量时间长等缺点。

（3）声光滤光型红外光谱仪

声光滤光型红外光谱仪是根据声光衍射原理，采用具有较高的声光品质因素和较低的声衰减的双折射单晶制成的分光器件，由双折射晶体、射频辐射源、电声转换器和声波吸收器组成。声光滤光型红外光谱仪的显著特点是分光系统中无可移动的部件，扫描速度快，但其分辨率不如色散型和傅里叶变换型红外光谱仪，比较适合用于在线过程分析。

（4）样品池

样品池指承载样品的器件。对于液体样品，一般使用玻璃或石英样品池，对于固体样品，可使用积分球或漫反射探头。

（5）检测器

红外光谱仪的检测器种类较多，一般分为热检测器和光检测器两大类。热检测器是把某些热电材料的晶体放在两块金属板中，当光照射到晶体上时，晶体表面电荷分布产生变化，由此可以测量红外辐射的功率。热检测器有氘代硫酸三甘肽（DTGS）、钽酸锂（$LiTaO_3$）等类型；光检测器是利用材料受光照射后，由于导电性能的变化而产生信号，最常用的光检测器有锑化铟、汞镉碲等类型。

**应用领域**

红外光谱仪是一种强大的分析工具，主要用于分析物质的结构、成分和功能性基团。其非破坏性、高分辨率和广泛的适用性使其成为许多行业中不可或缺的仪器之一，可用于各种应用领域中的化学和材料分析、质量控制、研究和监测等领域。

(1) 制药和医药

药物分析：用于分析药物的成分、纯度和质量，确保药物的安全性和有效性。

药物质量控制：监测药物生产过程中的质量参数，确保产品符合规格。

药物配方验证：验证药物制剂的成分和含量，确保药物的一致性和稳定性。

(2) 食品和饮料工业

食品分析：分析食品的脂肪、蛋白质、水分、糖分和添加剂等。

饮料质量控制：测定饮料的糖度、酸度、酒精含量和其他关键参数。

食品安全检测：检测食品中的有害物质、污染物和微生物。

(3) 化学和化工

化学物质分析：用于分析化学反应中的中间产物、反应物和产物。

催化剂研究：研究催化剂的结构和活性，用于催化反应的优化。

聚合物分析：分析聚合物的结构、组分和性能。

(4) 石油和能源

原油分析：测定原油中的成分、密度、硫含量和可燃性。

燃料质量控制：用于燃料油、天然气和生物燃料的成分分析。

石油化工过程监测：监测化工过程中的反应和产品质量。

(5) 材料科学

材料分析：用于分析材料的晶体结构、组分和缺陷。

表面化学研究：研究表面吸附、修饰和功能化过程。

外部环境对材料的影响：分析材料在不同环境条件下的稳定性和降解。

(6) 环境监测

大气污染监测：检测大气中的气体污染物，如二氧化硫和氮氧化物。

水质分析：分析水中的污染物和水质参数。

土壤分析：测定土壤中的养分、有机物和重金属含量。

(7) 生命科学和生物技术

蛋白质结构研究：用于研究蛋白质的次级结构、折叠和相互作用。

分子生物学研究：分析 DNA、RNA 和生物分子的结构和功能。

细胞培养监测：监测细胞培养中的生长、代谢和质量。

（8）安全与法医学

药物滥用检测：用于检测毒品和药物在生物体内的代谢产物。

犯罪调查：分析犯罪现场的痕迹和证据，如纤维和化学物质。

# 拉曼光谱仪（Raman Spectrophotometer）

拉曼光谱仪是一种基于拉曼散射效应的分析仪器。拉曼光谱是一种散射光谱，是以印度物理学家 C. V. Raman 的名字命名的，他在研究水中的光散射时，发现散射光中除了原来的入射光频率外，还有一些新的频率，这些频率与入射光无关，而与水分子的振动有关，这些与入射光频率不同的散射光被称为拉曼散射光。这一发现引起了国际物理界的广泛关注，因为它证明了光与物质之间存在着一种非弹性碰撞过程，即光子在与分子碰撞时会损失或增加一定量的能量，并导致频率变化，C. V. Raman 于 1930 年因此获得了诺贝尔物理学奖。拉曼光谱仪通过对与入射光频率不同的散射光谱进行分析以得到分子振动、转动等方面的信息，可以快速、非破坏性地测量固体、液体、气体等样品的化学成分和分子结构信息。

**工作原理**

如图 1-49(a) 所示，当一束频率为 $\nu_0$ 的单色光照射到样品上后，分子可以使入射光发生散射。如图 1-49(b) 所示，大部分光只是改变方向发生散射，而光的频率仍与激发光的频率相同，这种散射称为瑞利散射；约占总散射光强度的 $10^{-6} \sim 10^{-10}$ 的散射，不仅改变了光的传播方向，而且散射光的频率也改变了，不同于激发光的频率，称为拉曼散射。如图 1-49(c) 所示，拉曼散射中频率减少的称为斯托克斯散射，频率增加的散射称为反斯托克斯散射，斯托克斯散射通常要比反斯托克斯散射强得多，拉曼光谱仪测定的大多是斯托克斯散射，也统称为拉曼散射。这个现象的产生是因为一些光的能量被转移到材料中原子或分子的振动中，或者振动的能量转移到光的能量中，因而，这种变化反映了分子内部的振动模式和能级结构，由此，通过测量入射光和散射光之间的能量差，即可了解物质分子的振动模式，进而实现对分子结构的分析。

拉曼光谱仪的工作原理如图 1-50 所示，激光器所发出的单色激发光经

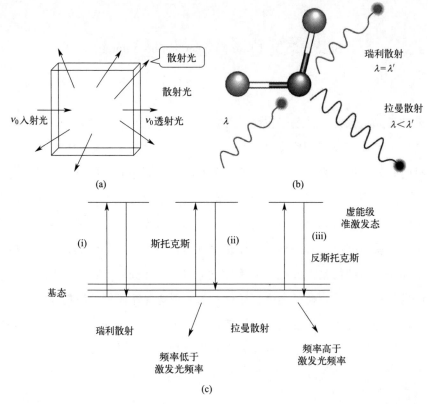

图 1-49 拉曼效应

专用光纤与拉曼探头照射采样管内的待测样品，激发的拉曼散射光由聚光镜等光学元件收集，经狭缝照射到光栅上，被光栅色散，连续地转动光栅使不同波长的散射光依次通过出口狭缝，进入光电倍增管检测器，经放大和记录系统获得拉曼光谱，所得到的光谱显示了特定波长的峰值对应于试样的不同振动模式，由此可分析出试样的结构和组成。

拉曼光谱可以提供样品化学结构、相和形态、结晶度及分子相互作用的详细信息。如图 1-51 所示，拉曼谱图通常由一定数量的拉曼峰构成，每个拉曼峰代表了相应的拉曼位移和强度。每个谱峰对应于一种特定的分子键振动，其中既包括单一的化学键，例如 C—C，C═C，N—O，C—H 等，也包括由数个原子组成的基团的振动。

目前，根据拉曼光谱仪的应用情况可以分为色散型激光拉曼光谱仪、傅里叶变换拉曼光谱仪、共焦显微拉曼光谱仪、表面增强激光拉曼光谱仪等。

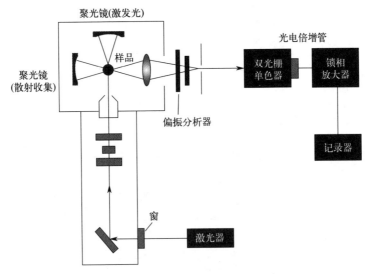

图 1-50　拉曼光谱仪的工作原理图

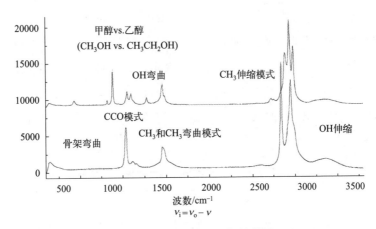

图 1-51　甲醇和乙醇的拉曼谱图

不同的拉曼光谱仪组成及结构会有些细微的不同，但一般都是由激发光源、外光路系统、滤光器、分光系统和检测器等组成，图 1-52 为拉曼光谱仪系统结构框图。

(1) 激发光源

激光器用作拉曼光谱的激发光源，对拉曼光谱技术的快速发展起到了至关重要的作用。由于拉曼散射很弱，要求的光源强度大，而激光器提供的激发光源具有极高的亮度、方向性强、谱线宽度十分狭小以及发散度极小，可

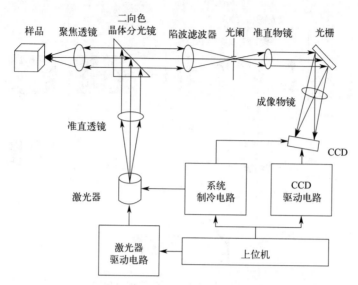

图 1-52 拉曼光谱仪系统结构框图

传输很长的距离且保持高亮度,因此,一般用激光器作为激发光源。

激光器种类很多,常用的激光器有 $Kr^+$ 激光器、$Ar^+$ 激光器、$Ar^+/Kr^+$ 激光器、He-Ne 激光器、Nd-YAG 激光器、二极管激光器、红宝石脉冲激光器等。$Ar^+$ 激光器常用的波长是 514.5nm(绿色)和 488.0nm(蓝紫色),$Kr^+$ 激光器常用的是 568.2nm 和 647.1nm。表 1-6 给出了常用激发光源的激发波长及功率。

表 1-6 几种常用激发光源的激发波长及功率

| $\lambda$/nm | 激光器功率/mW | | | | $\lambda$/nm | 激光器功率/mW | | | |
|---|---|---|---|---|---|---|---|---|---|
| | $Kr^+$ | $Ar^+$ | $Ar^+/Kr^+$ | He-Ne | | $Kr^+$ | $Ar^+$ | $Ar^+/Kr^+$ | He-Ne |
| 3391 | — | — | — | + | 632.8 | — | — | — | >50 |
| 1151 | — | — | — | + | 611.8 | — | — | — | + |
| 1084 | — | — | — | + | 568.2 | 150 | — | 80 | — |
| 799.3 | 30 | — | — | — | 530.9 | 200 | — | 80 | — |
| 793.1 | 10 | — | — | — | 520.8 | 70 | — | 20 | — |
| 752.5 | 100 | — | — | — | 514.5 | — | 1400 | 200 | — |
| 676.4 | 120 | — | 20 | — | 510.7 | — | 250 | 20 | — |
| 647.1 | 500 | — | 200 | — | 496.5 | — | 400 | 50 | — |

续表

| λ/nm | 激光器功率/mW | | | | λ/nm | 激光器功率/mW | | | |
| --- | --- | --- | --- | --- | --- | --- | --- | --- | --- |
| | Kr$^+$ | Ar$^+$ | Ar$^+$/Kr$^+$ | He-Ne | | Kr$^+$ | Ar$^+$ | Ar$^+$/Kr$^+$ | He-Ne |
| 488 | — | 1300 | 200 | — | 465.8 | — | 100 | — | — |
| 482.5 | 30 | — | 10 | — | 457.9 | — | 250 | 20 | — |
| 476.5 | — | 500 | 60 | — | 454.5 | — | 100 | — | — |
| 476.2 | 50 | — | — | — | 351.1+363.8 | — | 20 | — | — |
| 472.7 | — | 150 | — | — | 350.7+356.4 | 40 | — | — | — |

激光器根据所用材料不同还可分为气体激光器、固体激光器、半导体激光器和染料激光器等。半导体激光器是所有激光器中效率最高和体积最小的一种。这种激光器可通过改变电流、外部磁场、温度或压力微调输出激光的波长，也可通过改变半导体合金的组分而在 $0.32\sim0.45\mu m$ 的范围内进行调谐。

拉曼光谱仪一般都配备多种激光器，当一种激光激发样品而产生很强的光致发光干扰信号时，就改用另一种激光，目的是避开光致发光的干扰。

(2) 外光路系统

外光路系统是指在激光器之后、单色仪之前的一套光学系统，包括前置单色器，样品装置和拉曼光收集系统，如图 1-53 所示。它的作用是为了有效地利用光源强度、分离出所需要的激光波长、减少光化学反应和减少杂散光以及最大限度地收集拉曼散射光，还要适合于不同状态的试样在各种不同条件下（如高、低温）的测试。纯化后的激光经反射镜改变光路再由物镜准确地聚焦在试样上。试样所发出的拉曼散射光再经聚光透镜准确地成像在单色器的入射狭缝上。反射镜的作用是将透过样品的激光束及样品发出的散射光反射回来再次通过样品，以增强激光对样品的激发效率，提高拉曼散射光的强度。

(3) 滤光器

激光波长的散射光（瑞利光）要比拉曼信号强几个数量级，必须在进入检测器前滤除，另外，为防止样品被外辐射源（例如：房间的灯光，激光等离子体）照射，需要设置适宜的滤波器或者物理屏障。因此，安置滤光部件

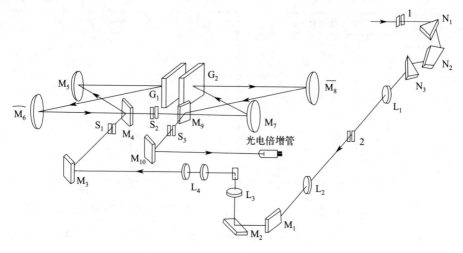

图 1-53 拉曼光谱仪的外光路系统

1，2—外光路系统狭缝；$N_1$，$N_2$—三棱镜；$N_3$—阿贝棱镜；$L_1$，$L_2$，$L_3$—透镜；

$L_4$—大孔径聚光透镜；$M_1$，$M_2$，$M_3$，$M_4$，$M_9$，$M_{10}$—平面反光镜；

$M_5$，$M_6$，$M_7$，$M_8$—离轴抛物镜；$S_1$，$S_2$，$S_3$—入射，中间和出射狭缝；$G_1$，$G_2$—平面衍射光栅

的主要目的是为了抑制杂散光以提高拉曼散射的信噪比。在样品前面，典型的滤光部件是前置单色器或干涉滤光片，它们可以滤去光源中非激光频率的大部分光能。在样品后面，用合适的干涉滤光片或吸收盒可以滤去不需要的瑞利光的一大部分能量，提高拉曼散射的相对强度。

（4）分光系统

从分光机理上来看，拉曼光谱仪可以分为两大类，即色散型拉曼光谱仪和非色散型拉曼光谱仪，传统的拉曼光谱仪都是利用光栅进行分光的，称为色散型拉曼光谱仪，而非色散型拉曼光谱仪，即傅里叶变换拉曼光谱仪是利用干涉仪，通过傅里叶变换得到其拉曼光谱的。

（5）检测器

检测器在拉曼光谱仪中，被用于探测仪器收集到的拉曼散射光或经过变换的信号。传统的拉曼光谱仪一般采用光电倍增管或电子计数器作为检测器，用于对分光后的光谱逐点（即逐频率）扫描以得到完整的拉曼光谱。常用的探测器有硅CCD（电荷耦合元件）探测器、紫外强化CCD探测器、近红外（NIR）单元探测器和光电倍增管。CCD检测器元件实际上是光敏电

容器。由于光电效应，吸收光子产生了电荷并将其储存于电容器中，储存电荷的量正比于击中像元的光子数，将这些电荷送往电荷敏感放大器以测得累积电荷，放大器输出是数字化的，并储存于计算机中。液氮冷却的 CCD 电子耦合器件探测器的使用可大大提高探测器的灵敏度。硅 CCD 是色散仪器中最常用的检测器，响应范围为 200~1100nm。这种冷却的阵列检测器允许在低噪声下的快速全光谱扫描，适用于检测紫外-近红外激光器激发的拉曼信号。

**应用领域**

拉曼光谱仪是一种用于研究物质分子振动和晶格模式的仪器，通过测量样品散射光的频率变化，可以获取关于分子结构、组成和环境的信息。以下是拉曼光谱仪的一些主要应用领域。

（1）材料科学

晶体结构分析：可用于研究晶体和材料的结晶结构，包括晶格振动模式和声子谱。

纳米材料表征：对纳米材料的表面性质和尺寸进行分析，了解其光学和电学性质。

（2）生物医学

生物分子识别：可用于鉴定和分析生物分子，如蛋白质、核酸和细胞组分。

医学诊断：用于分析生物体内的化学成分，支持医学上的疾病诊断和生物标记物研究。

（3）化学分析

化学物质鉴定：可用于快速鉴定化学物质，包括液体、气体和固体。

反应监测：通过实时监测拉曼光谱，可以了解化学反应的动力学和中间产物的生成。

（4）环境监测

水质分析：可用于检测水中的污染物，监测水体中的溶解物质。

大气气体分析：用于追踪大气中的气体组成，了解大气污染和温室气体的分布。

(5）食品和饮料工业

食品成分分析：可用于检测食品中的成分，包括脂肪、蛋白质、糖类等。

食品质量控制：对食品中的微生物、污染物和添加剂进行检测和分析。

（6）能源领域

电池材料研究：用于研究电池和储能材料的结构和性能，包括电极材料和电解质。

石油化工：用于研究石油产品的组成，检测原油和燃料中的成分。

（7）药物研发

药物制剂分析：用于药物的质量控制和成分分析。

药物与细胞相互作用研究：了解药物在细胞水平上的作用机制。

# 荧光光谱仪（Fluorescence Spectrophotometer）

荧光光谱仪，常称为荧光分光光度计，是依据物质所发荧光的颜色和强度进行定性和定量分析的一种仪器，为化合物的结构研究提供激发光谱、发射光谱以及荧光强度、量子产率、荧光寿命等物理参数，具有灵敏度高、选择性好以及使用范围宽等优点。

**工作原理**

处于基态的物质分子吸收激发光后变为激发态，处于激发态的分子是不稳定的，在返回基态的过程中将一部分的能量又以光的形式放出，从而产生荧光。荧光光谱仪是用于扫描荧光标记物所发出荧光，进而获得光谱的一种仪器。不同物质由于其内部分子结构的差异，其激发态能级的分布具有不同的特征，这种特征反映在光谱上表现为不同物质都有其独特的荧光激发和发射光谱，可通过分析荧光激发和发射光谱的差异来定性地进行物质的鉴定。

当荧光光谱仪进行工作时，被测的荧光物质在激发光照射下所发出的荧光，经过单色器变成单色荧光后照射于光电倍增管上，由其所发生的光电流经过放大器放大输至记录仪。一个激发，一个发射，采用双单色器系统，可分别测量激发光谱和荧光光谱。荧光光谱仪对物质进行测量后的结果以光谱图的形式呈现，如图1-54所示。

（1）激发光谱是荧光强度以激发波长为函数的光谱

激发光谱是通过固定荧光的测定波长，以不同波长的入射光激发荧光物质而绘制的荧光强度对激发波长的关系曲线，它表示不同激发波长的辐射引起物质发射某一波长荧光的相对频率。研究分子的激发光谱时，保持激发光强度不变，连续地调谐激发光的波长，并探测在某波长位置上分子发射的荧光强度变化。如测量波长选择在发射强度的峰值处，则所测量得的激发光谱强度最大。通常激发光谱的形状与吸收光谱的形状很相像，因为分子的吸收过程也是它的激发过程。

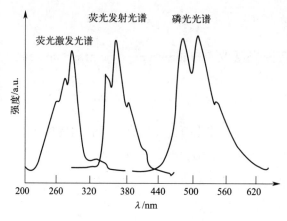

图 1-54　荧光光谱示意图

（2）发射光谱是荧光在发射波长上的强度分布

发射光谱是在固定激发光的波长和强度保持不变的情况下，记录荧光强度对荧光波长的关系曲线，它表示在一定波长入射光激发下，物质所发射的荧光中各种波长组分的相对强度。测量发射光谱时，激发光的波长和强度均保持不变，用发射单色仪进行波长扫描，记录在不同波长上的荧光强度就得到发射光谱。由于激发态和基态有相似的振动能级分布，而且从基态的最低振动能级跃迁到第一电子激发态各振动能级的概率与第一电子激发态的最低振动能级跃迁到基态各振动能级的概率也相近，因此吸收谱与发射谱呈镜像对称关系。

因此，可以用激发光谱和发射光谱的不同来定性地进行物质的鉴定。在溶液中，当荧光物质的浓度较低时，其荧光强度与该物质的浓度通常有良好的正比关系，利用这种关系可以进行荧光物质的定量分析，与紫外-可见分光光度法类似，荧光分析通常也采用标准曲线法进行。

荧光光谱仪结构如图 1-55 所示，工作时，由激发光源（1）发出的白光进入激发侧单色器（2），测定激发光谱（吸收光谱）时，改变激发光的波长，测定荧光强度对应的变化，测定荧光光谱时，激发波长固定，测量荧光强度随发射波长的变化。来自激发侧单色器（2）的光照向样品，半透半反镜会将光束分离，一部分光到达监控检测器（3），监控检测器（3）用来监控激发光到达样品的强度，检测器通常使用光电管、光电二极管、光电倍增管等。当激发光到达样品时，样品被激发以发出荧光，发出的荧光进入荧光侧单色器（4），离开荧光侧单色器（4）的荧光会进入荧光检测器（5），通常是光电倍增管，荧光检测器会将荧光转换为模拟电信号，再经过 A/D 转换电路（6）转换为数字信号，通过计算机（7）控制波长扫描和信号处理。

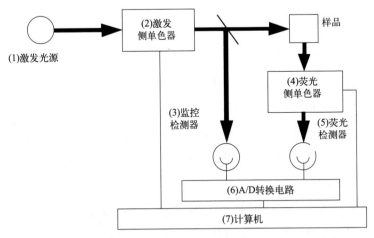

图 1-55　荧光光谱仪的结构

**应用领域**

荧光光谱仪是一种用于分析物质荧光特性的分析仪器，能够提供对物质性质和成分的高度敏感和选择性的信息，因此在科学研究、工业应用和文化遗产保护等众多领域中都具有重要价值。以下是一些主要的荧光光谱仪的应用领域。

（1）生物医学

药物研发：药物筛选、药物交互作用研究和药物分子的荧光标记。

生物标志物检测：检测生物标志物、蛋白质和核酸分子，用于临床诊断。

细胞成像：在细胞和组织中标记荧光探针，以研究生物过程和疾病机制。

（2）环境科学

水质分析：检测水中污染物、微生物和营养物质。

大气监测：测量大气中的空气质量和污染物。

土壤污染检测：分析土壤中的有机和无机化合物。

(3) 食品和饮料

食品质量控制：检测食品中的成分、添加剂和污染物。

食品安全检测：检测食品中的微生物、有害物质和残留农药。

饮料分析：分析饮料中的主要成分、香料和色素。

(4) 材料科学

材料性质研究：研究材料的荧光特性以评估其结构和性能。

半导体制造：用于检测半导体材料的质量和杂质。

(5) 化学分析

分子识别：通过荧光标记或固体样品的荧光特性来鉴定化合物。

化学传感器：将荧光探针用于检测特定化学物质的存在。

(6) 石油和化工

石油产品分析：分析原油、燃料和润滑油中的成分。

化工流程监测：监测化工过程中的反应和产品质量。

(7) 研究和教育

科学研究：在化学、生物学、物理学和材料科学的研究中广泛使用。

教育和培训：用于教育实验和培训学生在荧光光谱分析方面的技能。

(8) 文化遗产保护

艺术品和文物研究：用于文物、绘画和古代物品的材料分析和保护。

颜料分析：分析历史颜料的成分，以助力文化遗产保护。

# 核磁共振波谱仪（Nuclear Magnetic Resonance Spectrometer, NMR）

核磁共振波谱仪是一种对各种有机物和无机物的成分、结构进行定性分析的强有力的工具，亦可进行定量分析。核磁共振现象最早由哈佛大学的 Edward Mills Purcell 和斯坦福大学的 Felix Bloch 于 1945 年发现，他们将具有奇数个核子（包括质子和中子）的原子核置于磁场中，再施加以特定频率的射频场，就会发生原子核吸收射频场能量的现象，这就是人们最初对核磁共振现象的认识。由于这项重大发现，他们二人共同分享了 1952 年诺贝尔物理学奖。目前，核磁共振波谱仪已广泛应用于化学、食品、医药学、生物学、遗传学以及材料科学等领域，成为这些领域开展研究不可或缺的分析手段。

**工作原理**

核磁共振是指原子核的磁共振现象，这个现象只有把原子核置于外加磁场中并满足一定外在条件才能产生。那么，元素周期表中所有元素的原子核是否都能产生这个现象呢？答案是否定的。只有磁性原子核，在强磁场中才能产生核磁共振现象。因此，我们首先要认识原子核产生核磁共振的基本条件。

原子核围绕着某个轴做旋转运动，机械的旋转伴随着自旋角动量的产生，可用下式表示。

$$P = \frac{h}{2\pi}\sqrt{I(I+1)}$$

式中，$I$ 为原子核自旋量子数；$P$ 为原子核自旋角动量的最大可观测值；$h$ 为普朗克常数。

由式可知，自旋角动量的具体数值由原子核自旋量子数决定。物理学的研究证明，并非所有的原子核都具有自旋运动，各种不同的原子核，自旋情况不同，与自旋量子数（$I$）有关。如表 1-7 所示，原子核自旋量子数与原子序数和质量数有关，原子序数和原子质量数都是偶数时，该原子核没有自旋，自旋量子数 $I=0$，称为非磁性核。只有当自旋量子数 $I>0$ 时，原子核才有自旋现象，能产生磁矩，称为磁性核。

表 1-7　各种原子核的自旋量子数和核磁性

| 原子序数($Z$) | 质量数($A$) | 中子数($N$) | 自旋量子数($I$) | 核磁性 | 示例 |
| --- | --- | --- | --- | --- | --- |
| 偶数 | 偶数 | 偶数 | 0 | 无 | $^{12}C$、$^{16}O$、$^{32}S$ |
| 奇数 | 偶数 | 奇数 | 整数 1 | 有 | $^{2}H$、$^{6}Li$、$^{14}N$ |
|  |  |  | 2 |  | $^{58}Co$ |
|  |  |  | 3 |  | $^{10}B$ |
| 奇数/偶数 | 奇数 | 偶数/奇数 | 半整数 1/2 | 有 | $^{1}H$、$^{13}C$、$^{15}N$、$^{19}F$、$^{31}P$ |
|  |  |  | 3/2 |  | $^{7}Li$、$^{9}Be$、$^{11}B$、$^{23}Na$、$^{33}S$ |
|  |  |  | 5/2 |  | $^{17}O$、$^{25}Mg$、$^{27}Al$、$^{55}Mn$ |

每种元素都有一个带电的原子核，当中子和质子的自旋在原子核中没有配对时，原子核的净自旋将沿自旋轴产生磁偶极子，这个偶极子的净大小称为核磁矩。分子的内部结构由磁偶极子的对称性和分布决定。当没有外加磁场时，磁性原子核的自旋运动是随机的，故对外不显磁性。当把自旋核放置于外加磁场（$B_0$）中时，原子核中存在的自旋与施加的磁场方向一致或相反（图 1-56），故核的磁性将会在外磁场中表现出来。以自旋量子数 $I=1/2$（如 $^1H$ 核）为例，在外磁场的作用下，由于原子核磁矩与外加磁场 $B_0$ 方向不同，原子核在自旋的同时绕着外磁场方向做回旋，与陀螺在地面的运动类似，这种自旋运动和回旋运动加在一起称为进动，这个现象最早是 Larmor 发现的，因此被称为 Larmor 进动。

按照量子理论，自旋核在磁场中有不同的进动取向，每一种核有 $2I+1$ 个取向。以 $^1H$ 核为例，当 $I=1/2$ 时，有 $2I+1=2$ 种取向，如图 1-57 所示。

原子核磁矩与外加磁场之间的夹角并不是连续分布的，而是由原子核的自旋磁量子数决定的，自旋磁量子数 $m$ 取值为 $m=1/2$ 或 $m=-1/2$，每一个取向对应一个能级，其中 $m=1/2$ 的核磁矩与外加磁场方向一致，能量更低，而 $m=-1/2$ 的核磁矩与外加磁场方向相反，能量更高。这两种能量是不连续的（量子化的），因此就存在一个能级，这个能级称为核磁能级，如

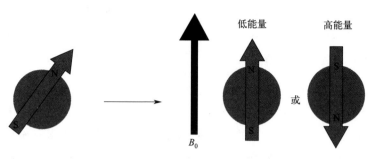

图 1-56 原子核在外加磁场中的自旋

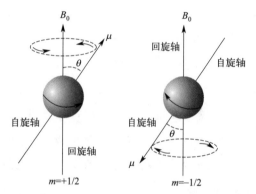

图 1-57 $^1$H 核在外加磁场（$B_0$）中的两种运动状态

图 1-58 所示。此时，若提供一个能量为 $\Delta E$ 的电磁辐射，则发生低能级向高能级的跃迁。

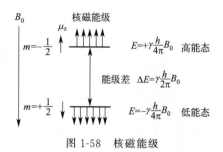

图 1-58 核磁能级

在一定温度且无外加辐射条件下，原子核的高能级和低能级的数目达到热力学平衡。在外加磁场中，高能级和低能级的原子核满足玻尔兹曼分布，处于低能级的核比处于高能级的核略多一点。当有一个电磁辐射的能量 $\Delta E' = h\nu$ 恰好等于核磁能级能量差 $\Delta E$ 时，低能级的核吸收电磁辐射能量被激发到高能级，产生核磁共振信号。但随着实验的进行，低能级的核越来越少，最后高、低能级的核数目相等，体系净吸收为零，共振信号消失，这种现象被称为饱和。若高能级的自旋核通过非辐射途径将能量释放，重新返回到低能级，这一过程称为弛豫。

对于不同种类的核而言，因旋磁比 $\gamma$ 各异，故即使处于同一强度的外加磁场中，发生共振所需要的辐射能量也不相同。因此，在某一磁场强度和与之匹配的特定射频条件下，只能观测到一种原子核的共振信号。而在有机化合物分子中，即使是同类型的核，每个核所处的化学环境不同，则所受的电子屏蔽效应不同。因此，在同一频率的电磁辐射照射下，同类型的核也因所处的化学环境不同而产生稍有差异的核磁共振信号，从而产生不同的化学位移，这进而用于解析分子结构。

核磁共振波谱仪主要由磁铁、探头、射频发射器、射频接收器、扫描发生器（扫场线圈）、信号检测及记录处理系统六部分组成，如图 1-59 所示。工作时，将样品负载于样品管内，放置在磁体两级间的狭缝中，并进行匀速旋转（50~60 周/s），使样品受到均匀的磁场作用。在此过程中，射频发射器的线圈在样品管外向样品发射固定频率的电磁波（如氢谱：60/100MHz），射频接收线圈探测核磁共振时的吸收信号，由扫描发生器线圈连续改变磁场强度，进行由低场到高场的扫描。信号检测及记录系统将产生共振吸收的信号放大并记录成核磁共振图谱。

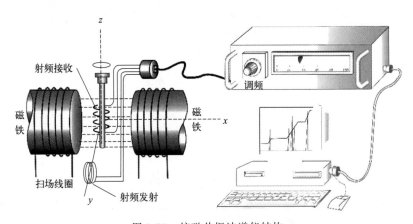

图 1-59 核磁共振波谱仪结构

(1) 磁铁

磁铁是核磁共振仪中最重要的部件,能形成高的场强,同时要求磁场均匀性和稳定性好,其性能决定了仪器的灵敏度和分辨率。磁铁可以是永磁铁、电磁铁,也可以是超导磁体,前者稳定性较好,但使用时间长了磁性要发生变化。由永磁铁和电磁铁获得的磁场一般不超过 2.4T,这相应于氢核的共振频率为 100MHz。为了得到更高的分辨率,应使用超导磁体,此时可获得高达 10T 以上的磁场,其相应的氢核共振频率为 400MHz 以上。

(2) 探头

探头装在磁极间隙内,用来检测核磁共振信号,是仪器的关键部分。探头除包括试样管外,还有发射线圈、接收线圈以及弛豫放大器等元件。待测试样放在试样管内,再置于绕有接收线圈和发射线圈的套管内,磁场和频率源通过探头作用于试样。为了使磁场的不均匀性产生的影响平均化,试样探头还装有一个气动涡轮机,以使试样管能沿其纵轴以每分钟几百转的速度旋转。

(3) 射频发射器

在样品管外与扫描线圈和接收线圈相垂直的方向上绕上射频发射线圈,它可以发射频率与磁场强度相适应的无线电波。高分辨波谱仪要求有稳定的射频频率和功能,为此,仪器通常采用恒温下的石英晶体振荡器得到基频,再经过倍频、调频和功能放大得到所需要的射频信号源。

(4) 射频接收器

当原子核的拉莫尔进动频率与辐射频率相匹配时,发生能级跃迁,吸收能量,在感应线圈中产生毫伏级信号。

(5) 扫场线圈

沿着外磁场的方向绕上扫场线圈,它可以在小范围内精确、连续地调节外加磁场强度进行扫描,扫描速度不可太快,一般 $3 \sim 10 \text{mGs/min}$。

核磁共振仪的扫描方式有两种:一种是保持频率恒定,线性地改变磁场,称为扫场;另一种是保持磁场恒定,线性地改变频率,称为扫频。许多仪器同时具有这两种扫描方式。扫描速度的大小会影响信号峰的显示,速度太慢,不仅增加了实验时间,而且信号容易饱和;相反,扫描速度太快,会造成峰形变宽,分辨率降低。

(6) 信号检测及记录处理系统

接收单元:从探头预放大器得到的载有核磁共振信号的射频输出,经一系列检波、放大后,显示在示波器和记录仪上,得到核磁共振谱。现代核磁共振波谱仪器中配有一套积分装置,可以在核磁共振波谱图上以阶梯形式显示出积分数据。由于积分信号不像峰高那样易受多种条件的影响,可以通过它来估计各类核的相对数目及含量,有助于定量分析。

信号累加:若将试样重复扫描数次,并使各点信号在计算机中进行累加,则可提高连续波核磁共振仪的灵敏度。当扫描次数为 $N$ 时,则信号强度正比于 $N$,考虑仪器难以在过长的扫描时间内稳定,一般 $N=100$ 左右为宜。

核磁共振谱仪按扫描方式不同,可分为连续波核磁共振波谱仪(Continuous Wave NMR,CW-NMR)及脉冲傅里叶变换核磁共振波谱仪(Pulsed Fourier Transform NMR,PFT-NMR)。

连续波核磁共振波谱仪的基本结构如图 1-60 所示,由照射频率发生器产生射频,通过照射线圈 R 作用于试样上。试样溶液装在样品管中插入磁场,样品管匀速旋转以保障所受磁场的均匀性。用扫场线圈调节外加磁场强度,若满足某种化学环境的原子核的共振条件,则该核发生能级跃迁,核磁矩方向改变,在接收线圈 D 中产生感应电流(不共振时无电流)。感应电流被放大、记录,即得核磁共振信号。若依次改变磁场强度,满足不同化学环境核的共振条件,则获得核磁共振谱。这种固定照射频率,改变磁场强度获得核磁共振谱的方法称为扫场(Swept Field)法。若固定磁场强度,改变照射频率而获得核磁共振的方法称为扫频(Swept Frequency)法。这两种方法都是在高磁场中,用高频率对样品进行连续照射,因此,称为连续波核磁共振。

脉冲傅里叶变换核磁共振波谱仪是采用在恒定的磁场中,在整个频率范围内施加具有一定量的脉冲,使自旋取向发生改变并跃迁至高能态。高能态的原子核经一段时间后又重新返回低能态,通过收集这个过程产生的感应电流,即可获得时间域上的波谱图。脉冲傅里叶变换核磁共振波谱仪提高了仪器测定的灵敏度,并使测定速度大幅提高,可以较快地自动测定和分辨谱线

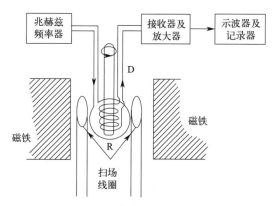

图 1-60 连续波核磁共振波谱仪

及所对应的弛豫时间,是目前主要使用的核磁共振波谱仪,如图 1-61 所示,工作时,样品放入磁体探头中,被高能射频源照射,将激发样品中指定类型的原子核(如 $^1H$ 核)。被激发的自旋核绕外磁场进动,在探头的接收线圈中产生电流。电流信号被记录下来并通过数据处理系统转换成自由感应衰减信号(Free Induction Decay,FID)。FID 是一个时域信号,通过傅里叶变换成频域信号即为核磁共振波谱图(图 1-62)。

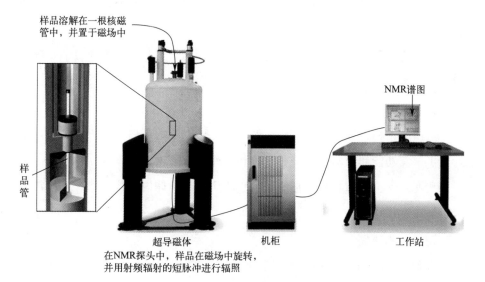

图 1-61 核磁共振波谱仪结构

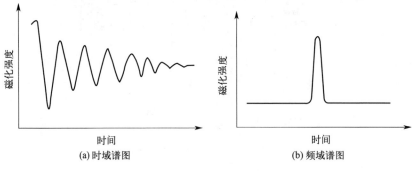

图 1-62　核磁共振的时域和频域谱图

**应用领域**

核磁共振波谱仪在化学、生物化学、生物医学、化学工程和材料科学等领域中都有广泛的应用,成为研究人员进行分析和研究的重要工具。主要应用领域如下。

(1) 化学研究

结构确定:是分析有机和无机化合物结构的重要工具。通过核磁共振波谱分析,可以确定不同原子核,如氢、碳、氮等的化学环境,从而推导出分子的结构。

动态过程:可用于研究分子的动态过程,例如化学反应的动力学和溶液中的分子运动。

(2) 生物化学和生物学研究

蛋白质结构:通过固体核磁共振波谱,可以解析蛋白质的三维结构,这对于了解其功能和与其他生物分子的相互作用至关重要。

代谢组学:液体核磁共振波谱可用于研究生物体内的代谢物,从而帮助理解健康和疾病状态。

(3) 药物研发

药物-蛋白质相互作用:可用于研究药物与目标蛋白质之间的相互作用,以优化药物设计。

药物配方:药物的溶解性和稳定性等特性可以通过核磁共振波谱进行评估。

(4) 材料科学

聚合物结构：可用于研究聚合物的结构，有助于了解其性能和制备过程。

固体材料：固态核磁共振波谱可以用于研究材料的晶体结构和原子排列。

(5) 食品和饮料分析

成分分析：核磁共振波谱可用于快速、准确地分析食品和饮料中的成分，包括水分、脂肪、糖类等。

品质控制：通过核磁共振波谱技术，可以监测和确保食品的质量和安全性。

(6) 地球科学

土壤和岩石分析：核磁共振波谱可用于研究土壤和岩石中的矿物和有机物的分布，有助于了解地球表层的性质。

地下水研究：通过分析地下水中的溶质，可以获取有关地下水流动和地质结构的信息。

# 电子顺磁共振波谱仪（Electron Paramagnetic Resonance Spectrometer，EPR）

电子顺磁共振波谱仪，亦称作电子自旋共振仪，是利用未成对电子对顺磁性物质进行化学结构信息分析的仪器，能直接检测和研究含有未成对电子的顺磁性物质，特别是在不影响反应的前提下，可获取正在进行的物理和化学反应中的物质结构信息和动态信息，是一种有效的原位机理解析手段。电子顺磁共振首先是由苏联物理学家 E·K·扎沃伊斯基于 1944 年从 $MnCl_2$、$CuCl_2$ 等顺磁性盐类中发现的。物理学家最初用这种技术研究某些复杂原子的电子结构、晶体结构、偶极矩及分子结构等问题，后来延伸到了生物化学领域中对有机化合物的分析表征，目前已在物理学、化学、生物学、医学、能源科学等许多领域得到广泛应用。

**工作原理**

物质组成的基本单位是分子，分子是由原子构成，原子是由原子核和电子组成。在多数情况下，电子在分子（或原子）轨道中是配对的，由于它们处于同一轨道中，且自旋方向相反，所以，这类化合物是逆磁性物质。但是，有许多化合物的分子轨道或原子轨道中存在着未配对的电子，这类含未成对电子的物质就是电子顺磁共振波谱仪研究的对象。

电子是具有一定质量和带负电荷的一种基本粒子，能进行两种运动：一种是围绕原子核的轨道运动，一种是围绕通过其中心的轴所作的自旋运动，两种运动分别产生轨道磁矩和自旋磁矩，如图 1-63 所示。

当未配对的自由电子处于外加磁场 $B_0$ 中时，与外加磁场的相互作用将使电子的自旋能级从简并态分裂为两个能级，这就是电子自旋磁矩在外磁场中能量的塞曼分裂（Zeeman splitting），如图 1-64 所示。

图中，较高的能级所代表的磁量子数 $m_s = +1/2$，能级能量为 $E = +1/2 g_e \beta_e B$，记作 $\alpha$ 能级，较低的能级的磁量子数 $m_s = -1/2$，能级能量为 $E = -1/2 g_e \beta_e B$，记作 $\beta$ 能级。两能级之差与外加磁场 $B_0$ 的大小成正比，即

 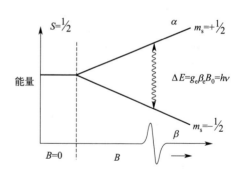

图 1-63　电子自旋产生磁矩　　　　图 1-64　塞曼分裂

$$\Delta E = g_e \beta_e B_0$$

式中，$g_e$ 为一个无量纲因子，称为 $g$ 因子；$\beta_e$ 为玻尔磁子。

在产生了自旋能级分裂的基础上，如果在垂直于外磁场 $B_0$ 的方向上加一个中心频率为 $\nu$ 的电磁波，当电磁波的能量与塞曼能级间距相适应时，满足式(1-12)。

$$h\nu = \Delta E = g_e \beta_e B_0 \tag{1-12}$$

则样品中处于上下两能级的电子发生受激跃迁，其净结果是有部分处于低能级中的电子会吸收电磁波的能量跃迁到高能级中，这就是共振吸收现象，也称顺磁共振现象。

式(1-12) 称为顺磁共振条件式，$h$ 是普朗克常数。由受激跃迁产生的吸收信号就是顺磁共振的电子信号来源，经过电子学的系统处理可得到顺磁共振谱线。电子顺磁共振波谱仪记录的吸收信号是一次微分线形，也称为一次微分谱线，即电子顺磁共振波谱仪测试后得到的数据曲线。

产生顺磁共振的未成对电子并不全部处于低能态，根据麦克斯韦-玻尔兹曼分布，在热力学平衡状态下粒子数的分布规律可描述为：

$$\frac{n_u}{n_d} = \exp\left(-\frac{h\nu}{kT}\right) \tag{1-13}$$

式中，$n_u$ 为占据高能态的粒子数量；$n_d$ 为占据低能态的粒子数量；$k$ 为玻尔兹曼常数；$T$ 为热力学温度。

根据式(1-13) 可以看出，分布在较低能级的粒子数大于高能级的粒子数，存在能量净吸收。在满足顺磁共振的条件下，低能级粒子吸收电磁波能量向高能级跃迁的同时，一部分处在高能级的粒子通过弛豫跃迁到低能级，一部分通过辐射把能量释放给晶格，这一过程称为顺磁弛豫，是未成对电子与周围环境以非辐射跃迁方式进行能量交换的过程，是自旋体系受到电磁波扰动后，由不平衡状态恢复到热平衡状态的过程。吸收-弛豫-吸收过程实质上是能量在电磁波-样品-环境中的传递过程，弛豫现象的出现是能量逸散的步骤，保证了共振吸收现象能够持续发生。

电子顺磁共振波谱仪主要由微波源、电磁铁、传导系统、谐振腔、信号检测记录系统构成，结构如图1-65所示，在电子顺磁共振波谱仪中，电磁铁产生的磁场与经波导管传导至谐振腔的电磁波相互垂直，也与扫描线圈互相垂直。当电磁波的频率$\nu_0$和磁场强度$B_0$满足共振吸收条件时，放置在谐振腔中的样品就发生共振而吸收能量。吸收信号在谐振腔中被放大后，经过检测放大后即可显示于示波器上，并被记录仪自动记录下来。

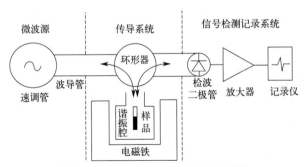

图1-65 电子顺磁共振波谱仪的结构

(1) 微波源 微波源由产生、控制和检测微波辐射的器件组成。微波频率一般为$1GH_z \leqslant \nu \leqslant 100GHz$。常用的微波源有速调管和耿氏二极管。速调管在波谱仪中广泛作为微波源被使用，具有稳定、高能、低噪声的优势，能有效提高仪器分辨率。微波源后紧接着一个隔离调制器，用于减弱反射回源，维持微波频率的稳定。

(2) 电磁铁 电子顺磁共振波谱仪中的电磁铁要求能够提供强度符合需要的、稳定的、均匀的磁场，磁性组件包括磁体和磁场传感器。电子顺磁共振波谱仪使用的磁体主要有两种：第一种是电磁体，通常能够产生高达1.5T的场强，适合在Q波段频率进行测量；第二种是超导磁体，适用于W波段和更高频率下进行操作。根据工作微波频率协调所需的磁场强度范围，从而进行磁体种类的选取。

（3）传导系统　传导系统负责将产生的微波传导到指定位置，由隔离器、衰减器、环形器、波导管等重要器件连接而成。产生于微波源的电磁波通过定向耦合器被分成两条路径：一条路径指向谐振空腔，另一条路径指向参考臂。在两个路径上都有一个可变衰减器，能够精确控制产生微波的功率。在谐振空腔路径上，微波与样品相互作用，产生用于分析的共振吸收信号。在参考臂上，可变衰减器之后有一个移相器，可在参考信号和反射信号之间设定相位关系。

（4）谐振腔　谐振腔好比电子顺磁共振波谱仪的心脏，它是一种方形或圆柱状的金属盒，用于放置样品、产生信号、放大信号、检测信号。样品放置在谐振腔中，产生的微弱信号在谐振腔内部通过共振被进一步放大，当能级分裂接近于入射微波光子的频率时，就能够通过固态二极管检测得出吸收线。谐振腔存储微波能量的能力由品质因数 $Q$ 给出，$Q$ 值越高，光谱仪的灵敏度越高。

（5）信号检测记录系统　载有信号的微波经环形器被传导出谐振腔，先经过检波后进入 100 kHz 窄频带放大器，随后进入检波器，在这里只检出与参考信号的频率与相位都相同的接收信号，随后检波器输出的信号经过放大后送入计算机。

**应用领域**

电子顺磁共振是直接检测和研究含有未成对电子的顺磁性物质的一种波谱学技术。其广泛应用于以下多个研究领域。

① 物理学领域：含有未成对电子的原子、离子、分子，金属或半导体中的非传导电子研究晶体缺陷，辐照效应和辐照损伤，半导体磁离子的掺杂研究单晶中的晶场，材料的磁性等。

② 生物与医学领域：检测有机生命细胞组织中的自由基，生物化合物的 X 射线效应。辐照食品的控制，致癌物反应的研究，药物检测，辐照食品的控制。

③ 其他研究领域：用于辐照剂量学研究和丙氨酸/EPR 剂量测定；地质和考古样品的年代测定等。

# 第 2 章

# 电化学类分析仪器

电化学类分析仪器是一类专门用于研究和测量电化学反应的仪器,这些仪器通过测量电位、电流、电荷传递等参数来分析化学样品的特性。它们在化学研究、环境监测、食品分析、药物开发、电池技术、腐蚀研究和材料科学等领域都有广泛应用。

## 电位差计(Potentiometer)

电位差计,又称电位计、伏安计、电动势差计,是根据被测电压和已知电压相互补偿(即平衡)的原理制成的,可以测量物质间电动势(电位)差的高精度测量仪表,可以实现被测液体或气体中各种离子或溶质质量浓度或活性的测量。

**工作原理**

在 19 世纪 40 年代初,人们已经知道了测量电动势的方法,但当时只是以电动势恒定为根本的假设,另外当时多数的测量使用的是伽伐尼电池,它严重地受到极化的影响,所以测量中很难得到一致的结果。在 1860 年 Clark 发明了锌-汞标准电池,这个电池的电压在 15℃时是 1.435V,它的温度系数大约是温度每升高 1℃,电压变化 0.0008V,这对之前使用的伽伐尼电池是一个相当大的改进。不久 Clark 发表了与这个新的标准电池一起使用的装置的详细情况,并将它命名为"电子电位计",该装置如图 2-1 所示。

电位差计的工作原理基于一个简单的物理学原理,即当两个不同电势的导体连接在一起时,它们之间会产生电势差。在使用电位差计时,首先需要将测量电极和参比电极连接在待测试的电路中。然后,通过信号放大器来放大两个电极之间的电势差,并将其转换为数字信号,以便进行记录和分析。最后,根据所需的精度和灵敏度,可以对测量电极和参比电极的位置进行微调,以确保获得准确的电势差测量结果。

如图 2-2 所示,根据电压补偿原理,先使标准电池 $E_n$ 与测量电路中的精密电阻 $R_n$ 的两端电势差相比较,再使被测电势差(或电压)$E_x$ 与准确可变的电势差相比较,通过检流计 G 两次指零获得测量结果。

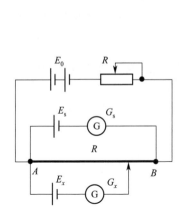

图 2-1 Clark 电子电位计原理图

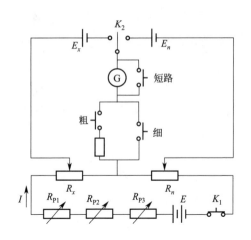

图 2-2 电位差计工作原理图

**应用领域**

电位差计可以测量液体和气体中各种离子或溶质的浓度和活性,如测量酸、碱、盐,也可以检测污水中溶质含量,并能实时显示电位值,从而帮助生产人员对物质含量进行实时监控和管理,为研究人员提供了一种精确测量和控制电位的手段,有助于解决许多与电化学和离子交换相关的问题,主要包括以下几个领域。

① 电化学研究:它是电化学研究的核心工具之一。它用于控制电极的

电位，以观察和测量电化学反应的动力学、热力学和电子转移过程。电化学研究可涵盖从基础科学到应用领域的广泛范围，如电池技术、腐蚀研究、催化剂开发等。

② 材料科学：用于研究和测试材料的电化学性质，例如电极材料、薄膜和涂层。这有助于改进材料的性能，特别是在能源存储（例如锂离子电池）和电催化剂领域。

③ 环境监测：用于监测水体中的污染物浓度，例如测量水中的重金属离子、氟离子、氯离子等。这对于环境保护和水质控制至关重要。

④ 食品和药物分析：用于测量和检测食品和药物中的重要指标，如酸度、氧化还原潜力和离子浓度。这有助于确保产品质量和安全性。

⑤ 生物医学研究：用于测量生物体系中的电化学参数，如细胞内外的离子浓度和电位。这对于了解生物体系的功能和生理过程非常重要。

⑥ 电镀和电化学加工：用于控制和监测金属沉积、腐蚀抑制、表面改性等工艺，以改进产品的质量和性能。

⑦ 能源研究：用于评估太阳能电池、燃料电池、超级电容器等电化学设备的性能，并帮助优化能源存储和转换技术。

# 库仑计（Coulometer）

库仑计是通过测量电解过程中所消耗的电量，按照法拉第电解定律获得待测物质含量的仪器，可以用来确定电化学反应中的物质的电量或电荷量。

**工作原理**

将直流电压施加于电解池（由被测物的溶液和一对电极构成）的两个电极上，被测物质的离子在电极上以固体（金属单质或金属氧化物）形式析出，因此根据电极增加的质量可计算被测物的含量。库仑计可在此过程中准确测量电解池所消耗的电量（库仑数），从而求出在电极上起化学反应的物质的含量。

库仑计的理论基础是法拉第电解定律，其内容包括以下两个方面。

① 电流通过电解质溶液时，发生电极反应的物质的质量与通过的电量成正比，即

$$m \propto Q \quad (Q = It = \int_0^\infty I \, \mathrm{d}t)$$

式中，$m$ 为电极上发生化学反应的物质的质量，g；$Q$ 为电量，C，$1Q=1\mathrm{A/s}$；$I$ 为电流强度，A；$t$ 为时间，s。

② 当相同的电量通过电极时，不同物质在电极上析出的量与它们的电化摩尔质量（$M/n$，$M$ 为原子或分子的摩尔质量，$n$ 为转移电子数）成正比，或者表达为电极上析出每一个电化摩尔质量的任何物质，都消耗96485库仑（C）的电量，此电量称为法拉第电量（F）。

$$m = \frac{M}{n} \times \frac{Q}{F} = \frac{M}{n} \times \frac{it}{96485}$$

式中，$m$ 为析出物质的质量，g；$M$ 为析出物质的摩尔质量，g/mol；$F$ 为法拉第常数，$1F=96485\mathrm{C/mol}$；$i$ 为电解电流，A；$t$ 为时间，s；$n$ 为电极反应时每个原子得失的电子数。

法拉第电解定律不受温度、压力、电解质浓度、电极和电解池的材料与

形状、溶剂的性质等因素的影响，所以建立在法拉第电解定律基础上的库仑分析仪是一种准确度和灵敏度都比较高的定量分析仪器，它不需要基准物质，所需试样量较少，并且容易实现自动化。

库仑分析仪根据电解进行的方式不同分为控制电位库仑分析仪和恒电流库仑分析仪两种。

控制电位库仑分析仪主要由电解池、控制阴极电位的电位计和库仑计3部分组成，如图2-3所示。电解过程中，控制阴极的电位保持恒定，使待测物质进行电解。电解开始后，浓差极化使电流逐渐减小，当电解电流趋于零时，表明该物质已被电解完全，通过库仑计测量所消耗的电量而获得被测物质的质量。

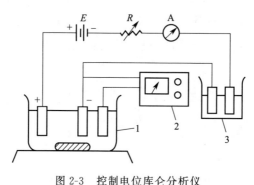

图 2-3　控制电位库仑分析仪

1—电解池；2—电位计；3—库仑计

恒电流库仑分析仪主要由电解发生系统和终点指示系统两个部分构成，电解发生系统由电解池、恒流电源和计时器组成，终点指示系统由指示电极对和控制器组成，如图2-4所示。电解过程中，维持电解电流的恒定，测量电解完全时所用的时间，根据公式 $Q=It$ 计算消耗的电量，由法拉第电解定律公式计算出被测物质的质量。

**应用领域**

库仑分析仪通常用于电化学分析和电量测量，可以用来确定电化学反应中的物质的电量或电荷量，广泛用于电化学分析、化学物质浓度测量以及电荷量测量。以下是一些主要的应用领域。

① 化学分析：库仑分析仪可用于测量溶液中的电化学反应中产生或消

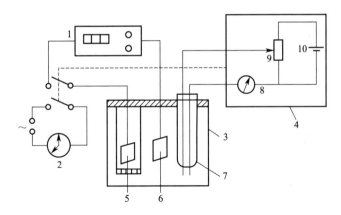

图 2-4 恒电流库仑滴定装置

1—恒流电源；2—计时器；3—库仑滴定池；4—死停终点法控制器；5—辅助电极；
6—工作电极；7—双铂指示电极；8—电流表；9—可变电阻；10—电池

耗的电荷量，从而确定化学物质的浓度，例如测量氧化还原反应中的物质浓度。

② 电池和储能系统：在电池研究和开发中，库仑分析仪可用于评估电池的性能、容量和充放电过程中的电荷和能量变化。

③ 金属电沉积：在金属电镀工艺中，库仑分析仪可以用于控制金属沉积的均匀性和厚度，确保产品的质量。

④ 腐蚀研究：库仑分析仪可以用于研究金属在不同环境条件下的腐蚀行为，以开发防腐涂层和腐蚀抑制剂。

⑤ 配位化学：在配位化学中，库仑分析仪可用于测定金属离子的浓度，以研究配位化合物的形成和反应。

⑥ 分析化学实验室：在化学实验室中，库仑分析仪可用于标定溶液中各种分析物的浓度，如氧化还原指示剂、配位试剂和其他化学物质。

⑦ 环境监测：库仑分析仪可用于监测环境样品中的污染物浓度，例如水中的重金属、氯化物和硫酸盐。

⑧ 药品和医疗设备制造：在制药工业中，库仑分析仪可用于控制药品和医疗设备的电化学特性，以确保其安全性和有效性。

# 电位滴定仪（Potentiometric Titrator）

电位滴定仪是利用电位滴定法在滴定过程中通过测量电位变化以确定滴定终点的仪器。

**工作原理**

电位滴定仪基于电位测量原理，通过测量反应溶液中电位的变化来确定反应物质的浓度，用于分析化学物质之间的化学反应。在滴定过程中，随着滴定剂的加入，由于待测离子与滴定剂之间发生化学反应，待测离子浓度不断变化，造成指示电极电位也相应发生变化。根据能斯特关系式，在滴定的化学计量点附近，待测离子活度发生突变，指示电极的电位也相应发生急剧变化，在化学计量点处，其变化率最大，即电极电位变化率最大点即滴定终点。因此，通过测量滴定过程中电池电动势的变化，可以确定滴定终点，最后根据滴定剂浓度和终点时滴定剂消耗体积计算试液中待测组分含量。

电位滴定仪的基本装置如图 2-5 所示，包括滴定管、滴定池、指示电极、参比电极、搅拌器和电位测量仪。进行电位滴定时，在被滴定的溶液中插入指示电极和参比电极，组成电化学池，测量滴定过程中电位的变化，以电位的突跃来确定滴定终点。滴定过程中，由于被测离子与滴定剂发生化学反应，使对指示电极有响应的离子活度发生变化，引起了电极电位的变化。在达到滴定终点前后，溶液中响应离子活度的连续变化，可以达到几个数量级，电极电位将发生突跃，被测成分的含量通过消耗滴定剂的量来计算。

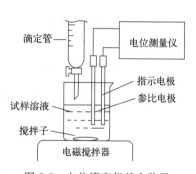

图 2-5　电位滴定仪基本装置

要使电位滴定方法获得成功，指示电极的选择极为重要，使用不同的指示电极，电位滴定法可以进行酸碱滴定、氧化还原滴定、配合滴定和沉淀滴定。酸碱滴定时使用 pH 玻璃电极为指示电极。在氧化还原滴定中，可以用铂电极作为指示电极。在配合滴定中，若用 EDTA 作为滴定剂，可以用汞电极作为指示电极。在沉淀滴定中，若用硝酸银滴定卤素离子，可以用银电极作为指示电极。

电位滴定仪分为手动法和自动法两种，自动滴定仪主要由滴定装置、电位计和控制器三个部分组成。电位计用来检测反应体系电位的变化，并将其转换成电信号。控制器与滴定装置和电位计相连，通过计算电位变化率和滴定量，在滴定过程中，滴定池内溶液产生不同的电位变化，控制器自动控制直流电源电压大小及滴定速率，当电位变化率大于门限值后为等当点值，满足设定条件，仪器转到制停程序，停止滴定并给出测定结果，从而实现自动滴定。

**应用领域**

电位滴定仪是一种灵活的分析工具，适用于多种化学分析和实验室应用，以下是一些主要的应用领域。

① 酸碱滴定：电位滴定仪常用于测定酸和碱的浓度。它可以用于分析饮用水、废水、土壤、食品、药品等各种样品中的酸碱性质。

② 氧化还原滴定：电位滴定可用于测定氧化还原反应中的物质浓度，例如测定氧化铁或氧化还原指示剂的含量。

③ 配位滴定：在配位化学中，电位滴定仪可用于确定金属离子的浓度，例如测定水中重金属离子的含量。

④ 复杂滴定：电位滴定仪可以用于测定多种分析物的浓度，特别适用于复杂的混合物分析，如环境样品或药物制剂。

⑤ 食品化学：在食品工业中，电位滴定可用于测定食品中的盐分、酸度、碱性和其他化学指标，以确保产品质量和合规性。

⑥ 药品分析：在制药工业中，电位滴定可以用于药品的含量测定、酸碱性质的调整和反应监测。

⑦ 水质监测：电位滴定可用于监测自然水体中的各种污染物，例如测定水中的氯化物、硝酸盐、亚硝酸盐等。

# pH 计（pH meter）

pH 计又称酸碱度测定计，是一种用于测定溶液酸碱性质的仪器，通过测量氢离子浓度来确定溶液的酸碱程度，由阿诺德·奥维尔·贝克曼于 1934 年发明。

**工作原理**

pH 计是利用原电池原理进行工作的，原电池的两个电极间的电动势依据能斯特定律，既与电极的自身属性有关，还与溶液里的氢离子浓度有关。氢离子浓度的负对数即为溶液 pH 值，即

$$pH = -\lg(\gamma_H m_H)$$

式中，$\gamma_H$ 为氢单个离子的活度系数；$m_H$ 为氢离子的物质的量浓度。pH 值范围为 0～14。

根据能斯特方程，电极电位为：

$$E = E_0 + 2.3026 \frac{RT}{F} \lg a_H = -2.3026 \frac{RT}{F} pH$$

式中，$E_0$ 为氢电极的标准电极，规定其值为 0；$R$ 为气体常数，8.31J/K·mol；$T$ 为热力学温度，$(273.15+t)$℃；$F$ 为法拉第常数，取 $9.649 \times 10^4$ mol$^{-1}$；$a_H$ 为氢离子活度；$2.3026RT/F$ 被称为对氢离子可逆的电极理论转换系数。

由式可知，当被测溶液 pH 值变化 1 个电位时，由于 $R$ 和 $F$ 都是常数，因此电极电位就是温度的函数。

然而，实际测量时，无法用单一电极测量电位变化，因此，pH 计主要参与测量的部件是一支对氢离子可逆的 pH 测量电极和一支参比电极，如图 2-6 所示，测量电极对 pH 值敏感，而参比电极的电位稳定，那么在温度保持稳定的情况下，溶液和电极所组成的原电池的电位变化，只和玻璃电极的电位有关。pH 计工作时，原电池中参比电极的电位在一定条件下是不变

的，那么原电池的电位就随着被测溶液中氢离子的活度而变化。因此，通过测定原电池的电位差，即可计算溶液中的 pH 值。

pH 计的结构包括测量部分（电极）和电流计，测量部分包括测量电极和参比电极，如图 2-6 所示。一般 pH 计的测量电极都是玻璃电极，它对溶液内的氢离子敏感，其功能是建立一个对所测量溶液的氢离子活度发生变化做出反应的电位差。参比电极对溶液中氢离子活度无响应，是具有已知和恒定的电极电位的电极，常见的参比电极有硫酸亚汞电极、甘汞电极和银/氯化银电极等几种，其功能是提供恒定的电位，作为测量各种偏离电位的对照。相对于两个电极而言，目前使用最普遍的是将 pH 玻璃电极和参比电极组合在一起的复合电极，结构如图 2-7 所示。

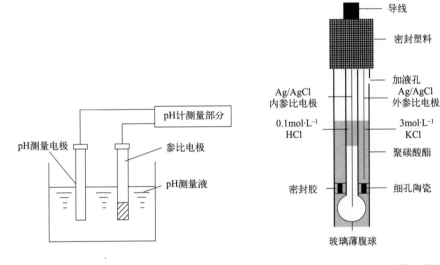

图 2-6　pH 计基本装置　　　　图 2-7　复合 pH 电极的结构示意图

pH 计中的电流计是用于测量整体电位的，它能在电阻极大的电路中捕捉到微小的电位变化，并将这个变化放大若干倍，通过电表显示出来。为了方便读数，pH 计都有显示功能，就是将电流计的输出信号转换成了 pH 值。

**应用领域**

pH 计是专为使用离子选择电极而设计的一种精密的电子毫伏计，是利用 pH 指示电极以电位法测定溶液 pH 值的仪器。pH 计在许多不同的应用领域中都有广泛的应用，以下是一些主要的应用领域。

① 化学实验室：用于测量和监测反应物和反应产物的酸碱性，以及为化学反应提供最佳的酸碱条件。

② 生物化学和生命科学研究：用于测量生物体内和生物实验中的溶液的 pH 值，例如细胞培养基、血液、酶反应等。

③ 食品和饮料工业：用于检测食品和饮料中的酸碱性，以确保产品的质量和安全性。

④ 水质监测：pH 值对水体的生态平衡和水质的影响很大，因此监测 pH 值是重要的环境保护措施，pH 计广泛用于监测自然水体（如河流、湖泊、海洋）和饮用水的 pH 值。

⑤ 农业：用于土壤测试，以确定土壤的酸碱性，并为不同类型的农作物提供最佳的生长条件；也可用于农业排水的监测。

⑥ 渔业和水族学：用于确保养殖鱼类和其他水生生物的过程中水体的酸碱性适宜，以维持鱼类和其他水生生物的健康。

⑦ 医疗应用：用于监测生理液体（如尿液和胃液）的酸碱性，以帮助诊断和治疗一些健康问题。

⑧ 清洁和消毒过程：用于确保清洁剂和消毒剂的酸碱性适宜，以最大程度地杀灭细菌和病原体。

# 电导率仪（Conductivity Meter）

电导率仪，是以电化学测量方法测定电解质溶液电导率的仪器。电导率也称为电解质导电率，是衡量电解质溶液中电流通过能力的指标，通常用于评估溶液中离子的浓度和活性，以及溶液的导电性质。以西门子每米（S/m）或微西门子每厘米（μS/cm）为单位。

**工作原理**

电导率仪的工作原理基于电解质溶液中的导电性，在多数情况下，电导率和溶液中离子的浓度成正比，首先利用电极反应将待测量的物质转化为导电的离子或原子，然后通过检测离子的浓度和电流大小可反映该物质的导电性能。

电导率是电阻的倒数，因此电导率的测量，实际上是通过对电阻值的测量再换算的，也就是说电导率的测量方法与电阻的测量方法相同，按欧姆定律测定平行电极间溶液部分的电阻。

电导率测试仪通常包含两个电极：一个工作电极和一个参比电极，如图2-8所示，工作电极通常是一个导电材料，用于浸入溶液中，并与溶液中的离子相互作用，如玻璃电极、金属电极或碳电极。参比电极则用于提供一个稳定的电势差，以便测量溶液中的电势差相对于参比电极。

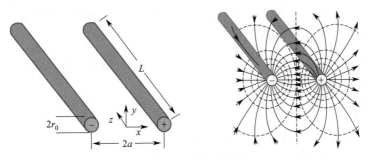

图 2-8 电导率仪的原理

测量时，将两块平行的电极放到被测溶液中，电导率仪会施加一个电势差（电压）在工作电极和参比电极之间，从而在溶液中形成一个电场，如图2-8 所示。溶液中的离子会在电场的作用下向着相反的电极移动，形成电流。电导率仪通过测量溶液的电流和施加在电极间的电势差，根据欧姆定律计算电导率 $\sigma$。

$$\sigma = I/(Vd)$$

式中，$\sigma$ 为电导率；$I$ 为通过测量溶液的电流；$V$ 为施加在电极间的电势差；$d$ 为电极间的距离。

在溶液电导的测定过程中，当电流通过电极时，由于离子在电极上会发生氧化或还原反应，从而改变电极附近溶液的组成，产生"极化"现象，从而引起电导率测量的严重误差，故测量电导率时要使用频率足够高的交流电，这可减轻或消除上述极化现象，因为在电极表面的氧化反应和还原反应迅速交替进行，其结果可认为没有氧化或还原反应发生。

**应用领域**

电导率仪是一种用于测量电解质溶液电导率的仪器，可提供关于溶液中离子浓度和盐分的有用信息，有助于质量控制、研究和监测过程。在各个领域中都具有重要作用，主要应用领域如下。

① 水质监测：电导率仪常用于监测自来水、废水和地下水的电导率，以评估水质的纯度和污染程度。高电导率可能指示水中存在离子或电解质。

② 环境科学：在环境研究中，电导率仪用于监测土壤电导率，以评估土壤的盐分含量和土壤质地，这对于农业和土壤保护至关重要。

③ 食品加工：在食品工业中，电导率仪用于检测食品和饮料中的盐分浓度，确保产品质量符合标准。

④ 制药业：电导率仪用于药品生产中，以监测药品溶液的电导率，确保药品符合质量控制要求。

⑤ 化学研究：在化学实验中，电导率仪用于测定溶液中的离子浓度，以帮助确定化学反应的进程和反应物质的浓度。

⑥ 电化学研究：在电化学研究中，电导率仪可用于测量电解质溶液的电导率，以研究电化学反应和电极反应的动力学。

⑦ 制冷和空调：电导率仪可用于监测冷却水中的盐分浓度，以帮助维持冷却系统的性能。

⑧ 生物科学：在细胞培养和生物化学实验中，电导率仪可用于监测培养基和细胞培养中的离子浓度，以维持适宜的生长条件。

# 电解质分析仪（Electrolyte Analyzer）

电解质分析仪是一种用于分析生物体内（如血液、体液）化学成分中具有导电性能的一类物质的仪器，可以快速、准确地测量体液中的电解质浓度。20 世纪 80 年代末，随着电化学传感器和自动分析技术的发展，基于离子选择电极的电解质分析仪已广泛应用于临床电解质测定，并朝着更加自动化、智能化和人性化发展。

**工作原理**

电解质是指在溶液中能解离成带电离子而具有导电性能的一类物质，包括无机物和部分有机物，离子主要指 $K^+$、$Na^+$、$Cl^-$、$Ca^{2+}$、$Mg^{2+}$、$HCO_3^-$ 等。

电解质分析仪的原理基于电解质的电离行为以及电极对电势的影响，当电极浸入液体中时，液体中的离子会在电场的作用下向电极移动，即正离子会向阴极移动，负离子向阳极移动，从而在电极表面形成一层电荷，其电动势称为电极电位。当液体中的离子浓度变化时，电极电位也会发生变化，通过对电极电位的变化的测量即可实现液体中离子浓度的测定。

电解质分析仪通常采用离子选择性电极和参比电极作为电极对实现精确检测。离子选择性电极也称膜电极，它有一层特殊的电极膜，对特定的离子具有选择性响应，当电极和含待测离子的溶液接触时，在电极膜和溶液的相界面上产生与待测离子活度直接有关的膜电势，由于电极膜的电位与待测离子含量之间的关系符合能斯特公式，通过测定膜电势即可测定溶液中待测离子的活度或浓度，$K^+$、$Na^+$、$Cl^-$、$Ca^{2+}$、$Mg^{2+}$ 电极是电解质分析仪中常用的离子选择性电极。参比电极是一个稳定的电极，其电位在大部分情况下保持不变，用于比较和校正其他电极的测量值。

电解质分析仪一般由进样传送系统、离子选择性电极和离子计等部件组成，如图 2-9 所示电解质分析仪管路系统图中，进样传送系统由采样针、驱动电机、泵、阀、管道等组成，用于控制样品、参比液和缓冲稀释（间接电位法）等的吸取和传送。离子选择电极是核心部件，一般都按一定的排列顺序放置在流动室中。离子计或离子浓度计是由测量电路将离子选择性电极产生的微弱电信号经反对数放大器放大、转换，最后传输到数字显示器显示并打印结果。

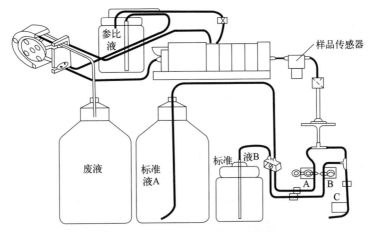

图 2-9　电解质分析仪管路系统图

电解质分析仪的工作原理如图 2-10 所示，仪器上有钾、钠、氯或钙离子选择性电极和参比电极。离子选择性电极的电极膜与被测样本中相应的离子相互渗透，电极内液与样本之间的离子浓度差使电极膜产生电化学电位，

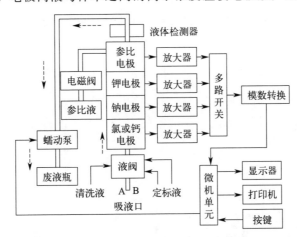

图 2-10　电解质分析仪工作原理图

电位通过高传导性的内部电极引到放大器的输入端,放大器的另一个输入端与参比电极连接,从而检测出测量液与参比液间的电位差。通过检测一个精确的已知离子浓度的标准溶液获得定标曲线,即可检测样本中的离子浓度。

**应用领域**

① 医学和生物医学:人体内电解质的紊乱,可引起各器官生理功能失调,对心脏和神经系统影响最大,严重时可危及生命,因此,电解质分析仪广泛用于医学实验室和医疗机构,用于测量血液、尿液等液体中的电解质水平,对于监测患者的生理状况、诊断疾病以及监控治疗效果非常重要。

② 畜牧应用:畜禽等动物和人类一样会生病,在当今科技下,防病诊断对中国畜牧业的发展尤为重要。健康或疾病,归根结底在于物质代谢以及调节机构和器官的功能是否正常,这种正常或异常又多表现为体液成分的质和/或量的改变。在多数情况下又不能获得组织进行活检,因此血液便成为最易取得且最能反映体内生理指标的样品。电解质分析仪测量动物血液的电解质含量,为诊断提供科学依据。

③ 珍稀动物保护和研究:日常电解质监测对珍稀动物保护和研究提供了很好的帮助。

④ 环境监测:用于检测水体中的电解质含量,帮助监测河流、湖泊和地下水的质量,对于环境保护和水资源管理至关重要。

⑤ 食品和饮料行业:用于检测食品和饮料中的盐分含量,确保产品质量符合标准并满足卫生要求。

⑥ 电池研究和制造:用于研究电解液中的离子浓度和导电性,以优化电池性能和寿命。

⑦ 化学工业:用于监测反应液中的离子浓度,以确保生产过程的稳定性和产品质量。

**知识拓展**

电解质存在于人体。

钾(K):钾离子是细胞内液最主要的阳离子,在细胞间起最初的缓冲作用。90%的钾离子在细胞内,损坏的细胞会释放钾离子到血液中。钾在神经传导，肌肉功能，保持酸碱平衡和渗透压方面起着重要的作用。

钠（Na）：钠离子是细胞外液中最主要的阳离子。其对人体的主要功能是通过化学作用维护渗透压和酸碱平衡以及传递神经冲动。钠离子的功能是调节细胞膜内外的电位差以维护神经元兴奋传导。钠离子还作为因子参与一些酶催化反应。

氯（Cl）：氯离子是存在于细胞外的最主要的阴离子，通过它影响了细胞的渗透压，在监测酸碱平衡和水平衡中也起重要作用。

钙（Ca）：高血钙可以有各种各样的不良表现，钙值测量可以被生化学家作标记用。通常，在检测恶性肿瘤时，离子钙或总钙都有同样的作用，离子钙可能更敏感一些。

# 极谱仪（Polarography）

极谱仪是利用可还原或可氧化物质在电解池中电解所得的电流-电压曲线，对电解质溶液中不同离子含量进行定性分析及定量分析的一种电化学式分析仪器。1924年，捷克化学家海洛夫斯基领导开发了第一代极谱仪。中国的第一代极谱仪是在20世纪50年代推出的，至今仍然用于教育和演示极谱分析的基本原理，其工作原理是使用单滴汞电极，在汞滴产生后的最后2s内完成一次扫描，这被称为单扫描极谱法。

**工作原理**

极谱分析是特殊条件下的电解分析，它的特殊之处在于工作电极主要采用由滴汞电极和甘汞电极组成的电极对，而电解液则为待测溶液。在一定的化学环境中，待测溶液内的不同阳离子在阴极上的还原电位是已知的，当随着极谱仪外加到阴极上的电解电压增加（电压扫描），离子按照其自身的还原电位依次还原，形成各自的还原电流，若采用适当的方法记录变化曲线，即获得一条极谱曲线（或称极谱图）。

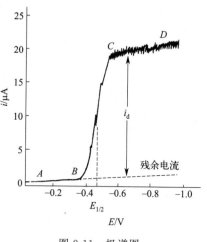

图 2-11　极谱图

极谱图（图2-11）中起始部分的电流（AB段）称为残余电流，而后一部分的电流（CD段）称为极限电流，二者之差称为极限扩散电流（简称扩散电流）。扩散电流的大小与被测物质的浓度成正比，这是极谱定量分析的基础。电流等于极限电流一半时的电位称为半波电位，不同的物质有不同的半波电位。半波电位一般不随物质的浓度改变而变化，因此它是极谱定性分析的依据。因此，通过对记录的电压、电流极化曲线的测量和极谱图的分析即可求得试液中相应离子的浓度。

极谱仪由电压、电流控制单元、测量和记录单元及电解池（包括滴汞电极和参比电极）三个部分组成，如图 2-12 所示，将滴汞电极和参比电极（通常为甘汞电极）放入盛有待测液的电解池中。在电解前先通 $N_2$ 以除去电解液中的溶解氧。在电解液保持静止的条件下，逐步改变两电极上的电压进行电解，记录电流-电压值，或由记录仪直接绘出电流-电压曲线。

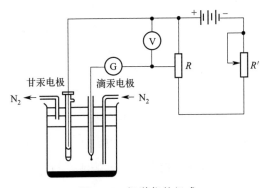

图 2-12　极谱仪的组成

**应用领域**

凡是能在滴汞电极上发生氧化还原反应的无机物和有机物，大多数都可以使用极谱仪进行测定。以下是一些主要的应用领域。

① 化学分析：可用于分析化学物质的光谱特性，帮助确定物质的成分和浓度，如通过光吸收光谱来测定溶液中特定化合物的浓度。

② 生物医学：可用于研究生物分子的光谱，如蛋白质、DNA 和 RNA。这对于了解生物分子的结构和相互作用具有重要意义。

③ 环境监测：广泛应用于监测大气中的污染物、水质分析以及土壤成分的测定，可以检测环境中的特定化学物质。

④ 材料科学：可用于研究材料的光学性质，包括透射、反射和吸收光谱，有助于了解材料的结构和性能。

⑤ 天文学：通过分析天体发出的光谱，以推断天体的成分、温度和其他特性，对于研究宇宙中的天体和宇宙学非常重要。

# 电化学工作站（Electrochemical Workstation）

电化学工作站，全称为电化学测量系统，是用于测量电化学池内电位等电化学参数的变化并对其实现控制的一种仪器。电化学工作站将恒电位仪、恒电流仪和电化学交流阻抗分析仪有机地结合，既可以做三种基本功能的常规试验，也可以做基于这三种基本功能的程序化试验。

**工作原理**

电化学工作站基于电化学反应的基本原理，即将化学反应与电流和电位的关系相结合，实现对化学反应机理、动力学和热力学等性质的研究。电化学工作站的主要组成部分包括电极系统、电解池、测量系统和显示系统，如图 2-13 所示。

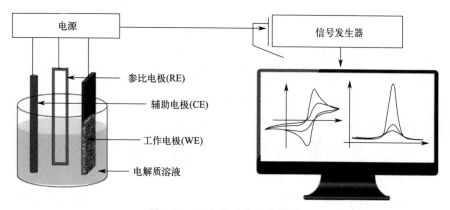

图 2-13　电化学工作站的组成

电极系统通常由工作电极（working electrode，WE）、辅助电极（counter electrode，CE）和参比电极（reference electrode，RE）组成，如图 2-14 所示，工作电极是需要测量的未知电极；辅助电极在对工作电极的测量过程中起到辅助作用，主要用于与工作电极一起形成闭合回路；参比电极在对工作电极的测量过程中起到参考的作用，其电势是固定且已知的，因此可通过对工作电极与参比电极之间的电势差的求解来得到工作电极的电势。

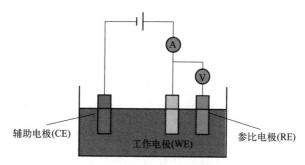

图 2-14　电极系统的组成

电解池是反应发生的地方，通常是一个容纳电解液的容器，电极系统被放置在其中。电源提供所需的电位和电流，可以是恒定电流或可调节的电位和电流。测量系统用于测量电位和电流的变化，通常包括电位计和电流计。

电化学工作站工作时，工作电极和参比电极构成一个电势回路，工作电极和对电极构成一个电流回路，通过放大电路把电势回路中的电势、电流回路中的电流采集并显示出来，就是图示屏幕中的电势和电流。

电化学工作站可根据其通道个数的不同分为单通道和多通道两种，其中，单通道工作站在一定时间内只允许完成对一个样品的参数测量，而多通道工作站允许同时对多个样品进行参数测量，大大提高了其工作效率。

**应用领域**

电化学工作站可以控制电位和电流，并测量样品中的电流响应，从而用于分析电化学反应、电极过程和材料的电化学性质，提供了深入了解电化学过程和材料电化学性质的机会，有助于解决各种实验和应用中的电化学问题。以下是一些主要的应用领域。

① 电池研发和测试：电化学工作站用于评估电池和超级电容器的性能，包括循环伏安法（Cyclic Voltammetry，CV）和充放电测试。它有助于优化电极材料、提高电池能量密度和延长电池寿命。

② 腐蚀和防护：在材料科学和工程中，电化学工作站用于研究金属的腐蚀行为，以及开发腐蚀防护方法和涂层。

③ 传感器开发：电化学工作站可用于测试和评估传感器的性能，例如氧气传感器、葡萄糖传感器、生物传感器等。

④ 电催化和能源转化：电化学工作站在电催化研究中具有重要作用，用于开发新型催化剂、燃料电池和水电解等能源转化技术。

⑤ 电化学合成：电化学工作站用于有机合成和材料合成中的电化学反应，例如电化学氟化、电化学还原和电沉积等。

⑥ 生物电化学研究：在生物化学领域，电化学工作站可用于研究生物分子的电化学性质，如蛋白质、核酸和酶的电化学反应。

⑦ 环境监测：电化学工作站在环境科学中用于测量水和大气中的污染物，例如重金属离子、气体和有机物。

⑧ 药物研发：在药物领域，电化学工作站可用于药物分析、药物质量控制和药物稳定性测试。

# 电泳仪（Electrophoresis）

电泳仪是一种利用电场作用于带电粒子使其在电极间移动并沉积的仪器，常用于生物学、化学、生物化学等领域的分离、纯化和分析。自从 1946 年瑞典物理化学家 Tiselius 教授研制的第一台商品化移界电泳系统问世以来，电泳分析仪发展极其迅速。特别是随着支持介质的更新，各种各样的电泳分析装置相继推出，以适应不同实验室进行教学、临床和科研工作的需要。20 世纪 70 年代以来，已有越来越多的自动化电泳分析仪相继被引入临床实验室，并在各种疾病的临床诊治中发挥着越来越重要的作用。

**工作原理**

带电粒子在直流电场作用下于一定介质中可发生定向运动，利用这一现象对化学或生物化学组分进行分离分析的技术称之为电泳。简单来讲，就是在液体样品两端加了外电场之后，液体中带正电的粒子会朝外电场的负极移动，带负电的粒子会朝外电场的正极移动。如图 2-15 所示为带正电的氢氧化铁胶体，经过一段时间的电泳，阴极段的颜色就会深。

在溶液中，能吸附带电质点或本身带有可解离基团的物质颗粒，如蛋白质、氨基酸、同工酶等，在一定的 pH 值条件下，于直流电场中必然会受到电性相反的电极吸引而发生移动。不同物质的颗粒在电场中的移动速度除与其带电状态和电场强度有关外，还与颗粒的大小、形状和介质黏度有关。根据这一特征，可利用电场作用下的粒子迁移速度差异来对不同物质进行定性或定量分析，或将一定混合物进行组分分析或单个组分提取制备。

图 2-15　$Fe(OH)_3$ 胶体的电泳现象

根据电泳中是否使用支持介质分为自由电泳和区带电泳。自由电泳不使用支持介质，电泳在溶液中进行，这类电泳又分为非自由界面电泳和自由界面电泳两类。非自由界面电泳指悬浮在溶液中的带电粒子（如各种细胞）通电后全部移动,不出现界面,如显微电泳等。自由界面电泳中被分离物质集中在某一层,形成各自的界面而可进行定性或定量分析。自由界面电泳需要昂贵精密的电流仪器,仅在少数特殊电泳如等电聚焦电泳和等速电泳中使用。区带电泳都使用支持介质,根据支持介质不同分为滤纸电泳、醋纤膜电泳、薄层电泳和凝胶电泳等。此外,根据支持介质的装置形式不同又可分为水平板式电泳、垂直板式电泳、垂直盘状电泳、毛细管电脉、桥形电泳和连续流动电泳等。

通常所说的电泳设备可分为主要设备(分离系统)和辅助设备(检测系统),主要设备指电泳仪电源、电泳槽。

① 电泳电源 电泳电源是建立电泳电场的装置,它通常为稳定(输出电压、输出电流或输出功率)的直流电源,而且要求能方便地控制电泳过程中所需电压、电流或功率。

② 电泳槽 电泳槽是样品分离的场所,是电泳仪的一个主要部件。槽内装有电极、缓冲液槽、电泳介质支架等。电泳槽的种类很多,如单垂直电泳槽、双垂直电泳槽、卧式多用途电泳槽、圆盘电泳槽、管板两用电泳槽、薄层等电聚焦电泳槽、琼脂糖水平电泳槽、盒式电泳槽、垂直可升降电泳槽、垂直夹心电泳槽、U形管电泳槽、DNA序列分析电泳槽、转移电泳槽等,图2-16是垂直式电泳槽装置。

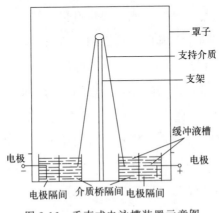

图 2-16 垂直式电泳槽装置示意图

③ 附加装置 辅助设备指恒温循环冷却装置、积分器、凝胶烘干器等,有的还有分析检测装置。

**应用领域**

电泳仪是一种关键的生物分析工具,从分子生物学到生物医学研究,再到食品科学和环境监测,它为科学家和研究人员提供了一种有效的手段,用于分离和分析不同分子的性质和相互作用。以下是一些主要的应用领域。

① 分子生物学研究:电泳仪广泛用于 DNA、RNA 和蛋白质的分离和分析,以研究基因表达、突变、蛋白质结构和功能等。

② 生物医学研究:在生物医学研究中,电泳仪用于分析患者体液中的生物标志物、蛋白质和核酸,有助于诊断疾病和监测疾病进展。

③ 分子遗传学:电泳仪可用于分析 DNA 样本,如 DNA 指纹图谱的构建、基因型分析、遗传多态性研究等。

④ 蛋白质化学:在蛋白质化学研究中,电泳仪用于研究蛋白质的质量、纯度、分子量、等电点等参数。

⑤ 药物研发:电泳仪在药物研发中用于药物候选化合物的筛选、药物蛋白质靶点的鉴定以及药物相互作用研究。

⑥ 食品和饮料分析:在食品工业中,电泳仪用于检测食品和饮料中的成分,如蛋白质、多糖、色素、防腐剂和添加剂。

⑦ 环境监测:电泳仪可用于监测环境样品中的污染物,如水中的有机物和重金属。

⑧ 法医学:在法医学中,电泳仪可用于分析 DNA 样本,以帮助解决犯罪案件、确认身份和进行亲子鉴定。

# Zeta 电位分析仪（Zeta Potential Analyzer）

Zeta 电位分析仪是一种用于测量悬浮颗粒的 Zeta（ζ）电位的仪器，可用于测定分散体系颗粒物的固-液界面电性，可用于测量乳状液液滴的界面电性，也可用于测定等电点、研究界面反应过程的机理，是认识颗粒表面电性的重要方法，在颗粒表面处理中也是重要的手段。

**工作原理**

热运动使液相中的离子趋于均匀分布，带电表面则排斥同号离子并将反离子吸引至表面附近，溶液中离子的分布情况由上述两种相对抗作用的相对大小决定。在电化学双电流层的模型中，电荷分布形成固定层与扩散层，如图 2-17 所示，滑动层将这两层彼此分离。Zeta 电位指定为在滑动层上固体表面与液相之间电势的衰减。电解质流动的外部力平行应用于固体与液体界面导致固定层与滑动层之间相对运动与电荷分离，由此得出实验的 Zeta 电位。流动电势的大小由液相的流动压差 $P$ 决定。Zeta 电位即可定义为固体表面的固定层电荷与扩散层之间的电势，相应的流动电势系数为 $dU/dP$。

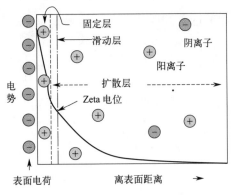

图 2-17　电化学双电流层的模型

固体表面特性、黏性、介电常数和电解质电导率等都会影响 Zeta 电位的大小，因此，测量 Zeta 电位值时，需要说明电解质溶液的类型、浓度和

pH 值。

对于纳米颗粒来说，本身带不带电荷或者带什么电荷并不重要，重要的是，如果 Zeta 电位仪检测得到的是正值，就说明纳米颗粒整体表现出来的是正电荷，称之为纳米颗粒表面带正电；如果 Zeta 电位仪检测得到的是负值，就说明纳米颗粒整体表现出来的是负电荷，称之为纳米颗粒表面带负电荷。对胶体，Zeta 电位是表征分散体系稳定性的重要指标，由于 Zeta 电位是对颗粒之间相互排斥或吸引的力的强度的度量，因此，分子或分散粒子越小，Zeta 电位的绝对值（正或负）越高，体系越稳定，即溶解或分散可以抵抗聚集。反之，Zeta 电位的绝对值（正或负）越低，越倾向于凝结或凝聚，即吸引力超过了排斥力，分散被破坏而发生凝结或凝聚（表 2-1）。

表 2-1　Zeta 电位与胶体分散体系稳定性的关系

| Zeta 电位值/mV | 胶体稳定性 |
| --- | --- |
| ±(0~5) | 快速凝结或凝聚 |
| ±(10~30) | 开始变得不稳定 |
| ±(30~40) | 稳定性一般 |
| ±(40~60) | 较好的稳定性 |
| 超过±61 | 稳定性极好 |

目前，测量 Zeta 电位的方法主要包括电泳法、电渗法、流动电位法和流动电流法等，其中以电泳法应用最广。电泳法的基本原理是，首先将待测液注入两端加有电压的电泳池中，然后用激光多普勒测速法测量胶体粒子迁移速度，再根据 Zeta 电位和移动速率的关系，从而计算出待测溶液的 Zeta 电位。

对于电泳法，目前最常见的测试仪器是基于多普勒电泳光散射原理的 Zeta 电位仪，它利用多普勒电泳光散射原理，通过测量光的频率或相位的变化间接测出颗粒的电泳速度。多普勒效应测量原理是利用光波照射运动的物体，运动物体会反射或散射光波，由于存在多普勒效应，反射或散射光波的频率将发生变化。通过将产生频移的光波与本振波进行混频，然后经过适当的电子电路处理，可以获得运动物体的运动速度。带电颗粒在外加电场作用下发生定向移动，当光束照到颗粒上时，就会引起光束频率或者相位发生变化，且颗粒运动速度越快，光的频率或者相位变化得越快。因此可以通过测量光的频率和相位的变化间接测量颗粒的电泳速度,从而求出 Zeta 电位。在电场作用下运动的粒子,当激光照射到粒子上时,散射光的频率会发生变化。将散射光与参考光合并后,频率变化将更加直观,更容易观测。通过将光信号的频率变化与粒子的运动速度联系起来,可以测得粒子的淌度,从而计算出 Zeta 电位。

这类 Zeta 电位仪主要由激光源、衰减器、样品室、检测器、数字信号处理器、相关器和计算机等组成,如图 2-18 所示。首先,激光通过电子束分裂器分成基准光束和入射光束,其中基准光束为多普勒效应提供参考光束,入射光束则通过衰减器进入样品室。当光束照到运动的颗粒时,就会引起光束频率或相位发生变化,检测器将此信号传送到数字信号处理器和相关器,进而传送到计算机。

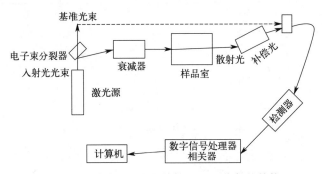

图 2-18　多普勒电泳光散射 Zeta 电位仪的结构

**应用领域**

在纳米科学领域,Zeta 电位是一个非常重要的概念,它是对颗粒之间相互排斥或吸引力的强度的度量,是表征颗粒在溶液中电荷状态和分散稳定性的重要参数。Zeta 电位仪可用于评估颗粒的表面电荷、分散稳定性和相互作用,这些信息对于产品开发、工艺控制和研究工作都具有重要意义,在许多领域中都是一种重要的分析工具。以下是一些主要的应用领域。

① 胶体和纳米颗粒研究:常用于研究胶体和纳米颗粒的表面电荷性质,以了解它们在不同溶液中的分散稳定性,这对于药物输送、纳米颗粒制备、涂料、沉淀控制等领域至关重要。

② 药物输送和药物制备:在制备纳米药物载体或药物输送系统时,用

于评估药物颗粒的表面电荷，以确定它们在生物体内的稳定性和释放行为。

③ 食品和饮料工业：用于评估食品和饮料中的颗粒（如悬浮物、乳状液、乳化剂）的分散稳定性，以确保产品的质量和口感。

④ 沉积控制：在沉积过程中，如颗粒沉降、过滤或沉淀，Zeta 电位仪可以帮助确定颗粒的电荷状态和相互作用，从而提高工艺控制和产品质量。

⑤ 油水分离和废水处理：在油水分离和废水处理过程中，用于研究悬浮物的电荷性质，以改善固液分离过程。

⑥ 矿物和矿业：在矿物浮选和矿物处理中，用于评估矿石颗粒的表面电荷状态，以优化矿石的处理和分离。

⑦ 石油和化工工业：用于研究石油和化工领域中的悬浮颗粒，帮助提高流体流变性质和产品质量。

⑧ 生物技术和生命科学研究：在生物技术领域，用于研究生物分子、蛋白质、细胞等的表面电荷特性，有助于理解生物相互作用。

# 第 3 章

# 色谱分析仪器

## 薄层色谱扫描仪（Thin-layer Chromatography Scanner, TLC）

薄层色谱扫描仪是可以对斑点进行扫描的专用分光光度计，被分离的物质斑点在薄层扫描仪上用合适的测定参数进行扫描，可得到斑点的面积值，与已知量的对照品斑点的面积相比较，可以计算出样品中被分离物质的含量，有些薄层色谱仪可以自动给出被测物质的浓度。早期的薄层色谱主要用于定性及间接定量分析，薄层定量工作最初是通过目视法或测面积法，对薄层上分离的斑点与标准品比较进行含量估计，但由于方法粗糙，可引起很大误差。后来将斑点定量收集后，结合比色法或紫外分光光度法等进行定量分析，虽然准确度有所提高，但操作复杂，工作效率低。因此多年来薄层色谱只能停留在分离鉴定和半定量分析的水平。20 世纪 70 年代后各国学者结合薄层色谱技术的特点相继设计出各种型号的薄层色谱扫描仪，使薄层定量分析工作进入了仪器化、自动化的阶段，从而使薄层色谱法成为微量、快速定量分析的有力手段。

**工作原理**

薄层色谱扫描仪利用薄层色谱原理对试样进行定性和定量检测分析，即用可见光或紫外光作光源，线性扫描或锯齿扫描薄层板展开后的斑点，该斑点就吸收该组分特征波长的单色光，将测得该组分的吸收曲线及最大吸收与对照品进行比较,从而实现定性分析。剩余的单色光经透射或反射或发射荧光,由检测器积分,获得这块斑点的面积,从而实现定量分析。

1. 定性-光谱测定

在薄层上被分离的斑点,除用 $R_f$ 值及斑点本身的颜色特征、荧光或与特殊显色剂显色后进行该化合物的定性分析外,还可以用薄层色谱仪在波长 200~800nm 间进行斑点的原位扫描,测得该化合物的吸收曲线及最大吸收,并与对照品比较从而对样品中该成分进一步确证。

2. 定量-色谱测定

用薄层色谱仪定量的方法主要有外标法、内标法和归一化法。

① 外标法  定量时,同时在板上点上已知浓度的标准品溶液,可分为一点法和二点法,当工作曲线是通过原点的直线时,选用一种浓度的标准品,即为一点法;当工作曲线不通过原点时,选用两种浓度的标准品,即为二点法。两种方法的校正不仅可以对一个标准品斑点,还可以对两个或四个同样量的标准品斑点的测得值进行平均后计算。图 3-1 为外标一点法和二点法的工作曲线。外标法是薄层扫描时最常用的定量方法。

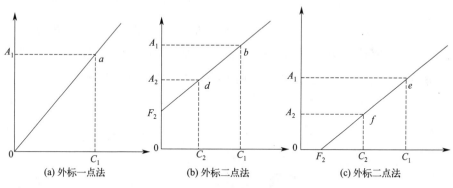

图 3-1  用外标法的工作曲线

② 内标法  内标法与外标法的主要区别在于用内标法时面积累计值为被测样品和内标物的面积之比,在被测溶液中加入一种在被测液中不存在的且性质与被测定物质类似又易与被测物分离的纯物质。因此内标物的选择比较困难,所以外标法是更为常用的定量方法。内标法也分为一点法与二点法,选择哪一种方法的原则与外标法相同。

③ 归一化法  因为组分的含量与其斑点面积成正比,对于含 $n$ 个组分

的混合物中组分1的含量应服从下式：

$$C_1(\%) = [A_1/(A_1+A_2+A_3+\cdots+A_n)] \times 100\%$$

组分1的百分浓度等于它的斑点面积在总斑点面积中所占的百分比。当然只有在被分析各组分的性质差别较小以及斑点面积在线性范围内的情况下才适用。

薄层色谱扫描仪由光源、单色器、薄层板、检测器和记录器组成。工作时，薄层色谱扫描仪发射出波长与强度一定的光束，光束可以是可见-紫外光或荧光。当光束投射至某个组分的斑点上时，若斑点的被分析物的含量越高，对光的吸收越多，透过斑点的光和反射的光越弱，在薄层板的上下分别安装有两个光电倍增管，以分别测量反射光和透射光的强度。薄层色谱扫描仪可分为传统薄层色谱扫描仪和薄层数码成像分析仪两类。

(1) 传统薄层色谱扫描仪

传统薄层色谱扫描仪是一种全波长扫描仪，提供波长 200~800nm 范围的可选波长，通过检测样品对光的吸收强弱确定物质含量。该扫描仪也能检测 254nm 或 365nm 紫外线照射产生的荧光强度，从而进行特异性检测。传统扫描仪的扫描方式分为单波长扫描和双波长扫描，单波长扫描又可分为单光束及双光束两种形式。单波长单光束扫描是采用单一光束对薄层进行扫描，其结果就是一条特定波长条件下的单条曲线。该类仪器结构简单，但由于薄层板的不均匀性，薄层板的空白吸收会带来的误差，因此通常采用双光束进行扫描，如图 3-2 所示，光源发出的光经单色器及分光镜分成两束均等的光束，一束光照在薄层板上被测斑点的部位，另一束光照在斑点附近的空

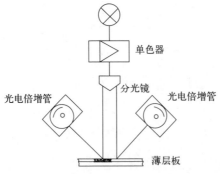

图 3-2　单波长双光束扫描系统示意图

白薄层板上，记录两束光扫描所得吸光度之差。该仪器的测定值减去了斑点附近空白薄层板的吸收，可部分消除薄层板展开方向铺板不均匀产生的误差。

双光束扫描无法消除垂直于展开方向铺板不均匀产生的误差，因此，通常用双波长扫描，如图 3-3 所示，让两束不同波长的光束（一种波长是被分析物的最大吸收波长；另一种波长是被分析物不吸收的）迅速交替投射至薄层板上，并记录下两波长吸光度之差。由于不吸收的光束产生的信号是薄层板不均匀性所引起的，将这两束波长不同的光在扫描时所产生的信号叠加在一起，就可消除由于薄层的不均匀性带来的基线波动，可基本消除铺板不均产生的误差，提高灵敏度。

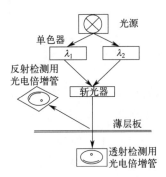

图 3-3 双波长单光束扫描系统示意图

（2）薄层数码成像分析仪

薄层数码成像分析技术是利用数码成像设备获得薄层板上各点的光强度信息，之后对获得图像进行分析的薄层分析技术。数码成像设备包括两种：照相机和扫描仪（由于数码扫描仪采用逐行成像技术，为便于区分传统薄层扫描仪的逐点扫描，将数码扫描仪称为逐行扫描仪）。

和传统薄层扫描一样，照相机或逐行扫描仪都具有光检测系统，它们都是将光量线性转化为电信号的元件。不同的是，照相机和逐行扫描仪可进一步将电信号转换成计算机图像，图像中单个点（像素）的颜色深浅反映了光的强弱。因此，薄层数码成像更接近人眼观察检测，结果更直观，因此非常适合鉴别，特别是中药指纹图谱的识别。

**应用领域**

薄层色谱扫描仪是一种灵活、迅速且相对经济的分析工具，可用于微量样品的分离检测，有时也可用于小量物质的精制，适用于多个科学和工业领域中的样品分析和化合物鉴定，以下是薄层色谱扫描仪的一些主要应用领域。

① 药学和医药化学：用于分离、鉴定和分析药物成分，检测药物中的杂质，并进行质量控制。

② 天然产物化学：用于分析植物提取物、天然产物和香料的成分，以便研究其化学特性和纯度。

③ 环境监测：用于检测水、土壤和空气中的污染物，帮助监测环境质量。

④ 食品科学：用于分析食品中的添加剂、防腐剂、色素和其他成分，确保食品安全和质量。

⑤ 化学研究：在有机合成和分析化学中，薄层色谱用于分离和检测化合物，帮助研究化学反应的进程。

⑥ 生物化学：用于分析生物体内的代谢产物、酶和蛋白质，支持生物化学研究。

⑦ 临床化学：在医学实验室中，薄层色谱可用于分析血液、尿液和其他生物体液的化学成分。

⑧ 质量控制：在制药、化妆品和化工等行业，薄层色谱用于质量控制，确保产品的一致性和符合规定的标准。

# 气相色谱仪（Gas Chromatography，GC）

气相色谱仪是利用色谱分离技术和检测技术对多组分的复杂混合物进行定性和定量分析的分析仪器。气相色谱法具有高灵敏度、高效能、高选择性、分析速度快、所需试样量少、应用范围广等优点，适用于易挥发有机化合物的定性、定量分析。

**工作原理**

气相色谱仪工作时，汽化的试样被载气（流动相）带入色谱柱中，柱中的固定相与试样中各组分的分子作用力不同，各组分从色谱柱中流出时间不同，组分彼此分离，如图 3-4 所示。

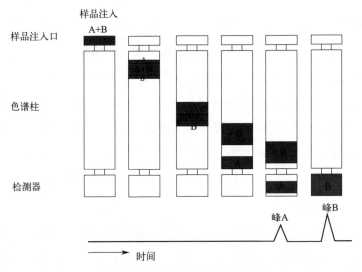

图 3-4 气相色谱仪的工作原理图

分离后的各组分先后流入检测器中进行检测，检测器将待测组分的浓度或质量变化转化为电信号，经放大后在记录仪上记录下来，便可得到色谱流出曲线。根据色谱流出曲线上的保留时间，可以进行定性分析，根据峰面积或峰高的大小，可以进行定量分析。

气相色谱仪的种类繁多，功能各异，但其基本结构均相似，一般由气路系统、进样系统、分离系统、检测系统、温控系统和数据处理系统组成，如图 3-5 所示。

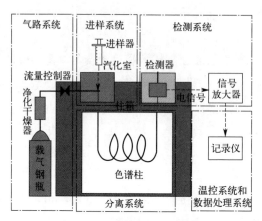

图 3-5 气相色谱仪示意图

(1) 气路系统

气路系统包括气源、气体净化器、气路控制系统。载气常用的有 $H_2$、$He$、$N_2$、$Ar$ 等。气路系统的气密性、载气流速的稳定性及测量的准确性，都影响着色谱仪的稳定性和分析结果。高压钢瓶中的载气（气源）经减压阀减低至 0.2～0.5MPa，通过装有吸附剂（分子筛）的净化器除去载气中的水分和杂质，到达稳压阀，维持气体压力稳定。载气纯度要求 99.999% 以上，化学惰性好，不与待测组分反应。载气的选择除了要求考虑待测组分的分离效果之外，还要考虑待测组分在不同载气条件下的检测器灵敏度。

(2) 进样系统

进样系统包括进样器和汽化室，它的功能是引入试样，并使试样瞬间汽化。样品在汽化室变成气体后被载气带至色谱柱，各组分在柱中达到分离后依次进入检测器。

液体样品在进样操作时，一般采用平头微量进样器，气体样品的进样常采用色谱仪自带的旋转式六通阀或尖头微量进样器，如图 3-6 所示。大批量样品的分析常用自动进样器。自动进样器进样重复性好，手动进样重复性较差。

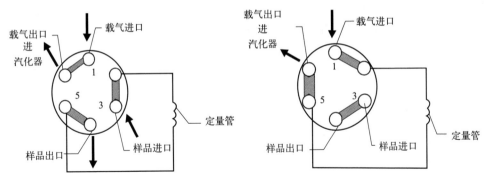

图 3-6　旋转式六通阀

汽化室如图 3-7 所示，一般由一根不锈钢管制成，管外绕有加热丝，作用是将液体试样瞬间完全汽化为蒸气。汽化室热容量要足够大，且无催化效应，以确保样品在汽化室中瞬间汽化且不分解，然后汽化的样品由载气带入色谱柱进行分离。

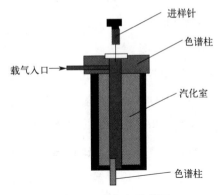

图 3-7　汽化室示意图

(3) 分离系统

气相色谱仪的分离系统是气相色谱仪的核心部分，作用是将待测样品中的各个组分进行分离，分离系统一般由柱箱、色谱柱、温控部件组成。

气相色谱仪的色谱柱主要有两类：填充柱和毛细管柱。色谱柱的管柱材料包括金属、玻璃、熔融石英、聚四氟乙烯等。色谱柱的分离效果除与柱长、柱径和柱形有关外，还与所选用的柱填料种类以及操作条件等因素有关。常用的毛细管柱是壁涂毛细管柱，在柱内径为 0.1~0.3mm 的中空石英毛细管的内壁涂渍固定液。

(4) 检测系统

气相色谱仪的检测系统是将色谱柱中分离后的组分按照浓度的变化转化为电信号，经放大器后，将电信号传送至记录仪，由记录仪绘出色谱流出曲线。

检测器性能的好坏将直接影响色谱仪最终分析结果的准确性，气相色谱仪对检测器的要求是灵敏度高、线性范围宽、响应速度快、结构简单和通用性强。

根据检测器的响应原理，可分为浓度型检测器和质量型检测器。

浓度型检测器：测量的是载气中通过检测器某组分浓度瞬间的变化，检测信号值与组分的浓度成正比。如热导检测器（TCD）、电子捕获检测器（ECD）。

质量型检测器：测量的是载气中某组分进入检测器的速度变化，即检测信号值与单位时间内进入检测器组分的质量成正比。如氢火焰离子化检测器（FID）和火焰光度检测器（FPD）。

(5) 温控系统

在气相色谱测定中，温度控制是重要的指标，直接影响柱的分离效能、检测器的灵敏度和稳定性。温度控制系统主要指对汽化室、色谱柱、检测器三处的温度进行控制。在汽化室要保证液体试样瞬间汽化；色谱柱箱要准确控制分离需要的温度，当试样复杂时，色谱柱箱温度要按一定程序控制温度变化，各组分在最佳温度下分离；检测器要使被分离后的组分通过时不在此冷凝。气相色谱仪的控温方式分恒温和程序升温两种。

恒温控温方式：对于沸程不太宽的简单样品，可采用恒温模式。一般的气体分析和简单液体样品分析都采用恒温模式。

程序升温控温方式：所谓程序升温，是指在一个分析周期里色谱柱的温度随时间由低温到高温呈线性或非线性变化，使沸点不同的组分，各在其最佳柱温下流出，从而改善分离效果，缩短分析时间。对于沸程较宽的复杂样品，如果在恒温下分离很难达到好的分离效果，应使用程序升温方法。

(6) 数据处理系统

数据处理系统目前多采用仪器配置的工作站，用计算机控制，既可以对色谱数据进行自动处理，又可对色谱系统的参数进行自动控制。

**应用领域**

气相色谱仪，主要用于分离和检测混合气体或液体样品中各个组分的浓度，在化学、环境、医学和食品等多个领域都扮演着重要的角色，为各行业提供了精准的分析和检测手段。主要应用领域如下。

① 化学分析：可用于分析化学物质的成分，鉴定有机和无机化合物，测定其浓度。

② 环境监测：用于检测大气中的污染物，例如空气中的挥发性有机化合物（VOCs）和气体污染物。

③ 石油和石化行业：用于原油和石油产品的分析，燃料的成分测定，以及石油化工过程中的质量控制。

④ 食品和饮料工业：用于检测食品中的添加剂、香料、风味物质，以及检测食品中的残留物和污染物。

⑤ 药品分析：在制药工业中，可用于分析药品中的活性成分、杂质和质量控制。

⑥ 生命科学：在生物学和医学研究中，可用于分析生物样本中的代谢产物、激素和其他生物分子。

⑦ 环境科学：用于土壤和水样品中有机污染物的检测，以及环境样品的分析。

⑧ 刑事科学：用于法医学和毒理学领域，分析血液、尿液等生物样本中的毒物和药物。

# 高效液相色谱仪(High Performance Liquid Chromatography,HPLC)

高效液相色谱仪是应用高效液相色谱原理,主要用于分析高沸点不易挥发的、受热不稳定的和分子量大的有机化合物的仪器设备。1960 年,由于气相色谱对高沸点有机物分析的局限性,为了分离蛋白质、核酸等不易汽化的大分子物质,气相色谱的理论和方法被重新引入经典液相色谱。20 世纪 60 年代末,科克兰(Kirkland)等人开发了世界上第一台高效液相色谱仪,开启了高效液相色谱的时代。与经典液相色谱仪相比,高效液相色谱使用粒径更细的固定相填充色谱柱,提高色谱柱的塔板数,以高压驱动流动相,使得经典液相色谱需要数日乃至数月完成的分离工作得以在几个小时甚至几十分钟内完成。1971 年,科克兰等人出版了《液相色谱的现代实践》一书,标志着高效液相色谱法正式建立。在此后的时间里,高效液相色谱因在技术上采用了高压泵、高效固定相和高灵敏检测器而发展成为具有高分离速率、高分离灵敏度特点的常用分离和检测仪器。

**工作原理**

高效液相色谱仪使用的基本概念、基本理论,如各种保留值、分配系数、分配比、分离度、塔板理论、速率理论等与气相色谱的基本一致,其与气相色谱仪的不同之处是由流动相分别采用液体和气体的性质差异所引起的。高效液相色谱使用 $3\sim10\mu m$ 柱填料,流动相为液体,液体是不可压缩的,其扩散系数只有气体的万分之一至十万分之一,黏度比气体大 100 倍,而密度为气体的 1000 倍,这些差别对液相色谱的扩散和传质过程影响很大,为达到适用的流动相流速,高压泵需提供几十兆帕或数百大气压力的柱前压。

高效液相色谱仪一般做成多个单元组件,然后根据分析要求将所需的单元组件组合起来,一般由输液系统、进样系统、分离系统(色谱柱)、检测系统和数据处理与记录系统组成,具体包括储液器、高压输液泵、进样器、色谱柱、检测器、记录仪或数据工作站等几部分，如图3-8所示。

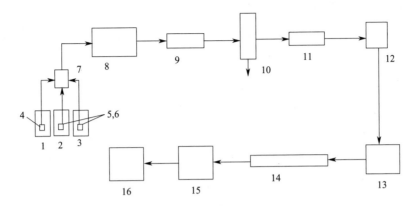

图3-8 高效液相色谱仪的示意图

1～3—储液器；4～6，11—过滤器；7—溶剂比例调节阀和混合室；8—高压输液泵；
9—脉动阻尼器；10—放空阀；12—反压控制器；13—进样阀；
14—色谱柱；15—检测器；16—记录仪

高效液相色谱仪工作时，储液器中的流动相被高压输液泵打入系统内，样品溶液经进样器进入流动相，被流动相载入色谱柱内，由于样品溶液中的各组分在两相中具有不同的分配系数，在两相中做相对运动时，经过反复多次的吸附-解吸的分配过程，各组分在移动速度上产生较大的差别，被分离成单个组分依次从色谱柱内流出，通过检测器时，样品浓度被转换成电信号传送到记录仪，数据以图谱形式打印出来。

高压输液泵、色谱柱和检测器是高效液相色谱仪的关键部分。

高压输液泵是将储液器中的流动相连续不断地以高压形式进入液路系统，使样品在色谱柱中完成分离过程。高压输液泵的稳定性直接关系到分析结果的重复性和准确性。

色谱柱是高效液相色谱仪的最重要的部分，其质量优劣直接影响分离的效果。高效液相色谱仪要求色谱柱的柱效高、柱容量大和性能稳定。色谱柱的性能与柱结构、填料特性、填充质量和使用条件有关。

检测器是将色谱柱连续流出的样品组分转变成易于测量的电信号，被数据系统接收，得到样品分离的色谱图的系统。高效液相色谱仪的检测器可分为通用型和选择型两种，目前最常用的检测器主要有紫外-可见光检测器

(包括可变波长紫外-可见光检测器、光电二极管阵列检测器)、荧光检测器、示差折光检测器和蒸发光散射检测器等。

紫外-可见光（UV-Vis）检测器的原理是基于朗伯-比尔定律，即被测组分对紫外光或可见光具有吸收，且吸收强度与组分浓度成正比。很多有机分子都具紫外光或可见光吸收基团，有较强的紫外或可见光吸收能力，因此 UV-Vis 检测器既有较高的灵敏度，也有很广泛的应用。

光电二极管阵列检测器（DAD）是以光电二极管阵列作为检测元件的 UV-Vis 检测器，它可构成多通道并行工作，同时检测由光栅分光，再入射到阵列式的接收器上的全部波长的信号，然后，对光电二极管阵列快速扫描采集数据，得到的是时间、光强度和波长的三维谱图（图 3-9）。如图 3-10 所示，与普通 UV-Vis 检测器不同的是，普通 UV-Vis 检测器是先用单色器分光，只让特定波长的光进入流动池，而光电二极管阵列 UV-Vis 检测器是先让所有波长的光都通过流动池，然后通过一系列分光技术，使所有波长的光在接收器上被检测，其是 UV-Vis 检测器的最好选择。

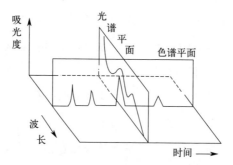

图 3-9　DAD 检测器时间、光强度和波长的三维谱图

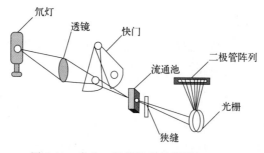

图 3-10　光电二极管阵列检测器（DAD）

许多有机化合物,特别是芳香族化合物,被一定强度和波长的紫外光照射后,发射出较激发光波长要长的荧光。荧光强度与激发光强度、量子效率和样品浓度成正比,所以采用荧光检测器(Fluorescence Detector,FD)可以测定以上物质。荧光检测器(图 3-11)有非常高的灵敏度和良好的选择性,灵敏度要比紫外检测器高 2~3 个数量级,是 1964 年,由 J. C. Moore 首先研究成功,检测限可达 $10^{-10}\,\mathrm{mg/mL}$,特别适合于药物和生物化学样品的分析。

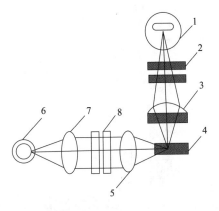

图 3-11 荧光检测器示意图

1—光电倍增管;2—发射滤光片;3,5,7—透镜;4—样品流通池;
6—光源;8—激发滤光片

示差折光检测器(Differential Refractive Index Detector,RI)的工作原理是基于样品组分的折射率与流动相溶剂折射率有差异,当组分洗脱出来时,会引起流动相折射率的变化,这种变化与样品组分的浓度成正比。示差折光检测法也称折射指数检测法,绝大多数物质的折射率与流动相都有差异,所以 RI 是一种通用的检测方法。虽然其灵敏度与其他检测方法相比要低 1~3 个数量级,但对于那些无紫外吸收的有机物(如高分子化合物、糖类、脂肪烷烃)是比较适合的。RI 在凝胶色谱中是必备检测器,在制备色谱中也经常使用。

蒸发光散射检测器(ELSD)是基于溶质的光散射性质,由雾化器、加热漂移管(溶剂蒸发室)、激光光源和光检测器(光电转换器)等部件组成的(图 3-12)。色谱柱流出液导入雾化器,被载气(压缩空气或氮气)雾化成微细液滴，液滴通过加热漂移管时，流动相中的溶剂被蒸发掉，只留下溶质，激光束照在溶质颗粒上产生光散射，光收集器收集散射光并通过光电倍增管转变成电信号。因为散射光强只与溶质颗粒大小和数量有关，而与溶质本身的物理和化学性质无关，所以ELSD属通用型和质量型检测器，适合于无紫外光吸收、无电活性和不发荧光的样品的检测。

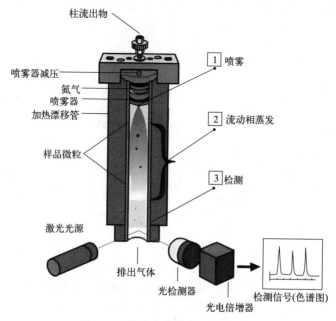

图 3-12　蒸发光散射检测器示意图

高效液相色谱仪还可根据分析需要配置流动相的在线脱气装置、梯度洗脱装置、自动进样系统、柱后反应系统等。

**应用领域**

高效液相色谱仪是一种高效、灵敏、精确的通用分析仪器，要求将样品制成溶液，不受样品挥发性的限制，流动相可选择的范围宽，固定相的种类繁多，因而可以分离热不稳定的、非挥发性的、解离的和非解离的以及各种分子量范围的物质，若与试样预处理技术相配合，能够分离复杂体系中的微量成分，已成为各种科学领域不可或缺的工具。主要应用领域如下。

① 制药行业：用于药物分析、质量控制和药代动力学研究，可以用于测定药物成分、检测杂质和分析药物的稳定性。

② 生物化学：用于蛋白质、核酸和多肽的分离和纯化，以及检测生物标志物和代谢产物。

③ 食品科学：应用于食品中添加剂、防腐剂、色素和营养成分的分析，以及检测食品中的农药残留和重金属。

④ 环境监测：用于水、土壤和空气中环境污染物的检测，包括有机物、重金属和农药等。

⑤ 化妆品分析：用于分析化妆品中的成分，包括香料、防腐剂、色素和植物提取物。

⑥ 化学行业：在化学合成中的反应监测、产物纯化和杂质检测方面有广泛应用。

⑦ 临床诊断：在临床实验中，可用于分析血液、尿液和其他生物体液中的代谢产物、药物和激素。

⑧ 生命科学研究：用于基因组学、蛋白质组学和代谢组学等领域，帮助分析生物分子的结构和功能。

# 凝胶渗透色谱仪（Gel Permeation Chromatography, GPC）

凝胶渗透色谱仪，又称排阻色谱仪、空间排阻色谱仪、尺寸排阻色谱仪、体积排阻色谱仪、分子排阻色谱仪等，是利用多孔凝胶固定相，按照分子空间尺寸大小或形状差异进行分离的一种液相色谱分析仪器。1925 年，Lugere 在研究黏土对离子的吸附作用时，发现有可能按离子体积大小把它们分开。这一发现迈出了分子筛和离子交换法分离的重要一步；1926 年，Mcbain 利用人造沸石成功地分离气体分子和低分子量的有机化合物；1930 年，Friedman 将琼脂凝胶用于分离工作；1944 年，Claesson 等在活性炭、氢氧化铝和碳酸钙等吸附剂上分离了硝化纤维素、氯丁橡胶，得到了较好的结果；1953 年，Wheaton 和 Bauman 用离子交换树脂按分子大小分离了苷、多元醇和其他非离子物质；之后，Lathe 和 Ruthvan 用淀粉粒填充的柱子分离了分子量为 150000 的球蛋白和分子量为 67000 的血红蛋白。虽然，上述利用多孔性物质按分子体积大小进行分离的方法很早就用于分离低分子量非离子型的物质，但是并未引起人们足够的重视。直到 1959 年，Porath 和 Flodin 用交联的缩聚葡萄糖制成凝胶来分离水溶液中不同分子量的物质，如蛋白质、核酸、激素、酶、病毒和多糖等，才正式以"凝胶过滤"一词表示这一分离过程。这类凝胶立即以商品名称"Sephadex"出售，在生物化学领域内得到非常广泛的应用，这是凝胶色谱技术在水溶性试样的分离中首次取得推广应用，凝胶渗透色谱法由此正式诞生。

### 工作原理

凝胶渗透色谱仪的分离原理与液固色谱、液液色谱、化学键合相色谱和离子交换色谱不同，它是通过立体排阻的方式实现样品组分的分离，样品组分与固定相之间无相互作用。凝胶渗透色谱常用的固定相是凝胶，凝胶属于表面惰性材料，含有许多不同尺寸的孔穴或立体网状物质。凝胶的孔穴大小与被分离的样品中组分分子大小相近。当流动相载着样品进入色谱柱时，体积大的分子不能渗透到凝胶孔穴中而被排阻，较早地流出色谱柱；中等体积的分子可部分渗透到孔穴中，较晚流出色谱柱；小分子可完全渗透到孔穴中，最后流出色谱柱。因此，在工作过程中，样品中各组分将按分子尺寸由大到小的顺序流出而得到分离。流动相在排阻色谱中只起到运载作用，对分离的选择性无影响。

一般分子的空间尺寸大小是随着分子量的增加而增大，所以根据分子量表达分子尺寸比较方便，于是将分子尺寸过大而不能进入固定相孔内的最小尺寸的组分具有的分子量，定义为该固定相的排阻极限。图 3-13 中 $A$ 点即为排阻极限，所对应的分子量为 $10^5$，凡是分子量大于 $10^5$ 的分子，均被排斥在所有凝胶孔穴之外，因而它将以单一的谱带在 $C$ 处出现，保留体积为 $V_0$，可见 $V_0$ 即色谱柱中凝胶颗粒之间的体积。能够完全进入固定相最小孔穴中的最大尺寸的组分具有的分子量，定义为该固定相的渗透极限。图 3-13 中 $B$ 点即为渗透极限，所对应的分子量为 $10^3$，凡是分子量小于 $10^3$ 的分子，均可以完全渗入凝胶孔穴中，同时这些离子将以单一的谱带 $F$ 处出现，保留体积为 $V_t$。由此可知，那些分子量在 $10^3 \sim 10^5$ 之间，即在渗透极限和排阻极限之间的组分分子，将根据它们分子尺寸的大小，可进入一部分孔穴，而不能进入另一部分孔穴，结果使这些组分按分子量由大到小的顺序依次流出色谱柱，分别在图 3-13 中谱带 $D$、$E$ 处流出色谱柱。因此，排阻

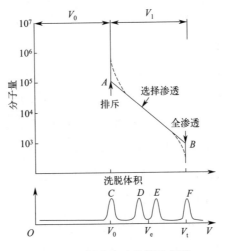

图 3-13　凝胶渗透色谱示意图

色谱固定相选择的原则是使预分离的样品中待分离组分的分子量落在固定相的渗透极限和排阻极限之间。

凝胶渗透色谱仪的仪器组成与高效液相色谱仪类似,一般由输液系统、进样系统、分离系统(色谱柱)、检测系统和数据处理与记录系统组成,如图 3-14 所示。

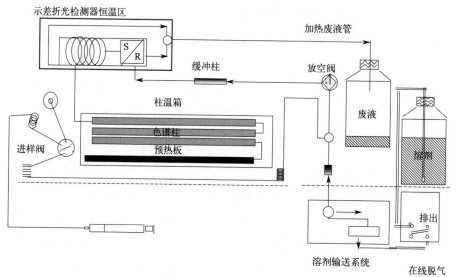

图 3-14 凝胶渗透色谱仪示意图

凝胶渗透色谱仪的色谱柱常用凝胶作为固定相,根据化学组成的不同,通常将凝胶分为有机物和无机物两大类。有机凝胶常用交联苯乙烯类凝胶,无机凝胶常用多孔硅胶和多孔玻璃等。一般来说,有机凝胶具有渗透性好、柱效高等优点,但热稳定性、机械强度和化学惰性均较差;无机凝胶耐高温、力学性能稳定,但柱效略低,因羟基等表面活性中心的存在,易产生表面吸附,干扰排阻色谱的分离过程,一般可通过表面硅烷化处理,消除干扰。

根据凝胶渗透色谱的分离机理可知,流动相在凝胶渗透色谱中不参与分离过程,对分离的选择性不产生影响。凝胶渗透色谱的流动相分为水溶液和有机溶剂两大类,选择时应考虑以下因素。

① 溶解能力　流动相应能溶解样品,并与固定相有相似性,能浸润凝胶,但不与凝胶或样品有相互作用,如聚苯乙烯类凝胶不能使用丙酮或乙醇作为流动相。

② 样品种类　水溶性样品一般采用具有一定 pH 值的缓冲溶液作为流动相，非水溶液样品采用有机溶剂作为流动相。

③ 凝胶种类　亲水性凝胶，如葡聚糖等为固定相时，多以水溶液为流动相；疏水性凝胶，如聚苯乙烯等为固定相时，多以有机溶剂为流动相。

④ 溶剂黏度　黏度小利于分子扩散，减小色谱柱阻力，提高分离效能。

⑤ 溶剂沸点　一般要求流动相沸点比柱温高 20~50℃。

⑥ 检测器匹配　所选择的流动相必须与检测器匹配，以提高检测灵敏度。

凝胶渗透色谱仪常用的流动相有四氢呋喃、氯仿、甲苯、水和二甲基甲酰胺等。

**应用领域**

凝胶渗透色谱因其具有特殊的分离机理，主要应用于分离大分子物质，其分离的组分分子量的范围为 2000~2000000，这些组分往往是蛋白质、多糖、多肽、核糖核酸等生物大分子。此外，排阻色谱应用较多的是通过测定分子量分布来鉴定高聚物，并研究高聚物的聚合机理、合成工艺等。

① 生化制药：用于分离和分析药物成分，检测药物中的杂质，并将其洗脱、去除。

② 天然产物化学：用于分离植物提取物、天然产物中成分，以便研究其化学特性和纯度。

③ 环境监测：用于净化水、土壤中的污染物，去除干扰组分，帮助监测环境质量。

④ 农业领域：用于分析食品中的农药残留，根据农药分子的大小、形状，可以将不同分子量的农药残留物质分离、纯化。以防止对人的健康造成危害，确保食品安全和质量。

⑤ 化学研究：在有机合成和分析化学中，用于分离、提纯化合物，帮助研究化学反应的进程。

⑥ 生物化学：用于分离、纯化生物体内的代谢产物、酶和蛋白质，从而得到高纯度的目标产物（蛋白质或多肽等）。

⑦ 高分子领域：用于分离、纯化和表征不同聚合度的聚合物，这对于研究材料科学和工程中的新型高分子材料具有重要意义。

## 离子色谱仪(Ion Chromatography, IC)

离子色谱仪是高效液相色谱仪的一种,故又称高效离子色谱(HPIC)或现代离子色谱,其有别于传统离子交换色谱柱色谱的主要特征是树脂具有很高的交联度和较低的交换容量;进样体积很小;用柱塞泵输送淋洗液;通常对淋出液进行在线自动连续电导率检测。

**工作原理**

离子色谱仪是由离子交换色谱法派生出来的一种分析仪器。离子交换色谱法在无机离子的分析和应用中受到限制,对于那些不能采用紫外检测器的被测离子,若采用电导检测器,由于被测离子的电导率信号被强电解质流动相的高背景电导率信号掩没而无法检测,所以需要在离子交换分离柱后加一根抑制柱,抑制柱中装填与分离柱电荷相反的离子交换树脂。通过分离柱后的样品再经过抑制柱,使具有高背景电导率的流动相转变成低背景电导率的流动相,从而用电导检测器可直接检测各种离子的含量,这种色谱技术称为离子色谱,这种仪器称为离子色谱仪,其分离原理是基于离子交换树脂上可解离的离子与流动相中具有相同电荷的溶质离子之间进行的可逆交换和分析物溶质对交换剂亲和力的差别而被分离。

在分离柱后加一个抑制柱的离子色谱亦称为抑制型离子色谱或称双柱离子色谱。由于抑制柱要定期再生,而且谱带在通过抑制柱后会加宽,降低了分离度。后来,Frits等人提出采用抑制柱的离子色谱体系,而采用了电导率极低的溶液,例如 $1\times10^{-4}\sim5\times10^{-4}$ mol·dm$^{-3}$ 苯甲酸盐或邻苯二甲酸盐的溶液作流动相,称为非抑制型离子色谱或单柱离子色谱。

若样品为阳离子,用无机酸作流动相,抑制柱为高容量的强碱性阴离子交换剂。当试样经阳离子交换剂的分离柱后,随流动相进入抑制柱,在抑制柱中发生两个重要反应:

$$H^+_{(m)} + Cl^-_{(m)} + R^+\text{-}OH^-_{(s)} \longrightarrow R^+\text{-}Cl^-_{(s)} + H_2O_{(m)}$$

$$Na^+_{(m)} + HCO^-_{3(m)} + R^--H^+_{(s)} \longrightarrow R^--Na^+_{(s)} + H_2CO_{3(m)}$$

由反应可见,经抑制柱后,大量酸转变为电导率很小的水,消除了流动相本底电导率的影响。同时,样品阳离子 $M^+$ 转变成相应的碱,由于 $OH^-$ 的淌度为 $Cl^-$ 的 2.6 倍,提高了所测阳离子电导率的检测灵敏度。

若样品为阴离子,分离柱为阴离子交换剂,用 NaOH 溶液作为流动相,抑制柱为高容量的强酸性阳离子交换剂,当流动相进入抑制柱时,发生下列反应:

$$R^--H^+ + Na^+OH^- \longrightarrow R^--Na^+ + H_2O$$
$$R^--H^+ + Na^+A^- \longrightarrow R^--Na^+ + H^+A^-$$

抑制柱使碱生成 $H_2O$,其背景电导率大大降低。样品中的阴离子生成了相应的酸,由于 $H^+$ 的淌度比 $Na^+$ 大得多,因此提高了组分电导率检测的灵敏度。

由于离子交换反应,抑制柱逐渐失去了抑制能力,因此必须定期再生,但再生期较短。为了克服这一缺点,以膜离子抑制器来代替,即具有磺酸基团或季铵基团的聚苯乙烯多孔纤维制成的离子交换膜管,管内流过洗脱液,管外流过离子交换剂再生液。这与抑制柱的差别主要在于交换膜管始终处于动态再生状态下,如图 3-15 所示,$NaHCO_3$ 洗脱液和再生液 $H_2SO_4$ 分别从管内和管外流过,方向相反,$Na^+$ 与膜上的 $H^+$ 交换生成 $H_2CO_3$,使本底电导率大大下降,$H_2SO_4$ 不断从下而上流过,其 $H^+$ 透过管壁,使已被交换的磺酸基团不断得到再生,管内的样品阴离子和再生液中的 $SO_4^{2-}$ 都不能穿过膜壁,最终只使阴离子到达电导率检测器。

若分离阳离子,只是以含季铵基团的离子交换膜管代替,抑制原理与抑制柱相同。

若所采用的分离柱的离子交换容量很低,且洗脱液的浓度也很低,这时就不必采用离子抑制柱。例如,在分离阴离子时,离子交换剂的交换容量约为普通交换剂的千分之一左右,洗脱液为 $10^{-4}$ mol/L 有机酸盐,如苯甲酸钠或邻苯二甲酸钠溶液,因此背景电导率值都很小,当被分析的阴离子从柱后流出进入电导率检测器时仍能被检测出来,这就是单柱离子色谱。

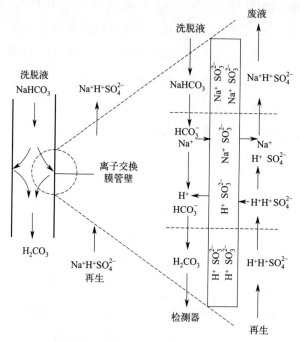

图 3-15　阴离子色谱纤维抑制柱抑制反应示意图

和一般的 HPLC 仪器一样，离子色谱仪一般也是先做成一个个单元组件，然后根据分析要求将所需单元组件组合起来。最基本的组件是流动相容器、高压输液泵、进样器、色谱柱、检测器和数据处理系统。此外，可根据需要配置流动相在线脱气装置、自动进样系统、流动相抑制系统、柱后反应系统和全自动控制系统等，如图 3-16 所示。

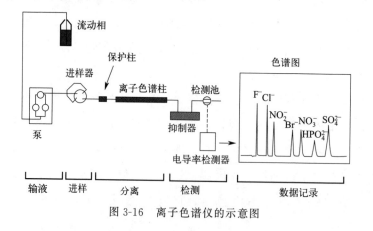

图 3-16　离子色谱仪的示意图

**应用领域**

离子色谱法具有分析速度快、检测灵敏度高、选择性好、色谱柱稳定性高的特点，而且还能同时分析多离子。离子色谱法应用广泛，既可用于简单的无机阴离子和许多金属离子混合物的分离，也可用于有机酸、胺和糖类、醇、表面活性剂、氨基酸等的分离。主要应用领域如下。

① 日化领域：化妆品、洗涤剂、清洁剂的原料和产品成分的分析。

② 环境监测：检测大气成分、酸雨、水质，帮助监测环境质量，减少环境污染。

③ 农业领域：农药、肥料、土壤、饲料、粮食、植物的分析，确保食品安全和质量。

④ 材料领域：半导体材料、表面处理、金属材料、超纯水的离子杂质类型分析。

⑤ 生物医学：血液、尿、输液成分临床检测，人体微量元素的分析。

⑥ 化学工业领域：原料分析、产品质量控制、电解电镀液分析、造纸（纸张和液体中离子的分析）、反应过程监控等。

⑦ 制药领域：植物药材、矿物药成分、制剂成分分析。

# 毛细管电泳仪（Capillary Electrophoresis, CE）

毛细管电泳仪又称高效毛细管电泳（High Performance Capillary Electrophoresis，HPCE），是以弹性石英毛细管为分离通道，以高压直流电场为驱动力，依据样品中各组分的淌度（单位电场强度下的迁移速度）和分配行为的差异而实现各组分分离的仪器。1981年，Jorgenson和Lukacs发表现代CE技术的里程碑性的成就，分离单酰化氨基酸，标志着毛细管电泳分析方法的建立，标志着CE的诞生，即毛细管区带电泳（CZE）分离模式，他们使用内径为75μm的石英毛细管柱，配合30kV的高电压获得了高于40万理论塔板数的分离柱效。他们设计出了结构简单的CE装置，也从理论上推导出了CZE分离的效率公式。1983年，Hjerten提出了在毛细管中填充聚丙烯酰胺凝胶的毛细管凝胶电泳（CGE）技术，标志着CGE分离模式的诞生。1984年，Terabe在毛细管中使用含有表面活性剂——十二烷基硫酸钠（SDS）的背景电解质成功地分离了中性化合物，开创了胶束电动毛细管色谱（MEKC）。1984年，由Walbrohel等提出非水毛细管电泳，旨在解决强疏水性样品在毛细管电泳中的分析分离问题，他们以乙腈为非水溶剂分离了几何异构体喹啉和异喹啉，取得了不错的效果。

**工作原理**

毛细管电泳法又称高效毛细管电泳法或毛细管电分离法，是指以毛细管为分离通道，以高压直流电场为驱动力的一种液相分离技术，与一般色谱技术的主要区别在于其分离原理不是基于组分在流动相和固定相中的分配系数，对样品中各种组分的分离是根据组分间的不同特性而进行的，这些特性包括组分所带电荷、大小、极性、亲和能力、等电点等。

毛细管电泳仪的基本结构一般包括毛细管、进样装置、高压电源、Pt电极、填灌与清洗装置、温控系统、检测器、数据记录分析系统等，如图3-17所示。毛细管电泳柱中装载电解液运行时，由于管壁硅羟基的存在会产生电渗流，电渗流将推动整个毛细管柱内的溶液定向移动。

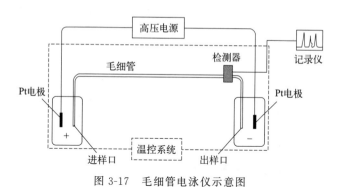

图 3-17　毛细管电泳仪示意图

(1) 毛细管

毛细管电泳中的分离通道为熔融石英毛细管柱，为使其具有弹性，在毛细管柱的外表面涂有聚酰亚胺，以防毛细管弯曲时断裂。标准的毛细管柱的外径为 $375\mu m$（某些特殊的毛细管柱外径为 $360\mu m$ 或 $160\mu m$），内径范围是 $10\sim100\mu m$，其中比较常用的毛细管的内径为 $50\mu m$、$75\mu m$ 和 $100\mu m$。

为达到不同的分离效率，毛细管柱的总长度通常选择在 $40\sim100cm$ 之间，其相应的容积则在 $0.8\sim7.8\mu L$ 之间。因此，使用毛细管柱为分离通道具有容积小、侧面积与截面积比大、散热快、可产生平头状流体等优点。

(2) 进样装置

由于毛细管电泳系统中的分离通道十分细小，所以样品的进样量也就很小，通常为纳升级，最大不超过 $5\mu L$，这就要求在进样装置中尽可能地避免产生死体积，以不影响分离效率。目前，毛细管电泳中采用的进样方法基本都是将毛细管进样端浸入到样品池内，然后利用压力、电场力或其他动力驱动样品进入毛细管中以达到进样的目的。进样量可通过改变驱动力的大小或进样时间的长短得以控制。常用的毛细管电泳进样方式包括电动进样、压力进样和扩散进样。

由于压力差可通过在进样端加压、出样端减压或高度差导致的虹吸作用产生，其值一般选择在 3500Pa 以下，进样时间在 $1\sim5s$ 之间。压力进样的进样量除了受压力差和进样时间影响外，还受毛细管长度的影响。相同压力差和进样时间下，毛细管越长，进样量越小。因此，压力进样相比电动进样，进样量的准确性略差。但是，压力进样时不存在进样偏向的问题，样品中所有组分以及背景溶液都将以同样的流速进入毛细管中，保证了分析的准确性和可靠性，属于通用性方法。

(3) 高压电源和 Pt 电极

毛细管电泳中一般采用 $0\sim60kV$ 的连续可调直流高压电源。随着现代化仪器的不断发展和改进，毛细管电泳装置将可实现电压、电流或电功率的梯度控制，其输出电压的偏差应小于 1%。毛细管电泳中的电极通常用直径 $0.5\sim1mm$ 的铂丝制成，在某些情况下，也可用注射器针头代替。

(4) 填灌与清洗装置

为了对毛细管进行清洗及填充缓冲溶液，填灌与清洗装置在毛细管电泳仪中有着重要的作用，它一般采用正、负压助推流动的方法，结构与压力进样装置相同，包括位置控制、压力控制和计时控制等部分。为保证助推流动的压力，需要仪器具有较好的密封性。正、负压力通常可采用钢瓶气、空气压缩机、注射器、水泵、蠕动泵等方法产生。

(5) 温控系统

由于在电泳过程中会因电流的存在而产生焦耳热效应，因此毛细管内的流动相会在截面方向产生温度梯度，从而导致分离效率降低、重现性较差等问题。目前，商品仪器为避免这种影响，均采用温度控制系统，使用最为广泛的是风冷和液冷两种方式，其中液冷系统控温效果较好，而风冷系统控温效果较差，但装置简单且价格低廉。

(6) 检测器

在毛细管电泳中，可根据实际需要选择不同的检测方法，例如紫外吸收光谱法、激光诱导荧光光谱法、电化学检测法、质谱法、化学发光法等。紫外吸收光谱法是目前应用最广泛的。用于毛细管电泳的紫外检测器有可变波长型和二极管阵列检测器两种，波长范围通常是 $190\sim480nm$。由于毛细管柱内的光程长度一般只有 $75\mu m$，且毛细管的曲面成的聚焦透镜单元只能使一部分光直接通过管中心，所以，通常在毛细管柱检测部位放置由两个微聚焦镜片组成的聚焦透镜单元（图 3-18），从而提高检测灵敏度。

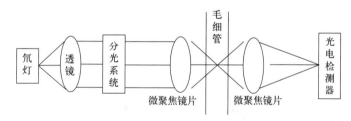

图 3-18 聚焦透镜单元

**应用领域**

毛细管电泳仪应用广泛，具有柱效高、灵敏度高、速度快、电泳性质高度特异、方法温和、进样量少、运行成本低等优点。主要应用领域如下。

① 环境领域：环境监测，包括快速检测水体中的抗生素、激素或药物以及重金属离子等。还用于土壤中阴离子、阳离子、除草剂、杀虫剂的分析。

② 食品行业：食品安全检测，包括食品添加剂、食品中某些组分或有害成分的检测。

③ 医学领域：医学及临床检验中，包括患者的病理检测、疾病诊断、疾病机理分析及体内代谢物分析等。

④ 生物领域：检测生物大分子，如蛋白质、核酸、糖类等具有优势，同时也广泛用于生物小分子或代谢中间产物的检测；可用于手性拆分，如氨基酸或小分子、药物分子的对映体分离以及手性拆分剂的比较和评价。

⑤ 制药领域：分析检测药物或天然产物，主要包括合成药物、蛋白药物及植物有效成分。

⑥ 农业：农产品检测，包括农药残留物和农产品有效成分检测。

⑦ 法医研究：炸药和跟踪检测，书写纸成分分析。

# 第 4 章

# 质谱分析仪器

## 质谱仪（Mass Spectrograph, MS）

质谱仪是通过对待测离子的质量和强度的测定来进行定性和定量分析及研究分子结构的一种分析仪器，可以记录离子相对丰度相对于 $m/z$ 的变化。在结构分析中，利用高分辨质谱仪不仅可以给出待测物的分子量，还能给出其碎片离子的质量信息以及分子式。世界上第一台质谱仪于 1912 年由英国物理学家 Joseph John Thomson（1906 年诺贝尔物理学奖获得者、英国剑桥大学教授）研制成功；到 20 世纪 20 年代，质谱逐渐成为一种分析手段，被化学家采用；从 40 年代开始，质谱广泛用于有机物质分析；1966 年，M. S. B. Munson 和 F. H. Field 报道了化学电离源（Chemical Ionization, CI），质谱第一次可以检测热不稳定的生物分子；到了 80 年代，随着快原子轰击（FAB）、电喷雾（ESI）和基质辅助激光解析（MALDI）等新"软电离"技术的出现，质谱能用于分析高极性、难挥发和热不稳定样品后，生物质谱飞速发展，已成为现代科学前沿的热点之一。

### 工作原理

离子的离子流强度或丰度相对于离子质荷比（$m/z$）变化的函数关系称为质谱，这一函数关系可用图或表来表示，即所谓的质谱图（亦称质谱，Mass Spectrum）。质谱仪工作时，电离装置把样品电离为离子，质量分析装置把不同质荷比的离子分开，经检测器检测之后可以得到样品的质谱图。由于有机样品、无机样品和同位素样品等具有不同的形态、性质和分析要求，因此，质谱仪所用的电离装置、质量分析装置和检测装置有所不同。

质谱仪通常由进样系统、离子源系统、质量分析器、检测器、真空系统、计算机系统等组成，如图 4-1 所示。

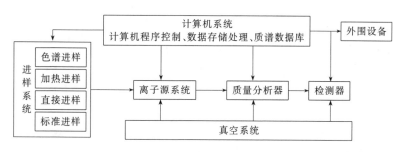

图 4-1　质谱仪示意图

(1) 进样系统

进样系统是把待分析样品导入离子源的装置，目的是在不破坏真空环境、具有可靠重复性的条件下，将样品引入离子源（Ion Source）。进样系统主要有直接进样（图 4-2）、加热进样（图 4-3）、色谱进样等。

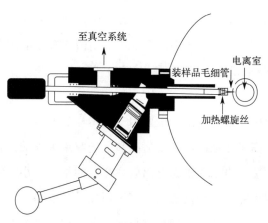

图 4-2　直接进样杆

色谱进样是质谱仪通常与气相色谱、液相色谱等仪器联用，用于分离和检测复杂化合物的各种组分，将色谱分离后的流出组分通过适当的接口引入质谱系统，称之为色谱进样。

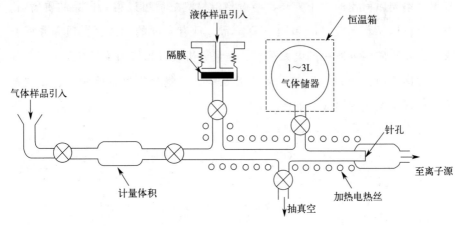

图 4-3　加热进样器

(2) 离子源系统

离子源系统的作用是提供能量，使被测原子或分子离子化，同时还兼有聚焦及给离子提供初始动能的作用。按照样品的离子化过程，离子源主要可分为气相离子源和解析离子源。按照离子源能量的强弱，离子源可分为硬离子源和软离子源。质谱仪器的离子源种类繁多，主要有电子轰击源（Electron-Impact Soures，EI）、化学电离（Chemical Ionization，CI）、电喷雾电离（Electron Spray Ionization，ESI）、大气压化学电离（Atmospheric Pressure Chemical Ionization，APCI）和基质辅助激光解吸电离（Matrix-Assisted Laser Description Ionization，MALDI）等。

① 电子轰击源

电子轰击源应用最为广泛，主要用于气体样品的电离。由离子化区和离子加速区组成，离子化区由电子发射极和电子收集极组成，各种碎片离子在离子加速区被加速。电子轰击源电离效率高，能量分散小，结构简单，操作方便，工作稳定可靠，产生高的离子流，因此灵敏度高。

电子轰击源工作时，由气相色谱仪或直接进样杆进入的样品，以气体形式进入离子源，由灯丝发出的电子与样品分子发生碰撞使样品分子电离，如图 4-4 所示。一般情况下，灯丝与接收极之间的电压为 70eV，所有的标准质谱图都是在 70eV 下做出的。在 70eV 电子碰撞作用下，有机物分子可能被打掉一个电子形成分子离子，也可能会发生化学键的断裂形成碎片离子。

由分子离子可以确定化合物分子量,由碎片离子可以得到化合物的结构。由离子化区产生的各种 $m/z$ 离子,在离子加速区被加速。离子所获得动能与加速电压有关。

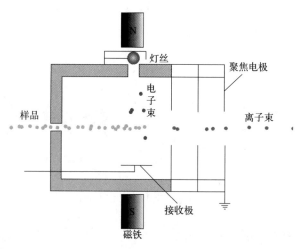

图 4-4 电子轰击源示意图

② 化学电离

有些化合物稳定性差,用电子轰击源方式不易得到分子离子,因而也就得不到分子量。为了得到分子量可以采用化学电离方式。化学电离源和电子轰击源在结构上差别不大,主体部件是共用的。主要差别是化学电离工作过程中要引进一种反应气体,反应气体可以是甲烷、异丁烷、氨等。灯丝发出的电子首先将反应气电离,形成反应气离子 $CH_4^+$、$CH_3^+$ 等,它进一步与未被电离的反应气体分子 $CH_4$ 反应生成更活泼的 $CH_5^+$、$C_2H_5^+$,然后反应气离子与样品分子进行离子-分子反应,并使样品气电离。

③ 电喷雾电离

电喷雾电离是一种很软的电离方法,通常不产生碎片离子或很少产生碎片离子,化合物生成复合离子,既可作为液相色谱和质谱仪之间的接口装置,同时又是电离装置。电喷雾电离源的主要部件是一个多层套管组成的电喷雾喷嘴,最内层是液相色谱流出物,外层是喷射气,喷射气常采用大流量的氮气,其作用是使喷出的液体容易分散成微滴。在喷嘴的斜前方还有一个补助气喷嘴,作用是使微滴的溶剂快速蒸发。在微滴蒸发过程中表面电荷密度逐渐增大,当增大到某个临界值时,离子就可以从表面蒸发出来。离子产生后,借助于喷嘴与锥孔之间的电压,穿过取样孔进入质量分析器,如图 4-5 所示。电喷雾电离是一种软电离方式,即便是分子量大,稳定性差的化合物,也不会在电离过程中发生分解,适合于分析极性强、热不稳定性化合物,尤其适合蛋白质、肽、糖、核酸等大分子化合物分析。

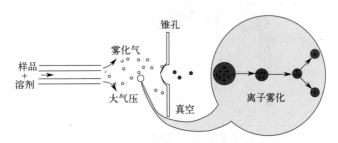

图 4-5　电喷雾电离工作示意图

④ 大气压化学电离

大气压化学电离源的结构与电喷雾电离源大致相同,不同之处在于大气压化学电离源喷嘴的下游放置一个针状放电电极,如图 4-6 所示,通过放电电极的高压放电,使空气中某些中性分子电离,产生 $H_3O^+$、$N_2^+$、$O_2^+$ 和 $O^+$ 等离子,溶剂分子也会被电离,这些离子与分析物分子进行离子-分子反应,使分析物离子化。大气压化学电离源主要用来分析中等极性和非极性的

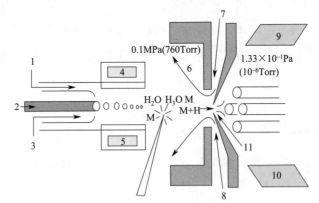

图 4-6　大气压化学电离源示意图

1—雾化气;2—液体样品;3—辅助气;4,5—加热器;
6~8—加热氮气干燥气;9,10—分析器;11—样品锥孔

化合物。用这种电离源得到的质谱很少有碎片离子，主要是准分子离子。

⑤ 基质辅助激光解吸电离

基质辅助激光解吸电离是一种结构简单、灵敏度高的新电离源，它利用一定波长的脉冲式激光照射样品使样品电离。如图 4-7 所示，被分析的样品置于涂有基质的样品靶上，脉冲激光束经平面镜和透镜系统后照射到样品靶上，基质和样品分子吸收激光能量而汽化，激光先将基质分子电离，然后在气相中基质将质子转移到样品分子上使样品分子电离，适合与飞行时间质量分析器（TOF），组成

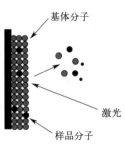

图 4-7 基质辅助激光解吸电离示意图

MALDI-TOF 质谱仪。基质辅助激光解吸电离属于软电离技术，它比较适用于分析生物大分子，如多肽、蛋白质、核酸等，对一些相对分子质量处于几千到几十万的极性的生物聚合物，可以得到精确的分子量信息。

(3) 质量分析器（Mass Analyzer）

质量分析器的作用是将离子源产生的离子按质荷比（$m/z$）顺序分开的装置，分开即指离子在空间或时间上分开，即在同一位置（空间）和同一时间引入不同 $m/z$ 的离子。质量分析器种类较多，主要有磁质量分析器和四极杆、离子阱、飞行时间、傅里叶变换-离子回旋共振等质量分析器。

① 磁质量分析器（Magnetic Mass Analyzer）

磁质量分析器可分为磁单聚焦质量分析器和磁双聚焦质量分析器，前者为单一扇形磁场，后者由电场和磁场串联而成。

如图 4-8 所示，磁单聚焦质量分析器的主体是处在磁场中的扇形真空腔

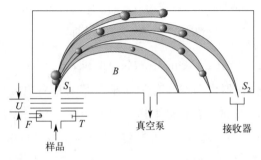

图 4-8 磁单聚焦质量分析器示意图

体。离子进入分析器后,由于磁场的作用,其运动轨道发生偏转改作圆周运动,在一定的磁感应强度 $B$ 和电压 $U$ 条件下,不同质荷比的离子其运动半径不同,由离子源产生的离子,经过磁单聚焦分析器后可实现质量分离。如果检测器位置不变(即 $r$ 不变)、连续改变 $U$ 或 $B$ 可以使不同 $m/z$ 离子顺序进入检测器,实现质量扫描,得到样品的质谱。

磁双聚焦质量分析器结构如图 4-9 所示,由于同一质荷比的离子因为初始动能略有差别,经过扇形磁场偏转后不能准确聚焦在一起,离子峰会加宽,使分辨率下降。质量相同而能量不同的离子经过静电场后会彼此分开,即静电场有能量的色散作用。如果设法使静电场的能量色散作用和磁场的能量色散作用大小相等方向相反,就可以消除能量分散对分辨率的影响。只要是质量相同的离子,经过电场和磁场后可以会聚在一起。另外质量的离子会聚在另一点。改变离子加速电压可以实现质量扫描。这种由电场和磁场共同实现质量分离的分析器,同时具有方向聚焦和能量聚焦作用,叫磁双聚焦质量分析器。

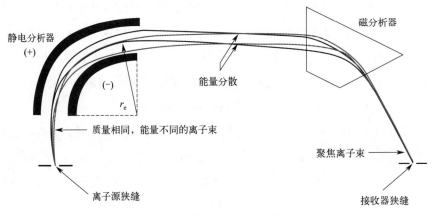

图 4-9 磁双聚焦质量分析器

② 四极杆质量分析器(Quadrupole Analyzer)

四极杆质量分析器由两组对称的四根平行的杆状电极组成,如图 4-10 所示,相对两根电极间加有直流电压和射频电压($V_{rf}+V_{dc}$),另外两根电极间加有 $-(V_{rf}+V_{dc})$,其中 $V_{rf}$ 为射频电压,$V_{dc}$ 为直流电压。四个棒状电极形成一个四极电场。在保持 $V_{dc}/V_{rf}$ 不变的情况下改变 $V_{rf}$ 值,对应于一个 $V_{rf}$ 值,四极场只允许一种质荷比的离子通过,其余离子则振幅不断增大，最后碰到四极杆而被吸收，通过四极杆的离子到达检测器被检测。改变 $V_{rf}$ 值，可以使另外质荷比的离子顺序通过四极场实现质量扫描。四极杆质量分析器的优点是扫描速度快，比磁式质谱仪价格便宜，体积小，常作台式机的质量分析器而进入普通实验室，缺点是质量范围及分辨率有限。

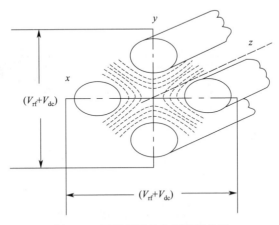

图 4-10 四极杆质量分析器结构图

③ 离子阱质量分析器（Ion Trap Analyzer）

离子阱质量分析器是一种通过电场或磁场将气相离子控制并储存一段时间的装置。如图 4-11 所示，离子阱的主体是一个环电极和上下两端盖电极，环电极和上下两端盖电极都是绕 Z 轴旋转的双曲面。在稳定区内的离子，轨道振幅保持一定大小，可以长时间留在阱内，不稳定区的离子振幅很快增长，撞击到电极而消失。对于一定质量的离子，在一定的 $V_{dc}$ 和 $V_{rf}$ 下，可以处在稳定区。改变 $V_{dc}$ 或 $V_{rf}$ 的值，离子可能处于非稳定区。如果在引出电极上加负电压，可以将离子从阱内引出，由电子倍增器检测。离子阱的特点是结构小巧，重量轻，灵敏度高，而且还有多级质谱功能。

④ 飞行时间质量分析器（Time of Flight Analyzer，TOF）

飞行时间质量分析器的主要部分是一个长 1m 左右的无场离子漂移管，如图 4-12 所示，具有相同能量的带电粒子，由于质量的差异而具有不同的运动速度，通过相同的漂移距离所用的时间不同而被分离。离子的质量越大，到达接收器所用的时间越长，质量越小，所用时间越短，根据这一原理，可以把不同质量的离子分开。适当增加漂移管的长度可以增加分辨率。

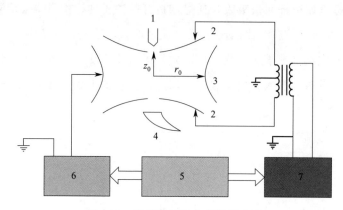

图 4-11 离子阱质量分析器示意图

1—灯丝；2—端帽；3—环形电极；4—电子倍增器；5—计算机；
6—放大器和射频发生器（基本射频电压）；7—放大器和射频发生器（附加射频电压）

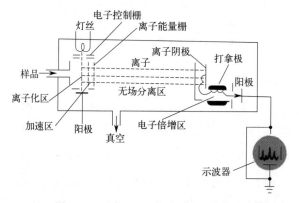

图 4-12 飞行时间质量分析器示意图

飞行时间质量分析器的特点是质量范围宽，扫描速度快，既不需电场也不需磁场。但一直存在分辨率低这一缺点，造成分辨率低的主要原因在于离子进入漂移管前的时间分散、空间分散和能量分散。即使是质量相同的离子，由于产生时间的先后，产生空间的前后和初始动能的大小不同，到达检测器的时间不相同，因而降低了分辨率。

⑤ 傅里叶变换-离子回旋共振质量分析器（Fourier Transform-Ion Cyclotron Resonance Mass Analyzer，FT-ICR）

如图 4-13 所示，傅里叶变换-离子回旋共振质量分析器是一个具有均匀（超导）磁场的空腔，离子在垂直于磁场的圆形轨道上作回旋运动，回旋频率仅与磁场强度和离子的质荷比有关，不同的离子具有不同的回旋频率，因此可以分离不同质荷比的离子，并得到质荷比相关的图谱。通过发射极向离子加一个射频电压，若射频电压的频率正好与离子的回旋频率相同，离子将共振吸收能量，使其运动轨道半径和运动速度逐渐增大，但频率仍然不变。当一组离子达到同步回旋以后，在接收极上将产生镜像电流，即当回旋的离子离开第一个接收极而接近第二个接收极时，第一个接收极上的电子受正离子的电场吸引而向第二个接收极运动。在离子回旋的另半周，外电路的电子向反方向运动，在这两个接收极间有一个电阻，这样在电阻的两端形成了很小的交变电流，这就是镜像电流，其频率与离子的回旋频率相同。因此，根据镜像电流的频率最终可以求出离子的质核比。

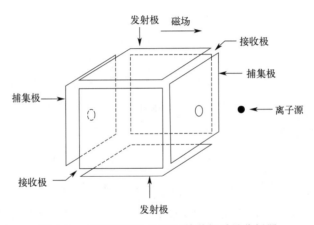

图 4-13　傅里叶变换-离子回旋共振质量分析器

在傅里叶变换质谱中，离子产生后，随即加一个频率范围覆盖了所有被测离子回旋频率的脉冲射频，使所用离子被激发，即共振。脉冲结束后，由于共振离子在回旋时不断碰撞而失去能量，并趋于热平衡状态，镜像电流也逐渐衰减，这与傅里叶变换核磁中的自由感应衰减信号一样。所有受激离子诱导的镜像电流在接收电路上形成各自的时域衰减信号，这个复合的时域衰减信号经傅里叶变换转变为频域信号，并由频域信号转变为与质核比相关的信号，即质谱图。对镜像电流取样的时间越长，质量分辨率越高。但碰撞阻尼会破坏离子的同步回旋运动，从而使镜像电流衰减加快。因此，高真空有利于提高分辨率，还能同时改变信噪比。所以，傅里叶变换质谱通常在更高的真空状态下工作。

（4）检测器

质谱仪中的检测器为接收离子束并将其转换为可读出信号的装置。最常用的有电子倍增管、法拉第筒及微通道板等。其中，电子倍增管由阴极、倍增极与阳极组成，如图 4-14 所示。

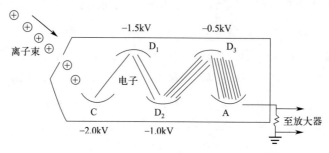

图 4-14　电子倍增管工作原理

C—阴极；D—倍增极；A—阳极

当离子轰击电子倍增管的阴极时，发射出二次电子，此二次电子被后续的一系列倍增极放大，与光电倍增管类似，最后到达阳极。

（5）真空系统

与光学仪器不同，质谱仪要求在高真空条件下工作（真空度需要达到 $10^{-2} \sim 10^{-7}$ Pa），尤其是质量分析器通常需要更高的真空条件，当然离子源和接口的真空度要求比质量分析器要低一些。真空系统一般由机械真空泵和扩散泵（或涡轮分子泵）组成。机械真空泵能达到的真空度最高为 $10^{-1}$ Pa。扩散泵性能可靠，但启动慢，尽管涡轮分子泵使用寿命不如扩散泵，但启动快，所以现在得到了更广的应用。涡轮分子泵直接与离子源（或接口）和质量分析器相连，抽出的气体再由机械真空泵排出质谱仪。

**应用领域**

质谱仪是一种高精度的分析仪器，它能够对物质的分子结构、组成、分子量、化学键、同位素等进行快速、准确的分析和检测，是解析化学中的重要工具之一。它主要应用领域如下。

① 环境领域：大气、水体、土壤等环境中的污染物检测和分析。例如，可以通过质谱仪对大气中的挥发性有机物、水体中的重金属、土壤中的农药

等进行检测和分析。

② 食品行业：食品中的添加剂、农药残留、重金属等进行检测和分析，用于食品安全检测。

③ 医学领域：生物样品如血液、尿液、组织等进行分析和检测，用于医学诊断和药物研发。

④ 生物领域：蛋白质组学研究中，通过质谱仪可以分析蛋白质的氨基酸序列、修饰和拓扑结构等信息，为研究蛋白质的功能和相互作用提供了有力的工具。

⑤ 工业过程分析领域：石油化工、高纯气体杂质检测、钢铁生产等涉及工业过程检测分析的行业。

⑥ 材料科学领域：用于材料表征，通过测量材料中的元素含量和同位素比例，可以了解材料的成分和结构；也可以用于材料分析，通过测量材料中的有机物和无机物的质量和相对丰度，可以了解材料的组成和特性。

# 磁质谱仪（Magnetic Sector Mass Analyzer, Sector MS）

磁质谱仪是以扇形均匀磁场为质量分析器的质谱仪，其实践应用可以追溯到 20 世纪 50 年代末期。当时，科学家们开始关注有机分子的磁学特性，这种兴趣最初来自核磁共振（NMR）的发展，而电子自旋共振（ESR）是磁质谱最主要的技术之一，科学家们用电子自旋共振对自由基的化学结构进行分析，同时，也对有机分子中的有机自由基的磁学行为进行了研究，这些发现大大促进了磁质谱学的发展。1965 年，法国化学家 Jean-Pierre Boudet 首次发现了单电子转移的现象，这是另一种与 ESR 密切相关的磁学现象，这一现象为分析有机分子的电子结构与反应提供了新的途径。1972 年，Boudet 首次提出了单电子转移的原理并发现了其和 ESR 的关联性，Perucho 首次将其命名为"磁化率谱"（magnetic susceptibility spectrum）。随着技术的进步，磁质谱的分析进一步提高，1971 年，Fox 和 Walters 首次应用磁质谱来分析有机化合物的电子态，在 20 世纪 70 年代和 80 年代的研究中，磁质谱成为化学家们研究有机分子的电子结构的重要工具。

**工作原理**

磁质谱仪主要分为单聚焦和双聚焦两种类型，前者由单一的扇形磁场构成，后者除扇形磁场外，在磁场前后通常串联一个或多个静电场分析器。

在磁场中粒子偏转半径与其质荷比和离子动能有关。磁质谱仪根据不同质荷比的离子在同一磁场中的偏转半径不同而进行分离，但从离子源引出的粒子的初始动能一般存在差异，因此质荷比相同但动能稍有不同的离子将集中在不同位置，这将导致分辨率的降低（单聚焦磁质谱分辨率约为 5000），因此引入静电场分析器作为补偿能量差异的装置。带电粒子在电场中的偏转半径仅与加速电压和电场强度有关，与质量无关，因此，静电场分析器可充当能量过滤器，对具有相同质荷比值、不同能量的粒子进行聚焦。双聚焦磁质谱分析仪的基本原理如图 4-15 所示，扇形磁场是一个质量和能量色散元件,而静电场分析器仅为能量色散元件。两种系统都具有方向聚焦特性。对于双聚焦磁质谱来说,磁场能量色散$^hD_E$和静电场能量色散$^eD_E$大小相等,但方向相反,则双聚焦磁质谱对入射方向和动能都不同的离子均可聚焦到同一点,起到能量聚焦和方向聚焦的双聚焦作用,因而具有较高质量准确性和高分辨率(通常在10000以上,最高可大于100000)。

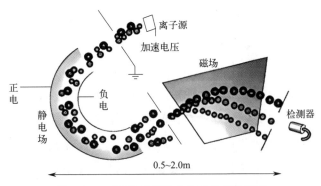

图 4-15 双聚焦磁质谱分析仪的基本原理

根据结合的离子源类型的不同,磁质谱仪可分为扇形磁场电感耦合等离子体质谱、加速器质谱、二次离子质谱、热电离质谱等多种类型。

(1) 扇形磁场电感耦合等离子体质谱(Magnetic Sector Inductively Coupled Plasma Mass Spectrometer,SF-ICP-MS)

扇形磁场电感耦合等离子体质谱的等离子气体(通常使用氩气、氦气等)通过矩管引入并在高压下电离,然后在感应线圈产生的巨大热能及交变磁场的作用下,被电离气体的离子、电子等反复充分碰撞,产生稳定的环形等离子体,最高温度可达10000℃,可对绝大多数元素进行测定。扇形磁场电感耦合等离子体质谱工作时,由样品产生的气溶胶通过载气(一般为氩气)进入等离子体中,经过去溶剂化、蒸发、分解、离子化等过程产生样品离子。样品离子经透镜加速聚焦后进入磁电质量分析器进行分离,最后通过检测器进行定性、定量分析。根据检测器不同,扇形磁场电感耦合等离子体质谱分为单接收电感耦合等离子体质谱、多接收电感耦合等离子体质谱和全谱电感耦合等离子体质谱。单接收电感耦合等离子体质谱多采用磁场在前、静电场分析器在后的反向 Nier-Johnson 几何结构,多接收电感耦合等离子体质谱必须为静电场分析器放置在磁场之前的正向 Nier-Johnson 几何结构,而全谱电感耦合等离子体质谱对应 Mattauch-Herzog 结构。

扇形磁场电感耦合等离子体质谱具有高分辨率、高灵敏度及较低的检测限，被广泛应用于核工业中元素和同位素的分析。

(2) 加速器质谱（Accelerator Mass Spectrometer，AMS）

$Cs^+$溅射负离子源为加速器质谱系统常用电离源，可提供高的负离子形成效率以及相当好的束流稳定性。一定动能的$Cs^+$离子束溅射到样品表面，样品被溅射后产生负离子流并经电场引出。引出的负离子流经注入器加速后进入加速器。注入器一般为磁分析器，一方面可以对轻元素进行能量选择；另一方面起到初步加速的作用。加速器可选用终端电压为0.2~25MV的静电串列加速器。在加速器中离子经第一次加速后通过剥离器剥去核素外层电子使之变为正离子并进一步加速。在前面的剥离过程中，离子束的分子成分已经被分解，后续光谱仪只需要分析原子离子。接下来离子束进入到高能分析器（磁分析器、静电场分析器、速度分析器等）中进行离子选择，排除多电荷干扰。最后在探测器中对单个离子进行探测和计数，同时有效识别同量异位素和重核同位素。

加速器质谱是一种基于静电串联加速器的高灵敏度原子计数方法，可检测极低浓度（自然同位素丰度通常为$10^{-12} \sim 10^{-16}$量级）的放射性及稳定核素，样品用量少（ng~μg量级），测量时间短，并有效克服了同量异位素和分子离子等干扰，成为核科学、地质、环境科学领域一种有效的分析技术。

(3) 二次离子质谱（Secondary Ion Mass Spectrometer，SIMS）

在分析过程中，一束聚焦的初级离子束轰击样品表面使之表面离子发生溅射，当一个固体样品被几千电子伏特能量的初级离子溅射时，从目标发射出的一小部分粒子被电离，溅射出的粒子以中性分子、原子为主，带电分子及碎片、原子占据小部分。生成的二次离子接下来进入静电场和磁场分析器进行分离，最后到达检测器完成测量。二次离子质谱有静态和动态两种工作模式，前者在低离子束密度下（不大于10离子/$cm^2$）进行轰击，侧重于第一个顶级单分子层，主要提供分子表征，后者离子束密度高（大于10离子/$cm^2$）可提供微量元素的体积组成和深度分布。作为表征固体材料表面组分和杂质的分析技术，二次离子质谱偏重于微区原位分析，可以对任何类型的固体材料在真空下进行局部分析。

二次离子质谱具有高灵敏度和高的动态范围，可提供高精度同位素比值测量、获得核燃料样品表面特定元素组成特征，探究多元素在样品表面的分布，广泛应用于核科学的各种材料分析，如核裂变产物及核废料存储研究、核安全环境监测中的微粒同位素分析等。

(4) 热电离质谱 (Thermal Ionisation Mass Spectrometer, TI-MS)

热电离质谱被国际公认为分析核燃料样品中不同元素同位素比值最精确的仪器之一。热电离离子源通常用来分析固体样品中元素的同位素比值。固体样品经溶解后涂覆在高熔点、高沸点的铼、钨等金属带表面，通过调节金属带的电流强度使样品蒸发、电离并形成离子。产生的样品离子被准直、加速并通过入口狭缝聚焦到质量分析器中，不同质荷比的离子以不同的轨迹通过分析器，最后在探测器中被收集和检测。热电离质谱分析元素一般采用正的原子或分子离子，有时也使用负离子，如硼离子。常用的热电离质谱测量方法主要有经典法和全蒸发法，经典法在样品蒸发的有限时间内收集不同的同位素，通常存在严重的同位素分馏现象。全蒸发法中同位素是在整个样品蒸发过程中收集的。

(5) 辉光放电质谱 (Glow Discharge Mass Spectrometer, GD-MS)

辉光放电是一种低能等离子体，惰性气体（一般是氩气）在高电压下电离产生的氩正离子被等离子体中的电场吸引到样品表面，并具有一定的动能。在氩等离子体中，辉光放电形成的氩正离子被加速到样品阴极，通过离子轰击将样品材料溅射到阴极表面。溅射的原子和分子在辉光放电等离子体中通过潘宁和/或电子冲击及电荷交换过程电离。形成的样品正电荷离子被提取并加速进入质谱仪，在质谱仪中，离子束根据它们的质荷比和能荷比进行分离，分离的离子通过电子倍增器/法拉第杯等离子检测器进行测量。高分辨率热电离质谱通常采用磁分析器和静电场分析器双聚焦模式，最高分辨率可达10000，检测限可达到$10^{-15}$量级，单次分析即可获得包括常、微、痕、超痕量元素在内的所有数据。

大多数无机材料不易溶解，因此很难利用电感耦合等离子体质谱（Inductively Coupled Plasma Mass Spectrometer, ICP-MS）进行分析。此外，碳、氧、氮等非金属元素无法通过溶液进样利用电感耦合等离子体质谱进行测量。辉光放电质谱允许对固体样品进行直接分析,可满足多形状、各尺寸的固体样品分析。二次离子质谱主要用于微区分析,且存在由固态样品直接产生分析物离子引起的元素灵敏度的巨大变化和严重的基质效应,而辉光放电质谱适用于样品平均含量分析,具有高分辨率和灵敏度,分析速度快,干扰小,几乎可对元素周期表中所有元素进行分析,并在高纯材料杂质元素鉴定方面有着广泛应用。

(6) 激光共振电离质谱(Laser Resonance Ionization Mass Spectrometer,LRIMS)

共振电离过程是一个多步光子吸收的过程,目标元素原子通过脉冲离子束从固体中溅射出来,气态原子通过吸收一个或多个激光光子由基态跃迁到激发态实现共振激发,进一步吸收光子,当高于电离阈值状态后发生电离,生成的离子再进入后面的质谱进行检测。对于激光共振电离质谱,提高样品原子电离效率特别重要。此外,选择的可调谐激光器须精确匹配目标元素的共振线。常用激光器包含脉冲可调谐激光器、高重复频率激光器、连续激光器、小型可调谐二极管激光器等。

激光共振电离质谱法具有高灵敏度、高元素选择性,能有效克服热电离质谱、电感耦合等离子体质谱测量同位素过程中存在的同量异位素干扰问题,可选择性激发特定目标元素,进而对超痕量核素进行有效分析,是长寿命放射性核素(如铀、钍、钚、镎、镅等)超痕量分析最灵敏的技术之一。

磁质量分析器与不同的离子源结合形成了多种不同用途的质谱仪,不同类型磁质谱仪的特点如表 4-1 所示。

表 4-1 不同类型磁质谱仪的优缺点比较

| 类型 | 优点 | 缺点 | 主要测定对象 |
| --- | --- | --- | --- |
| SF-ICP-MS | 分辨率高,检测限低,动态范围宽 | 仪器昂贵,维护成本高,进样有限制 | 绝大多数金属及部分非金属元素、同位素 |
| AMS | 超高丰度灵敏度,样品用量少,抗干扰能力强 | 价格昂贵,质控严格 | 年代测定,同位素示踪 |
| SIMS | 灵敏度高,检测限低,微区分析 | 定量能力弱 | 材料元素及同位素分析,表面成像 |

续表

| 类型 | 优点 | 缺点 | 主要测定对象 |
| --- | --- | --- | --- |
| TI-MS | 精度高,重复性好,样品用量少 | 离子化效率低,稳定性差 | 同位素比值测定,同位素示踪 |
| GD-MS | 表面分析,检出限低,基体效应低 | 样品表面要求高 | 高纯材料杂质分析,同位素分析 |
| LRIMS | 高灵敏度,高元素选择性 | 原子化效率低,多元素测量困难 | 超痕量核素,同位素分析 |

**应用领域**

磁质谱作为一种重要的磁学分析方法,已在很多领域发挥巨大作用,其在基础科学研究和工业中有着广阔的应用前景。它主要应用领域如下。

① 材料科学和应用物理学:用于研究超导体和弛豫行为。

② 无机化学:用于研究磁性量子现象,将来有望在带有磁性核的化合物中使用。

③ 医学领域:利用其来研究出生缺陷、癌症、自身免疫性疾病、心血管疾病以及退行性疾病等多种疾病。

④ 生命科学:用于研究蛋白质的稳定性和动态行为。

⑤ 神经科学:用于对神经细胞的运动行为的研究,以及多个神经细胞的连接如何影响整个神经网络的协调行为等。

# 四极杆质谱仪 (Quadrupole Mass Spectrometer)

四极杆质谱仪是以四极杆质量选择器为主要质量分析设备的一种常用质谱分析仪器，用于分析和测量样品中的化合物成分以及其相对丰度。关于四极杆质谱仪的最早文献时间为 20 世纪 50 年代中期，发明人沃尔夫冈·保罗（Wolfgang Paul）教授在 1989 年获得诺贝尔物理学奖。在四级杆中，四根电极杆两两一组，分别在其上施加射频（Radio Frequency, RF）反相交变电压。位于此电势场中的离子，被选择的部分稳定后可到达检测器（Detector），或者进入之后的空间进行后续分析。四级杆质谱仪被广泛应用于色谱-质谱（Chromatography-Mass Sepctrometry）联用中，通过多个四级杆的串联使用，可以实现多重质谱分析（Tendem Mass Spectrometry, Tendem MS），从而获得待测物的结构信息。

**工作原理**

四极杆质量选择器（Quadrupole Mass Analyzer）是一种基于离子的质荷比使离子轨道在震荡电场中趋于稳定的设备，基于离子在电场中的运动原理进行工作。虽然现实中使用的四极杆质量选择器大多使用圆柱形，大小通常在几厘米到几十厘米之间，然而理想的质量选择器外形为双曲线形，如图 4-16 所示。

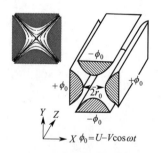

图 4-16 理想的四极杆质量选择器

四级杆质量选择器的四根极杆被对应的分为两组，分别施加反相射频高压。其中两组电压的表达式分别为：

$$\phi_0 = U - V\cos\omega t$$
$$\phi_0' = U - V\cos\omega t'$$

两组电压只有符号相反。其中 $U$ 为直流（DC）分量，$V$ 为射频（达到发射频率的交流电，RF）分量的振幅（在此处用到的是 $V_{rms}$ 而不是 $V_{p-p}$）。在通常情况下，$U$ 的值为 500~2000 V，$V$ 的值为 0~3000 V。

在这样的电场环境下，离子会根据电场进行震荡。然而，只有特定质荷比的离子可以稳定地通过电场。当极杆上的电压被指定时，质量过小的离子会受到很大的电压影响，从而进行非常激烈的震荡，导致碰触极杆失去电荷而被真空系统抽走；质量过大的离子因为不能受到足够的电场牵引，最终导致碰触极杆或者飞出电场而无法通过质量选择器。在四极杆质量选择器的硬件中，通常的做法是调整射频工作频率 $w$ 来选择离子的质量，调整 $U$ 与 $V$ 的比值来调整离子的通过率。如图 4-17 所示，三角形区域为该质量的离子稳定的区域。$U$ 与 $V$ 的比值在此体现为斜率。可见，$U/V$ 越大，离子的选择精度越高，仪器的解析能力越强，但是能稳定通过的离子数量减小；而 $U/V$ 比值越小，离子通过的数量多，但是解析度下降。经过权衡之后，大多数四极杆质谱仪的解析能力大约都是 1Th，体现在质谱图上就是半峰宽度大约为 1Th 或者 1Da。

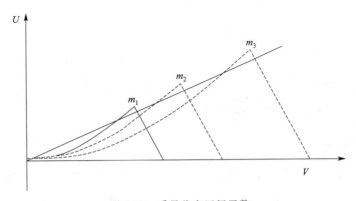

图 4-17 质量稳定区间函数

值得指出的是，当 $U$ 值为零，即四极杆上仅施加射频电压时，所有离子均可通过。这样操作的意义是，可以使离子束更加聚拢。通常当作离子镜使用。最典型的扩展就是八极杆和六极杆的出现，实际是源自四极杆的基本工作特性。

四极杆质谱仪的结构主要包括离子源、质量分析器、检测器和数据处理系统等组成部分，如图 4-18 所示。在工作时，待测样品首先通过离子源电离成离子，然后进入四极质量分析器。在四极杆中，离子受到射频和直流电场的作用，只有符合特定质荷比的离子才能通过四极杆并被检测器检测到，其他离子则会被滤除或漂移出系统。最终，检测器会记录并测量不同质荷比的离子信号，并将其转化为质谱图谱。

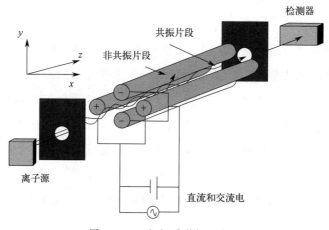

图 4-18　四极杆质谱仪示意图

四极杆质谱仪每次只允许单一质荷比的离子通过，在扫描较大质量区间时，四极杆质谱仪所需的时间要远远大于飞行时间质谱（Time of Flight Mass Spectrometry，TOF-MS），轨道离子阱质谱（Orbitrap MS），线性离子阱（Linear Ion Trap）等使用脉冲采样方式的质谱仪。

**应用领域**

四极杆质谱仪具有较高的分辨率，高灵敏度，能快速响应，可以在短时间内完成样品的分析和检测，而且具备稳定可靠的性能，适用于长时间、连续的分析工作，主要应用领域如下。

① 化学分析：用于分析和检测各种化学物质的成分和结构，如有机化

合物、无机化合物等，对于分析材料的组成和结构具有重要意义。

② 生物医药：用于药物分析、蛋白质分析、代谢产物分析等，对于研究药物的成分和代谢途径、生物分子的结构和功能具有重要意义。

③ 环境监测：用于环境监测，如大气中的污染物、水体中的有机物质、土壤中的污染物等的分析和检测，对于环境保护和污染治理具有重要意义。

④ 材料分析：用于对材料的成分和结构进行分析，如金属材料、聚合物材料、纳米材料等的分析和表征。

⑤ 制药行业：用于药物成分的分析和检测，包括新药研发、质量控制、药物代谢等领域。

# 离子阱质谱仪（Ion Trap Mass Spectrometer, IT-MS）

离子阱质谱仪是利用离子阱（Ion trap）作为质量分析器的质谱仪。早在 20 世纪 50 年代末，离子阱就已经被应用于改进光谱测量的精确度。设法提高光谱精确度是每个从事原子光谱研究的科学家所追求的。想要量到更精准的谱线，测量时间必须拉长，因此必须设法局限住待测物体。于是离子阱因应而生，它的原理十分简单，利用电荷与电磁场间的交互作用力来牵制带电粒子的运动，以达到将其局限在某个小范围内的目的。

**工作原理**

离子阱质谱可以很方便地进行多级质谱分析，对于物质结构的鉴定非常有用。离子阱由一对环形电极和两个呈双曲面形的端盖电极组成，如图 4-19 所示，在环形电极上加射频电压或再加直流电压，上下两个端盖电极接地。逐渐增大射频电压的最高值，离子进入不稳定区，由端盖电极上的小孔排出。因此，当射频电压的最高值逐渐增高时，质荷比从小到大的离子逐次被推出并被记录而获得质谱图。

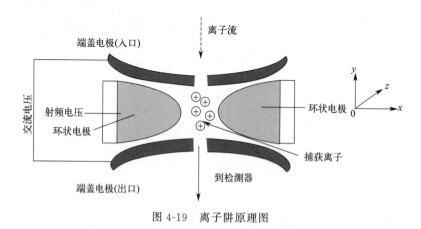

图 4-19 离子阱原理图

常见的离子阱类型有离子回旋共振质谱仪和四极杆离子阱质谱仪两种，

四极杆离子阱可进一步分为三维离子阱和线性离子阱两类。由一对环电极和两个双曲面端电极形成的离子阱称为三维离子阱，离子聚焦的位置是在中心的一个点上，具有比较大的空间电荷效应，常规的三维离子阱的离子存储数目为几千个，如图4-20所示，当离子进入端盖和环形电极之间的单元并被捕获，当特定的离子从捕获器中喷出时，信号被记录。为了避免空间电荷效应和简化电极结构，后来人们使用四极杆的结构加入前后端盖的方式开发出线型离子阱，线型离子阱的离子聚焦在一条线上面，离子被捕获在一组四极杆内。与三维离子阱相比，增加了离子的储存量，提高了仪器的灵敏度。

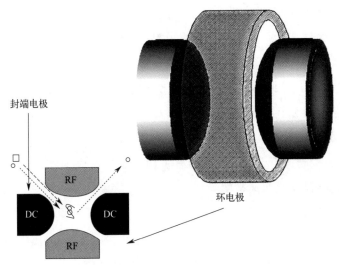

图4-20 四极杆（三维）离子阱装置

RF—直流电压；DC—射频电压

离子阱质谱仪主要由离子源、离子阱质量分析器、真空泵和检测器电子控制系统等组成，如图4-20所示，离子源用于产生离子，离子阱质量分析器用于收集并根据质量顺序释放离子，检测器用于检测离子以获取数据，真空泵用于保持系统的真空状态，以保证离子传输和检测的效率，电子控制系统用于控制和调整产生、收集和检测离子的各项参数。

离子阱质谱仪可以收集离子，选择性的隔离和激发离子进行碰撞破碎，连续检测离子以获得质谱图。由于上述的灵活性，离子阱在灵敏度和选择性离子检测的性能上要优于线性四极杆。

**应用领域**

离子阱质谱具有高分辨率、高准确性和高灵敏度等很多优点。它可以在单一的仪器中同时检测多种不同的化合物，而不需要多个仪器或不同技术的转换。此外，它可以测量极微量样品，同时也允许进行不同级别的结构鉴定，从单元到分子水平的结构。它主要的应用领域如下。

① 化学领域：用于定量分析、定性分析和结构鉴定。

② 生物医学领域：广泛用于药物代谢研究，通过确定代谢产物来评估药物在人体中的代谢动力学，这对于了解药物的效果和副作用非常重要。

③ 环境科学：用于检测大气中的气体和颗粒物。它可以测量大气中的有机物和重金属离子，以了解它们的来源、运输和影响，也用于检测污水和水源中的微生物和有机物，以评估水质。

④ 材料科学领域：用于材料表面化学分析和薄膜成分分析。可以测量高分子材料的成分、分子量和结构，以及表面化学反应如吸附、腐蚀和磨损等的反应机制。

⑤ 食品检测：用于食品中有毒有害物质及非法添加物质分析、转基因食品检测、食品安全快速检测。

# 飞行时间质谱仪（Time of Flight Mass Spectrometer, TOF-MS）

飞行时间质谱仪是通过离子在一定距离真空无场区内按不同质荷比以不同时间到达检测器，从而建立质谱图的质谱仪，是一种很有前途的高性能质谱仪器。经典线性飞行时间质谱仪包括离子源、飞行管、检测器及记录系统和真空系统。与常规使用的质谱仪相比，它具有结构简单、离子流通率高和质量范围不受限制等优点。只是在20世纪40年代，受仪器设计和电子技术的限制，其分辨率只在100左右，50年代Wiley和Malarin设计了空间聚焦和延时聚焦（time lag focus）离子源，分辨率提高至几百。70年代Mamyfin和Karataev设计了离子反射镜，进一步解决了离子能量分散问题，使飞行时间质谱仪进入高分辨仪器的行列。由于90年代电子技术的发展和延时聚焦技术的进一步运用，商售激光飞行时间质谱仪已达一万以上的分辨率，应用范围也日益广泛。到21世纪，各类功能飞行时间质谱仪相继问世，如电喷雾离子源、辉光放电离子源、气质联用、液质联用和毛细管电泳联用等，从而具备了常规四极或磁式质谱仪的主要功能。

**工作原理**

1946年，Stephen首次提出了飞行时间质量分析器的原理（图4-21）。飞行时间质谱中起始信号对于最终结果检测至关重要。

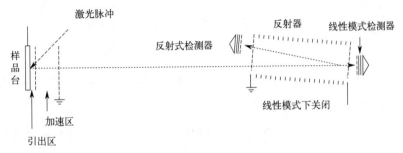

图 4-21　飞行时间质量分析器的原理

飞行时间质量分析器非常适合脉冲型离子源，如通过激光脉冲产生气相离子的 MALDI。通常样品会施加高正或负电压，约 5～30kV，当离子进入气相时，它们会向接地电势加速运动。当离开加速区，具有相同电荷的各个离子具有相同的动能，但由于质量不同，因此具有不同的速度。而后离子进入无场区，撞击至检测器。从信号开始至离子撞击检测器这段时间差可以表示为：

$$t_{TOF} = \frac{L}{v} = L\sqrt{\frac{m}{2qU_a}} \propto \sqrt{m/z}$$

式中，$L$ 表示无场区的长度；$v$ 表示加速后的离子速度；$m$ 表示离子质量；$q$ 表示离子电荷；$U_a$ 表示加速电势差；$z$ 表示电荷数量。越快或者越轻的离子，所需的飞行时间越短，所得的飞行时间谱转换为质谱。由于时间/质量转化是由已知离子进行校正的，因此无须知道准确势能以及无场区的长度。

通过垂直加速（Orthogonal Acceleration，OA）飞行时间质量分析器（图 4-22）可以与连续型离子源，如 ESI 偶联。在 OA-TOF 中，离子源产生的离子进入垂直于主轴的飞行时间质量分析器。加速电压初始设置为 0，随即施加一电压，离子加速进入无场飞行管。

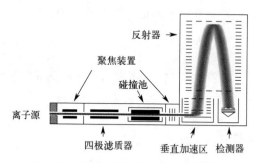

图 4-22　垂直加速飞行时间质量分析器

飞行时间质谱仪包括进样系统、离子源、离子传输系统、质量分析器以及数据采集系统几个主要组成部分，如图 4-23 所示，其质量范围宽，可以测定 $m/z$ 为 10000 以上的离子，而且扫描速度快，记录一张质谱所需的时间以微秒计。

飞行时间质谱有两种飞行模式，平行飞行模式和垂直飞行模式。在现代

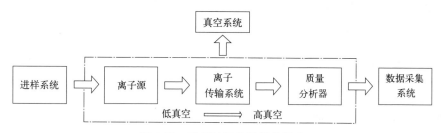

图 4-23 飞行时间质谱仪的组成

质谱产品中,大都已经采用垂直飞行模式。如图 4-23 所示,质谱仪需要在真空情况下运转,用以保护检测器,同时提高测量精度。在如图 4-24 所示的仪器中,气体样本首先通过微孔取样,然后到达离子源,由脉冲电场送入飞行时间模块。然后使用垂直于送入方向的脉冲电场对离子进行加速。这样做的主要目的是确定所有离子在水平方向没有初速度。在 V 或者 W 形飞行之后,达到传感器。

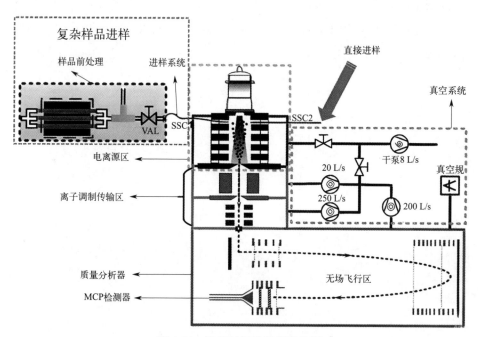

图 4-24 飞行时间质谱仪结构图

不同离子到达传感器的时间不同,借此推导出 $m/z$。通常的假设认为离子只能带一个电荷,如此,得到的信号直接对应检测到离子的原子量,所以在多数质谱图表中，$x$ 轴单位均为原子质量单位（Atomic Mass Unit，AMU）。

**应用领域**

飞行时间质谱仪可检测的分子量范围大，扫描速度快，仪器结构简单，能够直接获得待测样品的分子量实现快速定性和定量分析、分辨率和灵敏度高、具有微秒级的快速响应能力和全谱同时检测的能力。主要应用领域如下。

① 生物医学研究：用于蛋白质组学、代谢组学等研究，帮助科学家了解生物体内分子组成和功能。

② 环境监测：用于检测空气、水体等环境中有害物质和污染物，研究污染物的代谢和降解，为环境保护提供数据支撑。

③ 食品安全：用于检测食品中的农药残留、添加剂等有害物质，确保食品安全和质量。

④ 制药行业：用于药物研发、质量控制等方面，提高制药行业的生产效率和产品质量。

# 第 5 章

# 联用仪器

在对物质进行分析测试时,有时仅依靠单一的测试技术不能获得很好的测试结果,研究者往往会将两种或两种以上的测试方法结合起来,以期达到理想的测试结果,像这种将两种或两种以上方法结合起来的技术称之为联用技术。

## 气相色谱-质谱联用仪(Gas Chromatograph-Mass Spectrometer, GC-MS)

气相色谱-质谱联用仪是一种用于定性定量分析的仪器,兼具气相色谱仪的有效分离能力和质谱仪的高灵敏度与定性分析能力。虽然气相色谱法能有效分离复杂混合物,但其定性能力相对较弱;而质谱法则在定性分析上表现优异,但对于复杂有机化合物的分析存在局限。通过联合使用,这两种技术优势互补,提供了化学家和生物化学家所需的高效定性和定量分析工具。这种整合不仅提高了分析的灵敏度和准确性,还允许处理复杂混合物,克服了单一技术的局限,为科学研究和实践提供了重要支持。

### 工作原理

气相色谱-质谱联用仪的结合,充分发挥了气相色谱仪和质谱仪的优势,气相色谱仪通过分离样品中的各组分,为后续质谱分析提供了基础。而质谱仪则以其高灵敏度和快速扫描的特性，在柱后流出组分的结构鉴定中发挥着关键作用，即使在含量极低的情况下也能进行快速鉴别。然而，气相色谱仪是在常压下工作，质谱仪却需要高真空，因此，如果气相色谱仪使用填充柱，必须经过一种接口装置，将气相色谱的载气去除，使样品气进入质谱仪。分子分离器的应用有效解决了这一问题，通过巧妙的分子大小和性质差异，实现了对样品分子和载气的有效分离，从而保证了质谱仪的正常操作。整个过程中，样品经过气相色谱柱分离后进入离子源，在离子源内通过电子电离产生正离子，随后经过四极杆系统和离子检测器，最终生成质谱信号。通过对质谱图的解释或谱库检索，可以识别未知样品的组成，为复杂样品的定性分析提供了可靠的手段。

典型的气相色谱-质谱联用仪系统如图 5-1 所示，主要由色谱部分、气质接口、质谱仪部分（离子源、质量分析器、检测器）和数据处理系统组成，待分析样品通过载气（氢气或氦气）经过气相色谱柱得到初步分离，从色谱柱流出的各组分经过气相色谱-质谱联用仪接口模块传输进入质谱模块的离子源单元，在这里各组分被离子化形成离子，进而被质谱模块中的质量分析器分析，分析获得的数据由气相色谱-质谱联用仪平台的数据处理模块进行处理、显示，并进行数据库搜索和比对。整个分析过程所涉及的流程处理顺序均由气相色谱-质谱联用仪平台的仪器控制模块进行控制和协调。

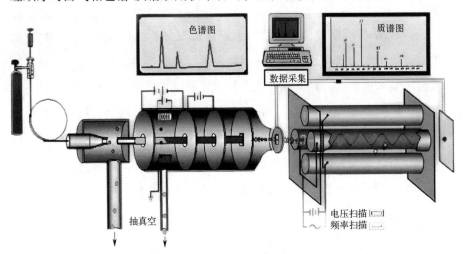

图 5-1　气相色谱-质谱联用仪系统组成

(1) 色谱部分

色谱部分在气相色谱-质谱联用仪中扮演着关键角色，其主要任务是将混合物样品在适当的色谱条件下分离成单个组分，然后将其导入质谱仪进行鉴定。色谱部分的基本结构与常规色谱仪相似，包括柱箱、气化室和载气系统。在大多数情况下，色谱部分不再搭载常规检测器，而是直接连接到质谱仪作为检测器。此外，色谱部分还配备有进样系统、程序升温系统以及压力、流量自动控制系统等。为了保证色谱柱的性能稳定，需要采用充分老化或限制使用温度的方法，以避免色谱柱固定液的流失，从而降低质谱仪的检测噪声。选择气相色谱分离柱时，必须考虑接口部件的特点，并根据需要选择不同类型的色谱柱。此外，对于气相色谱的载气也有一定要求，必须选择纯度高、化学稳定性好、易于和待测组分分离、易于被真空泵排出的载气。在气相色谱-质谱联用仪中常选用氦气作为载气，其纯度通常在99.995%以上。

(2) 气质接口

气质接口是气相色谱-质谱联用仪中连接气相色谱和质谱最为关键的部件，由于气相色谱柱出口端压力为大气压力，而质谱仪中样品在低至 0.01~10Pa 的真空条件下实现离子化，接口有效解决了气相色谱仪的大气压工作条件和质谱仪的真空工作条件的匹配问题。接口的关键功能是尽可能除去色谱柱流出物中的载气，同时保留和浓缩待测样品，理想的接口应当能够除去全部载气，却不损失待测样品组分。目前气相色谱-质谱联用仪常用的接口可以分为以下三种。

① 直接导入型接口

随着毛细管制作技术的进步，尤其是1979年熔融石英毛细管的问世，使毛细管柱广泛应用于气相色谱-质谱联用仪中。通常，内径在 0.25~0.32mm 的毛细管色谱柱的载气流速为 $1\sim 2\text{mL}\cdot\text{min}^{-1}$。这种柱可通过一根金属毛细管直接与质谱仪的离子源相连。这种接口方式是迄今为止最常用的一种。当载气和待测物一起从气相色谱柱流出后立即进入离子源中，由于载气（氦气）是惰性气体，很难发生电离，而待测物却容易形成带电粒子。带电粒子在电场作用下加速向质量分析器运动，而载气却由于不受电场影响，被真空泵抽走。使用直接导入型接口时，要控制气相色谱出口到质谱入口这段空间的温度，以使毛细管柱的流出物不冷凝而进入离子化室。直接导入型接口如图 5-2 所示，其组件结构简单，容易维护，传输率达 100%，缺点是所用载气仅限氦气或氢气，且当气相色谱仪出口的载气流速高于 $2.0\text{mL} \cdot \text{min}^{-1}$ 时，检测灵敏度会下降。使用这一接口时，气相色谱仪的适宜流速为 $0.7 \sim 1.0\text{mL} \cdot \text{min}^{-1}$。使用这一接口时没有富集浓缩作用，对超痕量组分的检测不利。

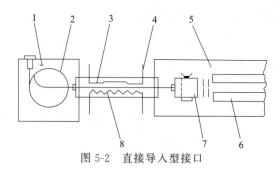

图 5-2　直接导入型接口

1—气相色谱仪；2—毛细管色谱柱；3—直接导入接口；4—温度传感器；
5—质谱仪；6—四极杆质量分析器；7—离子源；8—加热器

② 开口分流型接口

如图 5-3 所示，气相色谱毛细管出口对着质谱仪的限流毛细管入口，外面用内套管使两个毛细管的出口和入口对准，内套管外面充满氦气，这样保证了气相色谱的出口毛细管基本处于大气压环境。这种接口与直接导入型相比，样品利用率稍低一些，这一利用率与两个毛细管的准直性、间隔的距离以及气相色谱的载气流速有关。

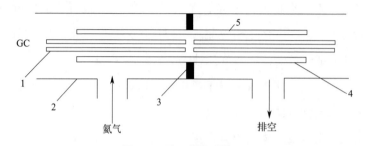

图 5-3　开口分流型接口

1—毛细管；2—外套管；3—隔板；4—内套管；5—限流毛细管

③ 分子分离器接口

为了使填充柱与质谱仪连接，需要除去大量的载气，同时又要减少样品的损失，于是出现了分子分离器接口。分子分离器接口的工作原理是不同质量的分子在以同样线速度运动时，质量大的分子易保持原来的运动方向，而质量小的分子易偏离原来的运动方向。

图 5-4 为 Ryhage 型喷射式分子分离器接口，GC 的气流从细孔喷出后在真空中膨胀，由于载气相对分子质量小，有较大的扩散速率，会偏离中心，而样品中组分的分子相对分子质量大，会沿原来方向运动，导致气流的中心集聚较高浓度的样品，并进入 MS 的离子源区，从而达到富集样品的目的。

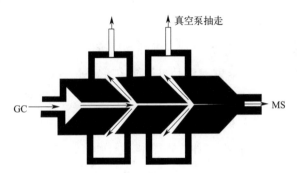

图 5-4　Ryhage 型喷射式分子分离器接口

（3）质谱仪

质谱仪的真空系统必须具备很高的效率、大的排空容量，以便将载气最大限度地抽出质谱仪，避免载气对待测样品的电离、分析等造成干扰。另外，质谱仪必须具备高的扫描频率，由于气相色谱分离高效、快速，色谱峰都非常窄，有的仅几秒钟时间，一个完整的色谱峰通常需要 6 个以上的数据采集点，质谱仪必须具备较高的扫描速度，才可能在很短的时间内完成多次全质量范围的扫描。

气相色谱-质谱联用仪的质谱仪部分可以是磁式质谱仪、四极质谱仪，也可以是飞行时间质谱仪和离子阱。目前使用最多的是四极质谱仪。离子源主要是 EI 源和 CI 源。

（4）数据处理系统

气相色谱-质谱联用仪的操作主要由计算机控制，涵盖了多个关键步骤，包括标准样品校准、工作条件设置、数据收集和处理，以及库检索等。在整个分析过程中，混合物样品通过气相色谱仪，在适当的色谱条件下被分离成单一组分，然后逐一进入质谱仪进行离子化。经过离子源电离后，得到具有样品信息的离子，再经过分析器和检测器，最终生成每个化合物的质谱图。这些数据由计算机储存，根据需要，可以得到混合物的色谱图、单一组分的质谱图以及质谱的检索结果等，借助色谱图，还可以进行定量分析。

**应用领域**

气相色谱-质谱联用仪结合了气相色谱的高分离效能和质谱的高定性能力，具有很高的灵敏度，能够检测到痕量级别的化合物，对于低浓度的样品分析也非常有效。而且分析结果通常具有较高的可靠性和准确性，它的运用非常广泛。主要应用领域如下。

① 医药领域：在药代动力学、毒理学研究及新药开发中，可用于定量分析药物及其代谢产物，并对样品进行结构鉴定。

② 食品行业：可用于分析食品中的残留农药、添加剂、风味物质等化合物，以保障食品安全和质量控制。

③ 法医学应用：能够检测人体样本（如血液、尿液）中的成分，如非法药物。

④ 环境分析：可以用于检测空气、土壤、水体等环境样品中的有机污染物，如挥发性有机物、农药等。

⑤ 毒理学研究：可以用来检测毒素和毒性代谢产物，如尿液、血液或体内组织中的抗生素残留等。

⑥ 农业领域：可用于对农产品农药残留检测，农产品中往往含有多种类型的残留农药，品种复杂多样，极性差别大，难以在同一色谱条件下监测，而 GC-MS 方法可以同时检测多种类型的农药，而且对检测对象可进行准确定性、定量分析。

## 气相色谱-傅里叶变换红外光谱联用仪
### (Gas Chromatograph-Fourier Transform Infrared Spectrometer, GC-FTIR)

气相色谱-傅里叶变换红外光谱联用仪是通过气相色谱分离待测组分，通过光管到达傅里叶变换红外光谱仪，再通过傅里叶变换红外光谱仪检测待测组分，实现样品分离定性的一种测试仪器。

**工作原理**

气相色谱仪与红外光谱仪联用，可在色谱高效分离基础上提供较直接完整的分子结构信息，且对异构体有较强的解析能力。但一般红外光谱技术，由于扫描速度慢，灵敏度较低，其联机联用长期未能取得引人注目的发展。随着傅里叶变换红外光谱仪的发展与成熟，气相色谱-傅里叶变换红外光谱联用仪取得了突破性的进展。由于在气相色谱中所使用的流动相主要是氦气和氢气，而它们在对中红外区域的辐射透过性较好，为了增加灵敏度，必须采用接口，使两种仪器直接联用，常用的接口有两种，光管接口与冷阱接口。

光管接口实际上是一种多反射流通池，如图 5-5 所示，这种流通池由内壁镀金、反射率极高的硼硅玻璃管制成。

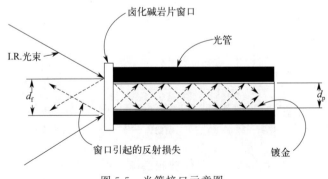

图 5-5　光管接口示意图

光管两端的窗片由 KBr 或 ZnSe 制成，具有红外透过性。光管内径约

1mm，长 10~20cm，适宜于与开管柱联用。经过调制的红外辐射聚焦至光管的入射窗口上，再经光管内壁多次反射后，从出射窗口投射至检测器。当柱后流出的某一组分通过光管时，所产生的红外吸收信号就记录下来。这里必须注意光管的体积对色谱分离度的影响，因为光管的增加，使柱后死体积增加，因此设计光管时，必须兼顾最大灵敏度（光管体积较大）与分离度（更小的光管体积）两者。这种接口简单，但灵敏度较低，根据不同功能团的吸收强度，分析物质量约需 5~100ng。

冷阱接口的基本原理是被分析物在分析之前进行冷阱捕集，柱后的流出物连续地沉积于 ZnSe 板上，依赖于液氮将 ZnSe 板冷至 77K。然后将 ZnSe 板移动，使冷凝的样品进入傅里叶变换红外显微镜的中心点，经显微镜聚焦的红外光束直径与冷凝的样品斑点相一致（图 5-6）。红外光束透过样品就要被选择性吸收，获得相应的光谱图。采用冷阱接口法，可使灵敏度大大提高，检测限可达 20~50pg。但是冷阱接口不适用沸点很低的化合物，因为捕集效率不高。

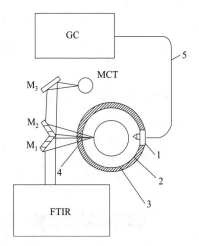

图 5-6 冷盘捕集器接口的 GC-FTIR 联机系统示意图
1—喷嘴；2—冷盘；3—真空舱；4—红外窗；5—热传输管

采用以上两种接口以后所获得的光谱图，不能利用正常的红外光谱图谱数据进行检索，而必须采用相应条件下的图谱数据库进行检索，如前者应利用特殊气相光谱数据库，后者则利用凝聚相光谱数据库进行对照检索。

气相色谱-傅里叶变换红外光谱联用仪主要由气相色谱部分、接口、傅里叶变换红外光谱部分和数据处理系统组成。气相色谱部分与一般的气相色谱仪基本相同,包括有供气系统、进行系统、分离系统、检测系统和温控系统等。如图 5-7 所示,在色谱部分,混合样品在合适的色谱条件下被分离成单个组分,然后各馏分按照保留时间顺序通过光管,在光管中选择性吸收红外辐射。在傅里叶变换红外光谱部分,红外线被干涉仪调制后会聚到加热的光管气体池入口,经过光管镀金内表面的多次反射到达探测器。计算机系统采集并存储来自探测器的干涉图信息,并做快速傅里叶变换,最后得到样品的气相红外光谱图。

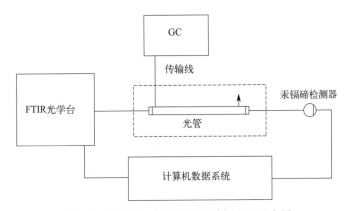

图 5-7 气相色谱仪与红外光谱仪联用示意图

在气相色谱仪与红外光谱仪联用系统中,从色谱柱中洗脱出来的组分被自动地输送到样品池,摆脱了以往从色谱馏分中收集样品的麻烦,也保证了样品在不受破坏的条件下进行红外光谱分析。

**应用领域**

气相色谱-傅里叶变换红外光谱联用仪结合了气相色谱仪与傅里叶变换红外光谱仪的优点。具有光通量大、检测灵敏度高、扫描速度快等优点。它主要应用领域如下。

① 化学领域:用于分离鉴定各类复杂的混合物。

② 环境领域:用于大气、水体、土壤等环境中的污染物分析。包括毒物检测、废水分析、空气污染物分析、农药分析等,为环境保护和治理提供

科学依据。

③ 药物分析：广泛应用于天然产物挥发油分析（药用挥发油分析），香精香料分析，用于鉴定各种化合物，为实验研究提供各种重要数据。

④ 食品行业：用于食品中有害物质的分析。通过对样品进行分析，可以确定有害物质的种类和含量，评估食品的安全性，并为食品监管提供科学依据。

## 液相色谱-质谱联用仪（Liquid Chromatograph Mass Spectrometer，LC-MS）

液相色谱-质谱联用仪是液相色谱作为分离系统，质谱为检测系统的一类联用仪器。由于 GC-MS 不能分离不稳定和不挥发性物质，所以发展了液相色谱（LC）与质谱法的联用技术。LC-MS 仪的研究开始于 20 世纪 70 年代，与 GC-MS 仪不同的是，LC-MS 仪似乎经历了一个更长的实践和研究过程，直到 20 世纪 90 年代才出现并被广泛接受。LC-MS 仪的联用，首先要解决的是真空的匹配问题。质谱仪要与一般在常压下工作的液相色谱仪相接并维持足够的真空，其方法只能是增大真空泵的抽速，维持高真空。所以现有商品的 LC-MS 仪中均增加了真空泵的抽速并采用了分段、多级抽真空的方法，形成真空梯度来满足接口和质谱仪正常工作的要求。除真空匹配外，LC-MS 技术的发展可以说就是接口技术的发展。LC-MS 体现了色谱仪和质谱仪的优势互补，将色谱对复杂样品的高分离能力，与质谱具有高选择性、高灵敏度及能够提供相对分子质量与结构信息的优点结合起来，在药物分析、食品分析和环境分析等许多领域得到了广泛的应用。

**工作原理**

液相色谱-质谱联用仪的原理主要涉及液相色谱和质谱两个核心部分。

（1）液相色谱（LC）部分

液相色谱是一种基于样品分子在液相中的分配和亲和性质进行分离的技术。在液相色谱-质谱联用仪中，样品首先溶解在流动相中，并通过色谱柱进行分离。色谱柱内填充有固定相，样品分子在固定相与流动相之间发生相互作用，使得不同分子在色谱柱中的移动速度不同，从而实现分离。

（2）质谱部分

质谱仪负责对经过液相色谱分离的样品进行检测和识别。样品分子在离子源中转化为气相离子，并通过一系列过程在质谱仪中进行检测。这些过程包括离子筛选、离子裂解和离子检测等。具体来说，质谱仪会扫描特定范围的离子，允许特定离子进入碰撞室。在碰撞室内，离子发生碰撞裂解，形成子离子。这些子离子进一步进入二级质谱仪进行扫描和检测，最终得到详细的质谱数据。

(3) 液相色谱-质谱联用原理

液相色谱-质谱联用的原理在于将液相色谱与质谱结合起来，利用两者的互补性实现复杂样品的分析。液相色谱通过不同极性的溶剂将样品中的化合物按照其在固定相和移动相之间的分配系数进行分离；而质谱则通过电离和质量分析，将分离后的化合物转化为离子，并测量其质荷比，从而实现对复杂样品中化合物的分析和鉴定，得到化合物的分子量、结构等信息。

液相色谱-质谱联用仪的组成主要由液相色谱仪、接口、质谱仪和数据处理与控制系统组成，如图5-8所示。液相色谱部分和一般的液相色谱仪基本相同，但一般不再有液相色谱仪的检测器，而是利用质谱仪作为色谱仪的检测器。在色谱部分，混合样品在合适的液相色谱条件下被分离成单个组分，然后进入质谱仪进行鉴定。

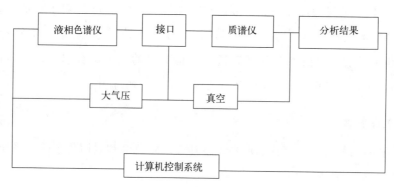

图 5-8　LC-MS 的示意图

液相色谱-质谱联用仪在发展过程中曾有多种接口提出，这些接口都有各自的优点和缺点，有的最终形成了被广泛接受的商品接口，有的则仅在某些领域，或有限的范围内被使用。本书仅对三种常用的液相色谱-质谱联用仪的接口做简要介绍。

① 热喷雾接口 (Thermospray，TS)

出现于 20 世纪 80 年代中期的热喷雾接口是一个能够作为液相色谱使用的"软"离子化接口，得到了比较广泛的应用。热喷雾接口的主要部件由能够加热的不锈钢毛细管组成,流动相经过不锈钢毛细管被加热时,体积膨胀,以超声速喷出毛细管形成由微小的液滴、粒子和蒸气组成的雾状混合物。被测物分子在此条件下可以生成离子并进入质谱系统。热喷雾接口的主要特点是可以适应较大的液相色谱流动相流速(约 $1.0 mL \cdot min^{-1}$),且较强的加热蒸发作用可以适应含水较多的流动相。热喷雾接口的使用局限于相对分子质量为 200~1000 的化合物,同时对热稳定性较差的化合物仍有比较明显的分解作用。

② 电喷雾电离接口(Electron Spray Ionization,ESI)

1984 年,Fenn 等人发表了他们在电喷雾技术方面的研究工作,这一开创性的工作引起了质谱界极大的重视。在其后的十几年中开发出的电喷雾电离(ESI)及大气压化学电离(APCI)商品接口是一项非常实用、高效的"软"离子化技术,被人们称为液相色谱-质谱联用技术乃至质谱技术的革命性突破。电喷雾电离接口具有如下一些特点:a. 高的离子化效率,对蛋白质而言接近 100%;b. 可用正、负离子化模式;c. 可使蛋白质生成稳定的多电荷离子,所以可使蛋白质相对分子质量测定值高达几十万甚至上百万;d. 热不稳定化合物可被测定,并具有高丰度的准分子离子峰;e. 气动辅助电喷雾技术在接口中的采用使得接口可与大流速(约 $1.0 mL \cdot min^{-1}$)的高效液相色谱仪联用;f. 仪器专用化学站的开发使得仪器在调试、操作、联机控制、故障自诊断等各方面都变得简单可靠。

电喷雾电离接口如图 5-9 所示,接口主要由大气压离子化室和离子聚焦组件构成。喷口一般由双层不锈钢同心管组成,外层通入氮气作为雾化气,内层输送流动相及样品溶液。除雾化气外,还有另一路加热的干燥氮气,有时也称氮气帘,引入离子化室,其作用是使液滴进一步细化,加速溶剂蒸发;形成气帘,阻挡中性分子进入毛细管;降低分子-离子的聚合作用。

离子化室和聚焦单元之间为一根内径为 0.5mm 的金或铂包头的玻璃毛细管,也可采用金属毛细管。这一毛细管可使离子化室和聚焦单元之间形成真空差,造成聚焦单元对离子化室的负压,而使由离子化室形成的离子进入聚焦单元。在毛细管入口处加 3~8 kV 的电压,此电压的极性可通过化学工作站方便地切换以造成不同的离子化模式。离子聚焦单元一般由两个锥形分离器和八极杆(或六极杆)组成。八极杆或六极杆被供给约 5 MHz 的射

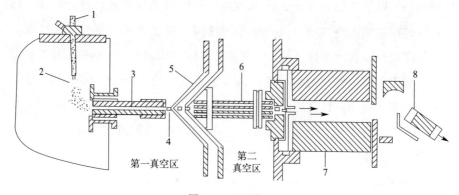

图 5-9 ESI 接口

1—液相色谱流出物入口；2—喷口；3—毛细管；4—CID 区；5—锥形分离器；
6—八极杆；7—四极杆；8—离子检测器

频电压以有效提高离子传输效率（>90%），灵敏度也有了较大幅度的提高。ESI 接口一般都有 2~3 个不同的真空区，由附加的机械真空泵抽气形成。第一真空区真空度为 200~400 Pa，第二真空区真空度为 20~40 Pa，这两个区域与喷雾室的常压区及质量分析器的真空区（前级 $10^{-4}$ Pa，后级 $10^{-6}$ Pa）形成真空梯度并保证稳定的离子传输。

由喷口流出的样品溶液及液相色谱流动相，经雾化作用被分散成直径为 1~3μm 的细小液滴。在喷口和毛细管入口之间设置的几千伏特的高电压的作用下，这些液滴由于表面电荷的不均匀分布和静电引力而被进一步细化。加热的干燥氮气使液滴中的溶剂快速蒸发，并使液滴缩小，表面电荷密度增大，当库仑排斥力大于表面张力时液滴爆裂，产生更小的液滴，液滴中的溶剂继续蒸发引起再次爆裂。此过程循环往复直至液滴表面形成很强的电场，将离子由液滴表面排入气相中。进入气相的离子在高电场和真空梯度的作用下进入毛细管，经聚焦单元聚焦，再送入质量分析器进行质谱分析。

碰撞诱导解离（CID）区是指毛细管出口与锥形分离器之间的真空区，它的气压与机械真空泵的抽速及通过毛细管的气体流速有关。该区的气压一般为 200~400 Pa，且比较稳定，是一个理想的分子离子碰撞诱导解离区。通过控制毛细管出口和锥形分离器之间的电压来控制碰撞能量，从而得到不同丰度的碎片离子。碰撞诱导解离电压通常在 50~400V 之间，在此电压下大多数化合物产生的碎片丰度较高。

③ 大气压化学电离接口（Atmospheric Pressure Chemical Ionization，APCI）

液相色谱的流出物引入雾化器，在雾化器中心毛细管出口处被雾化气 $N_2$ 碰撞变成气溶胶，气溶胶被辅助气吹入蒸发器汽化后进入 $N_2$ 电离反应区，在此区，电晕放电针在高压下放电，使空气中一些中性分子电离，产生 $H_3O^+$、$N_2^+$、$O_2^+$ 和 $O^+$ 等离子，溶剂分子也分解电离，这些离子与被测物分子进行分子-离子反应，使被测物离子化。

大气压化学电离接口的构成与电喷雾电离接口类似，但也有一些区别，如图 5-10 所示。与 ESI 接口相比，大气压化学电离接口的主要特点为：a. 增加了一根电晕放电针，施加 $\pm(1200\sim2000)$ V 的电压，可发射自由电子，从而使化合物离子化；b. 对喷雾气体加热，同时也加大了干燥气体的加热温度范围。由于对喷雾气体的加热以及离子化过程中流动相的组成对离子化影响较小，故可采用组成较为简单的含水较多的流动相。

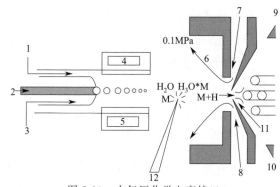

图 5-10 大气压化学电离接口

1—辅助气；2—试样入口；3—喷雾气；4，5—加热器；6~8—气帘；
9，10—低温外壳；11—锐孔；12—针状放电电极（电晕放电针）

在液相色谱-质谱的联用中，液相色谱仪必须与质谱仪相匹配，首先就是色谱流动相液流的匹配，包括液流的流速、稳定性等。另外，LC 必须提供高精度的输液泵，以保证在低流速下输液的稳定性。对于分析柱，则最好选用细内径的分离柱，与低流量 LC 相匹配，从根本上减轻 LC-MS 接口去除溶剂的负担。

在液相色谱-质谱联用仪中，质谱仪的真空系统必须具备很高的效率、大的排空容量，以利于将溶剂气最大限度地抽出质谱仪，避免它引入质量分析系统，对待测样品的分析造成干扰。质谱仪应当具有较宽的质量测定范围，利于大分子、蛋白质等生物样品的分析。质谱仪应当匹配多种接口，利于互换以适应不同的待测样品分析需求。

数据处理与控制系统是液相色谱-质谱联用仪结构中至关重要的组成部分。这部分通常包括高性能计算机和专用软件，用于收集、处理、分析和展示质谱数据。在质谱仪运行过程中，离子检测器产生的电信号会被数据采集系统记录并转化为数字信号。随后，这些数据会经过一系列的处理步骤，如基线校正、噪声过滤、峰识别、定量分析等，以提取出有用的化学信息。控制系统则负责协调整个液相色谱-质谱联用仪系统的运行。它确保液相色谱仪和质谱仪之间的协同工作，实现样品的自动进样、色谱分离、质谱检测和数据采集等步骤的无缝衔接。

**应用领域**

液相色谱-质谱联用仪结合了液相色谱仪有效分离热不稳定性及高沸点化合物的分离能力与质谱仪很强的组分鉴定能力，是一种分离分析复杂有机混合物的有效手段。它主要应用领域如下。

① 环境领域：用于水质、大气和土壤中有机污染物的检测和分析。通过对样品进行分离和质谱分析，可以确定有机污染物的种类和含量，评估环境污染的程度，并为环境保护和治理提供科学依据。

② 食品行业：用于食品中农药、兽药、添加剂等有害物质的检测和分析。通过对样品进行分离和质谱分析，可以确定有害物质的种类和含量，评估食品的安全性，并为食品监管提供科学依据。

③ 生物医学领域：用于蛋白质组学、代谢组学和脂质组学等方面的研究。通过对生物样品进行分离和质谱分析，可以获得大量的代谢物信息，了解生物体内代谢的变化，为疾病的诊断和治疗提供重要依据。

④ 药物分析：用于药物的质量控制、药代动力学研究、药物代谢研究等方面。通过对药物及其代谢产物进行分离和鉴定，可以了解药物在生物体内的代谢途径和代谢产物的结构，为药物研发和临床应用提供重要依据。

⑤ 新药研发：用于药物代谢动力学、药物结构鉴定。

## 电感耦合等离子体-质谱仪
(Inductively Coupled Plasma Source-Mass Spectrometer, ICP-MS)

电感耦合等离子体-质谱仪是一种将电感耦合等离子体技术和质谱技术结合在一起的分析仪器，使用电感耦合等离子体电离样品，一旦电离，构成样品的分子将根据其质荷比进行分离，并使用质谱仪进行量化。电感耦合等离子体-质谱仪具有样品制备和进样技术简单、质量扫描速度快、运行周期短、所提供的离子信息受干扰程度小等优点，对于大多数元素而言，有着极低的检出限，被公认为最理想的无机元素分析仪器。此外，电感耦合等离子体-质谱仪几乎可以分析元素周期表中所有金属元素，检测限在 1 ppq（每千万亿分之一），同时也可以分析绝大部分非金属元素。

**工作原理**

电感耦合等离子体-质谱仪工作的基本原理涉及两个主要过程：电感耦合等离子体的产生和质谱分析。

① 电感耦合等离子体的产生：电感耦合等离子体是通过电感耦合方式将射频能量传递给气体，使其电离并形成高温等离子体。在这个过程中，气体被加热至极高温度，导致原子和分子被电离成离子和电子。这种高温、高电离度的环境使得电感耦合等离子体成为理想的样品电离源。在电感耦合等离子体中，样品以气溶胶形式引入等离子体炬中，在高温环境下迅速蒸发、原子化、电离，产生大量的离子。

② 质谱分析：电离产生的离子随后被引入质谱仪进行分析。质谱仪通过施加电场和磁场将离子按照其质荷比（$m/z$）进行分离。在电场中，离子受到与其电荷量成正比的电场力作用，而在磁场中，离子则受到与其速度和电荷量有关的洛伦兹力作用。通过调整电场和磁场的强度，可以将不同质荷比的离子分别聚焦到检测器上，从而实现对离子的分离和检测。检测器将离子转化为电信号，并通过放大和记录系统生成质谱图。谱图中的谱峰位置与元素的种类相对应，可以用于定性分析；谱峰的大小（强度或高度）与特定

元素的浓度（含量）相对应，可以用于定量分析。

电感耦合等离子体-质谱仪主要由进样系统、离子源系统、质量分析系统、真空系统和数据处理系统组成，如图 5-11 所示。

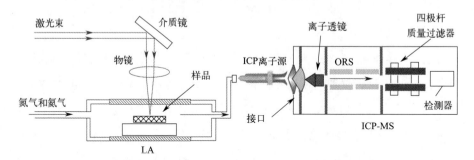

图 5-11　电感耦合等离子体-质谱仪示意图

（1）进样系统

用于将待测样品引入仪器，通常由自动进样器、雾化器等部件组成。自动进样器能够自动将样品溶液导入雾化器中，而雾化器则将样品溶液转化为气溶胶形式，以便进入等离子体进行电离过程。

（2）离子源系统

包括等离子体发生器、进样锥、束缚器和离子透镜等组件。等离子体发生器产生高温等离子体，将气溶胶中的样品原子或分子电离成离子。进样锥引导离子流进入束缚器，束缚器通过电场作用束缚离子流，使其呈现出紧凑的轴对称状态。离子透镜则将束缚的离子加速并聚焦，使其尽可能快速地进入质量分析系统。

（3）质量分析系统

通常由四极杆质量过滤器、离子光学系统、质量扫描器以及离子检测器等组成。四极杆质量过滤器根据离子的质荷比进行分离，离子光学系统则负责将这些离子传输到质量扫描器中进行检测。离子检测器将离子信号转化为电信号，以便进行后续的数据处理和分析。

（4）真空系统

为了保持质量分析系统的高灵敏度和稳定性，电感耦合等离子体-质谱仪需要在高真空状态下工作。真空系统通常由分子泵、机械泵、真空计等组成，用于维持仪器的真空度。

（5）数据处理系统

用于接收、处理和分析离子检测器输出的信号。通常包括放大器、模数转换器、数据处理软件等部件，可以对离子信号进行采集、处理、显示和存储等操作。

电感耦合等离子体-质谱仪工作时，通过进样系统将样品溶液雾化、气化和电离，将其引入电感耦合等离子体中。在高温和高速运动的条件下，样品中的原子或分子被电离成离子状态，产生不同质荷比的离子。这些离子经过质量分析器时，在磁场和电场的作用下，由于不同质量的离子具有不同的运动轨迹，因此被分离成不同的离子束。这些离子束进入检测器后，被转换为电信号并进行放大，最终形成离子的质谱图。通过与标准谱图进行比对，可以确定样品中元素的种类和含量。

**应用领域**

电感耦合等离子体-质谱仪具有高灵敏度、宽线性范围、多元素同时分析等优点，主要应用领域如下。

① 环境科学：用于环境样品（例如水、土壤、大气颗粒）中微量元素（如重金属、有机物）的分析和监测，从而评估环境污染程度和来源。

② 地质学：用于岩石、矿物和矿石样品中的微量元素分析，帮助研究地球化学循环、矿床形成以及地球演化过程。

③ 生物学和医学：用于生物样品（例如血液、尿液、组织）中的微量元素分析，如研究人体健康状况、营养评估和毒性分析等。

④ 食品和农业：用于食品、饮用水和农产品中微量元素（如微量金属、农药残留）的检测和分析，以保障食品安全和农产品质量。

⑤ 材料科学：用于材料样品（例如合金、半导体材料）中的微量元素分析，以研究材料的组成、纯度和性能。

⑥ 生命科学：用于生物样品中的稳定同位素分析，如放射性同位素示踪、地质年代学和生物地球化学研究等。

# 下 篇
# 专用分析仪器

# 第 6 章

# 生物技术专用分析仪器

生物实验室有不同的侧重和分类，如微生物实验室、细胞生物学实验室、分子生物学实验室、组织培养实验室等。不同的生物实验室，其常用的仪器也有所不同。一般来说，微生物实验室常用仪器有：恒温培养箱、霉菌培养箱、生化培养箱、超净工作台、高压灭菌器、烘箱、加热板、电炉、电子分析天平、磁力搅拌器、水浴锅、摇床、离心机、低温保存箱、移液器、pH 计、分光光度计、光学显微镜、扫描显微镜、均质器等。分子生物学以及细胞生物学实验室常用仪器有：二氧化碳培养箱、生物安全柜、低温保存箱、烘箱、高压灭菌器、分析天平、普通天平、移液器、离心机、倒置显微镜、PCR 仪、电泳仪、脱色摇床等。组织培养实验室常用仪器有：高压灭菌器、烘箱、摇床、光照培养箱、人工气候培养箱、分析天平、普通天平、超净工作台等。

从实验室工作流程来看，微生物实验室可分为样品保存、样品前处理、过程分析、清洗灭菌四个流程，不同的工作流程需要不同的仪器。

## 6.1 样品保存专用仪器设备

实验室样本保存的种类涵盖了生物大分子（如蛋白质和核酸）、细菌和酵母、细胞（包括贴壁和悬浮细胞）、血液和组织样本以及其他材料（例如试剂和组织液）。有效的样本保存对于确保实验结果的准确性、可靠性和可再现性至关重要。下面我们将简要介绍影响样品保存的因素以及必要的仪器和设备。

影响样品保存的因素如图 6-1 所示。

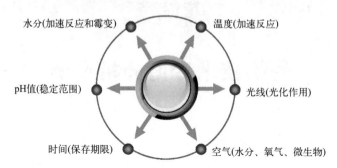

图 6-1　影响样品保存的因素

① 空气。空气对实验室样本保存有多种影响，主要包括潮解、微生物污染和自动氧化。首先，空气中的湿气和微生物可能导致样品吸湿和潮解，从而引发样品的变性和腐败。其次，某些样品在与空气中的氧接触时可能自发发生游离基链式反应，特别是还原性强的样品，如维生素 C 和巯基酶等，易于氧化变质和失活。因此，在实验室中，对于需要保存的敏感样本，必须采取适当的措施，如真空封装、惰性气体保护、低温储存等，以最大程度地减少空气对样本的不利影响。

② 光线。光线是一个重要的样品保存因素，当生物大分子受到光照时，可能会激活分子，不利于样品的保存，这种光引发的反应通常被称为光化作用，其结果可能包括样品的变色、氧化和分解等。日光中包含的紫外线的能量最大，对生物大分子的影响最显著，因此，为了保持样品的稳定性，通常需要采取避光保存的措施。

③ 温度。温度是样品保存的关键因素之一，不同的生物大分子具有各自的稳定温度范围，一般来说，温度每升高 10℃，氧化反应的速度可能会加快数倍，而酶促反应则可能增加 1~3 倍。低温有助于抑制氧化、水解以及其他化学反应，同时减缓微生物生长的速度，有助于保持样品的质量和可用性，因此，为了维持样品的稳定性，通常需要将大多数样品存储在低温环境中。

④ 水分。水分是样品保存中一个重要的考虑因素，它包括样品本身所含的水分以及从空气中吸收的水分。水分存在时，它可能参与到多种化学反

应中，包括水解、酶解、水合和加成等，这些反应可能加速氧化、聚合、分解以及导致霉菌的滋生。因此，对于需要长期保存的样品，必须采取控制水分的措施，以减少潜在的质量损失和变质风险，保持适当的湿度水平和使用干燥剂等方法都有助于维护样品的稳定性。

⑤ pH 值。保存液态样品时，适当的 pH 值控制有助于确保样品的稳定性和可靠性，从而保持实验结果的准确性，因此，要特别关注其稳定的 pH 值范围。通常可以通过文献、手册或实验来确定 pH 值范围，而正确选择适当种类和浓度的缓冲剂对于维持样品的 pH 值至关重要。

⑥ 时间。时间对于生化和分子生物学样品保存至关重要，样品不可能永久存活，不同的样品具有不同的有效期。因此，在保存样品时，必须标明日期，定期检查样品并采取必要的措施，如更换保存液、重新冻存或处理已过期的样品，有助于确保样品的质量和可用性，并避免损失和数据失真。

对于具有活性的待测物和活体检测等生物样品，正确的保存方法至关重要，以确保样品的准确性和避免化学变化的发生。为此，低温设备成为至关重要的工具，它们能够将样品冷藏或冷冻并维持在低温状态，为生物样本、基因组核酸样品、化合物等提供长期安全保障。低温设备通常在 0～−80℃ 的温度范围内运行，其中 0～−10℃ 适用于短期储存，而 −20～−80℃ 之间的超低温则适用于长期保存样品。常见的低温设备有实验室冰箱、冷藏库、冷冻库、液氮罐、超低温冰箱、冷冻干燥机和冷冻超声波浴等。

# 实验室冰箱（Refrigerators）

实验室冰箱是科学研究中不可或缺的设备之一，它为实验室中的样品、试剂和生物制品等提供了可靠的储存环境。

**工作原理**

实验室冰箱是专门为实验室环境设计的冷藏设备，工作原理如图 6-2 所示，工作时，压缩机压缩制冷剂气体，这将升高制冷剂的压力和温度，而冰箱外部的热交换线圈帮助制冷剂散发加压产生的热量。当制冷剂冷却时，制冷剂液化成液体形式，并流经安全阀。当制冷剂流经安全阀时，液态制冷剂从高压区流向低压区，因此它会膨胀并蒸发。在蒸发过程中，它会吸收热量，产生制冷效果。冰箱内的线圈帮助制冷剂吸收热量，使冰箱内部保持低温。然后，重复该循环。

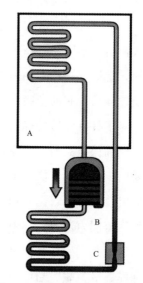

图 6-2　实验室冰箱工作原理图
A—低压区；B—压缩机；C—安全阀

实验室冰箱具有以下功能和特点。

温度控制精准：实验室冰箱能够精确控制储存空间的温度，通常在 2～8℃ 之间，以满足不同实验需求。温度的稳定性对于保护样品的完整性和可靠性至关重要。

冷却系统高效：实验室冰箱采用先进的冷却系统，能够快速降低储存空间的温度，并保持稳定。高效的冷却系统能够更好地保护样品和试剂的活性和稳定性。

安全可靠：实验室冰箱配备了安全措施，如温度报警系统和紧急断电开关，以确保在温度异常或电力故障时能及时发出警报并采取相应措施，保护储存的样品不受损害。

环境友好：实验室冰箱采用环保制冷剂和节能设计，减少对环境的负面影响。同时，它还具备噪声低、振动小等特点，不会对实验室的工作环境产生干扰。

在现代冰箱的发展史上，按照冰箱的制冷原理分类，可分为如下九类。

① 压缩式电冰箱 该种冰箱由电动机提供机械能，通过压缩机对制冷系统做功。制冷系统利用低沸点的制冷剂，蒸发时，吸收气化热的原理制成的。其优点是寿命长，使用方便，目前世界上 91%～95% 的电冰箱属于这一类。

② 吸收式电冰箱 该种冰箱可以利用热源（如煤气、煤油、电等）作为动力。利用"氨-水-氢"混合溶液在连续"吸收-扩散"过程中达到制冷的目的。其缺点是效率低，降温慢，现已逐渐被淘汰。

③ 半导体电冰箱 它是利用对 PN 型半导体通以直流电，在结点上产生珀尔帖效应的原理来实现制冷的电冰箱。

④ 化学冰箱 它是利用某些化学物质溶解于水时强烈吸热而获得制冷效果的冰箱。

⑤ 电磁振动式冰箱 它是用电磁振动机作为动力来驱动压缩机的冰箱。其原理、结构与压缩式电冰箱基本相同。

⑥ 太阳能电冰箱 它是利用太阳能作为制冷能源的电冰箱。

⑦ 绝热去磁制冷电冰箱 通过去磁和磁化达到吸热和散热的目的的冰箱。

⑧ 辐射制冷电冰箱 使用有助于推动辐射制冷过程的材料，材料的表面会以恰当的平衡来吸收、散发和反射热。

⑨ 固体制冷电冰箱 中科院已在研究一种塑性晶体材料——新戊二醇，这种材料可以作为冰箱的新型固态制冷剂。塑性晶体可作制冷剂的优势是，当塑性晶体在外力的影响下，它内部的分子排列会发生变化，这时它不仅会改变形状，还会产生较大的能量变化，从而改变温度。传统冰箱采用的是压缩机来控制压力，使液态制冷剂改变形态和温度，来调节冰箱内温度的机制，塑性晶体取代了传统的液态制冷剂，起到调节温度的作用。

**应用领域**

实验室冰箱作为科学研究中的重要设备，为实验室提供了可靠的样品、试剂和生物制品储存环境，其功能和特点使其成为科学研究中不可或缺的工具，保护了实验结果的准确性和可重复性，在科学研究中扮演着重要的角色。

① 样品储存：实验室冰箱提供了稳定的低温环境，可用于储存各种样品，如细胞、DNA、RNA、蛋白质等。低温储存可以延长样品的保鲜期，保持其活性和稳定性，为后续实验提供可靠的样品来源。

② 试剂保存：实验室冰箱能够确保试剂的质量和活性，防止其受到光、热、湿等因素的影响。试剂的稳定性对于实验结果的准确性和可重复性至关重要，实验室冰箱为科学研究提供了可靠的试剂保存环境。

③ 生物制品保护：实验室冰箱在生物制品的储存和运输中起到了关键的作用。生物制品如疫苗、血液制品等对温度要求非常严格，实验室冰箱能够提供稳定的低温环境，确保生物制品的质量和安全性。

④ 实验室安全：实验室冰箱的温度报警系统能够及时发出警报，提醒实验人员温度异常，避免样品受损或实验失败。同时，实验室冰箱还能够防止有害物质的泄漏，保护实验室人员的安全。

# 冷库

冷库是一种专门用于储存和保持低温环境的设备，分为冷藏库和冷冻库，冷藏库通过控制环境温度和湿度，提供低温环境以延长样品的保鲜期，温度通常保持在 0~8℃ 之间。冷冻库可以根据需要调整储存温度，通常是在 −25~−18℃ 之间。

**工作原理**

冷库制冷是通过制冷机组将热从冷库内部移出，使得冷库内部的温度降低，从而实现冷藏和冷冻的目的，通常通过循环制冷剂来实现制冷的过程。制冷剂是一种特殊的物质，它可以在低温下蒸发吸收热量，然后在高温下冷凝释放热量。

冷库工作时，如图 6-3 所示，液体制冷剂在蒸发器中吸收被冷却的物体热量之后，汽化成低温低压的蒸气，被压缩机吸入，压缩成高压高温的蒸气后，排入冷凝器，在冷凝器中向冷却介质（水或空气）放热，冷凝为高压液体，经节流阀节流为低压低温的制冷剂，再次进入蒸发器吸热气化，达到循环制冷的目的。这样，制冷剂在系统中经过蒸发→压缩→冷凝→节流四个基本过程完成一个制冷循环。

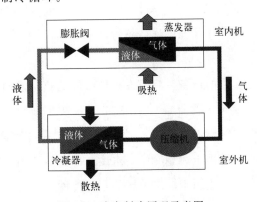

图 6-3 冷库制冷原理示意图

冷库的核心是制冷系统，压缩机、蒸发器、膨胀阀（节流阀）和冷凝器是其中必不可少的四大件，如图6-4所示。

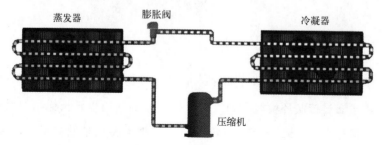

图6-4　冷库的核心组成

（1）压缩机

压缩机吸入蒸发器的低温低压气体，将其压缩为高温高压气体，送入冷凝器，是制冷系统的心脏，起着吸入、压缩、输送制冷剂蒸气的作用。常见压缩机类型如图6-5所示，有涡旋压缩机、活塞压缩机、螺杆压缩机等。

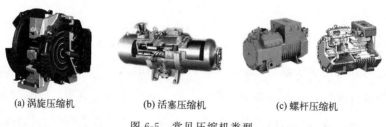

图6-5　常见压缩机类型

涡旋压缩机体积小，噪声小，适用$1000m^3$内小型保鲜库，造价高；活塞压缩机造价低，应用范围广，易损件较多，噪声大；螺杆压缩机易损件少，易维护，用于大冷库和速冻库，造价高。

（2）冷凝器

冷凝器是放出热量的设备，将蒸发器中吸收的热量连同压缩机功所转化的热量一起传递给冷却介质带走。制冷剂在冷凝器内放热变为液体，且压力恒定，等于压缩机排气压力（高压），如图6-6所示是冷凝器的三种类型。

蒸发式冷凝器，适用于大型冷库。水冷式冷凝器适用于有水地区的大中型冷库，风冷式冷凝器适用于缺水地区的小型冷库。

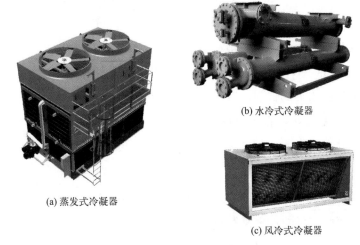

图 6-6 冷凝器的三种类型

（3）蒸发器

蒸发器是输送冷量的设备，气液混合制冷剂在蒸发器内吸热，蒸发为气体，且压力恒定，等于吸气压力（低压）。

（4）膨胀阀（节流阀）

膨胀阀（节流阀）对制冷剂起节流降压作用，同时控制和调节流入蒸发器中制冷剂液体的数量，并将系统分为高压侧和低压侧两大部分。

实际冷库制冷系统中，除上述四大件之外，还有一些辅助设备，如电磁阀、分配器、干燥器、集热器、易熔塞、压力控制器等部件，它们是为了提高运行的经济性，可靠性和安全性而设置的。

**应用领域**

冷库在生物技术领域发挥着关键作用，为生物样本和试剂的保存提供了稳定的温度环境，用于存储和保持各种生物样本和试剂的质量和稳定性，有助于维护生物技术实验的可靠性。

① 生物样本存储：用于存储各种生物样本，包括血液、血清、组织样本、细胞培养物和细菌培养物。这些样本可能包含重要的生物信息，例如遗传信息或生物标志物，因此需要在低温下保存以保持其完整性和可用性。

② 药物和疫苗储存：制药公司使用冷藏库来存储药物和疫苗，以确保

它们的药效和安全性。这对于研发、生产与分销药物和疫苗至关重要。

③ 生物制品储存：用于存储生物制品，如酶、抗体、蛋白质和核酸样本。这些制品常用于分子生物学、免疫学和生物化学实验中。

④ 细胞培养：在细胞培养实验中，冷库可用于储存培养细胞、细胞培养基和其他细胞相关的试剂，以维持细胞的健康和活力。

⑤ 生物样品分析：在生物样品分析中，冷库可以用来储存样品，以在分析前保持其完整性。这包括分子生物学技术、基因测序、蛋白质质谱分析等应用。

⑥ 科研实验室：科研实验室广泛使用冷库来存储各种实验用样本和试剂，以确保实验结果的可重复性和准确性。

⑦ 基因库和生物样本库：冷库用于存储大规模的生物样本，如基因库、细胞库和生物样本库，以支持基因研究和生物样本研究项目。

# 液氮罐（Liquid Nitrogen Dewars）

液氮罐是一种用于储存和运输液态氮的设备，它能够将氮气冷却至极低的温度，使其变成液态。液氮是一种非常低温的液体，其沸点为$-196℃$，适用于冷冻细胞、组织和生物标本。液氮罐是依据1898年英国科学家杜瓦发明的真空夹套绝热原理制造的，又叫液氮生物容器，它科学地解决了液氮储存时容器由于热对流、热传导和热辐射引起的液氮大量蒸发损失的难题。

**工作原理**

液氮罐的工作原理主要涉及液态氮的制备、储存和保温等方面。下面将详细介绍液氮罐的工作原理及其相关过程。

（1）液氮的制备

液态氮是通过将气态氮冷却至其沸点以下的温度而得到的。一般情况下，液氮是分离压缩空气中的氮气，然后通过冷却和加压的过程来制备的。在液氮罐中，气态氮进入内层容器，并在压力的作用下被冷却至液态。

（2）液氮的储存

液氮在内层容器中被储存起来。内层容器通常由不锈钢或其他耐腐蚀材料制成，以确保液氮的安全储存。内层容器具有良好的密封性能，以防止液氮的挥发和泄漏。

（3）绝缘层的保温

液氮罐的外层是一个绝缘层，用于保温。绝缘层通常由多层材料构成，例如聚苯乙烯泡沫、玻璃纤维等，以减少热的传导和散失。这样可以有效地保持液氮的低温状态，并延长液氮的储存时间。

液氮罐一般可分为液氮储存罐、液氮运输罐两种，如图6-7所示。

**应用领域**

液氮罐在生物技术领域发挥着关键作用，它们提供了一种有效的方法来保存和保护各种生物样本和材料，以支持科学研究、医学诊断和其他生物技

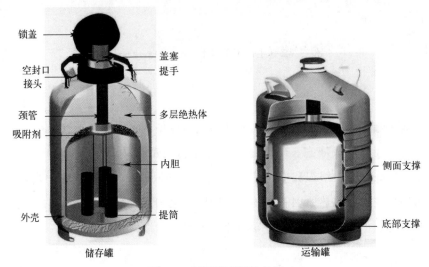

图 6-7 不同类型的液氮罐

术应用。

① 细胞冻存：液氮罐用于储存生物样本，如细胞、细菌、真菌、昆虫、植物和动物组织等。通过将样本置于液氮中，可以将它们迅速冷冻到非常低的温度（约 $-196$ ℃），从而阻止细胞活动和分解，以便长期保存。

② 生物样本库：液氮罐常用于创建生物样本库，这些库可以用于医学研究等领域。这些库可以包含大量不同类型的生物样本，以供科学家进行研究和分析。

③ 冷冻保存生物材料：在生物技术研究中，经常需要冷冻保存各种生物材料，如酶、抗体、核酸、蛋白质等。液氮罐提供了一个极低温度的储存环境，可以确保这些生物材料的长期稳定性。

④ 冷冻保存胚胎和生殖细胞：在动物繁殖和生育研究中，液氮罐用于保存动物胚胎、精子和卵子。这对于繁殖计划、遗传改良和保护濒危物种等方面的研究至关重要。

⑤ 细胞培养实验：在细胞培养实验中，液氮罐可用于冷冻保存细胞系，以备将来的实验使用。这有助于确保细胞系的长期稳定性，减少变异，并方便重复实验。

# 超低温冰箱（Ultra-Low Temperature Freezers）

超低温冰箱是专门用于储存高价值的生物样本和制品，提供稳定的低温环境、精确的温度控制和多重安全保护，以确保样品的最佳储存状态的设备，温度通常可达－80℃，有些甚至可降至－150℃左右。自2006年，自主创新的中国第一台超低温冰箱诞生以来，通过十余年的发展，特别是生物样本库的兴起，中国的超低温冰箱发展迅猛，广泛应用于医疗卫生、教学科研、疾控防治、检验检疫等领域。

**工作原理**

超低温冰箱的制冷系统基本采用复叠式制冷的工作原理，如图6-8所示，选用两台全封闭压缩机作为高、低温级压缩机使用，通过热量接力的方式实现超低的柜内温度，高温级压缩机负责实现－40℃的初级制冷，通过中间热交换器的作用，与低温级压缩机进行热量交换，而低温级负责实现－80℃的二级制冷。

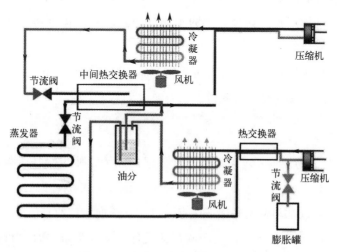

图6-8 双机复叠式制冷的工作原理

低温级蒸发器的紫铜管以盘管形式直接盘附于内箱体外侧，并用导热胶泥填堵于盘管与箱壁之间的缝隙中，以增加热交换效果。冷凝蒸发器为壳管式结构，内部为四管螺纹型紫铜管，采用逆流式热交换方式。此外，低温级蒸发器会加配气热交换器，可使从蒸发器出来的低压气体同进入冷凝蒸发器前的高压气体进行热交换，这样不但减少了冷凝蒸发器的热负荷，而且充分利用了热量。

超低温冰箱通过上述制冷系统，可以室内温度降至最低－150℃，从而实现对生物样本、制品等高价值物品的长期储存与保护。同时，超低温冰箱还配备了准确的温度控制系统、多重安全防护措施等，保证样品的安全性和完整性。

根据不同的冷却方式和应用范围，可以将超低温冰箱分为以下几类。

压缩机式超低温冰箱：是最常用的超低温制冷设备，通常使用制冷剂为氟利昂或环戊烷，可储存最低达－150℃的样本。

吸附式超低温冰箱：电源要求低，负载几乎没有冷却后的恢复时间延长，易于维护和保养。

液氮式超低温冰箱：通过液氮提供超低温制冷，可以储存非常低温的样本，但需要定期补充液氮，并且运行成本相对较高。

液态气体制冷超低温冰箱：采用液态氮、液态氦等制冷，主要用于一些特殊需求的应用场景，如极灵敏的生物分子测定和气体杂质的物理性质探索，运行成本较高。

另外，依据应用范围，可分为生物制品储存超低温冰箱、疫苗储存超低温冰箱、兽医应用超低温冰箱等。

**应用领域**

① 保存生物样本：可以提供非常低温的环境，使生物样本得到最佳的保存和保存时间延长。例如，病毒、细胞、血清、DNA、RNA等高度敏感的生物样本可以在超低温环境下保存，以达到长期保存的目的。

② 保存药品和制剂：药品和制剂的活性物质在温度较高或湿度变化的情况下容易失活或降解，因此需要在低温下进行储存，以保持其活性。超低温冰箱可以保存一些特殊药品和制剂，如疫苗、生物制品等，从而确保其安

全性和稳定性。

③ 科学研究：生物样本是科学研究的重要材料，例如样本库、冷冻切片库等可以保存大量生物样本供科学家使用。超低温冰箱可以在不同温度和湿度下保存多种生物样本，便于科学家们进行研究和探索。

④ 医学应用：在医学领域中有广泛应用，例如对一些组织、器官和细胞等进行长期保存，以备将来的医学使用。

## 6.2 样品前处理专用仪器设备

### 移液器（Pipette）

移液器也叫移液枪，是在一定量程范围内，将液体从原容器内移取到另一容器内的一种计量工具。

**工作原理**

移液器在实验室中因为基本结构简单、使用方便而得到广泛应用，其基本结构如图 6-9 所示，主要有显示窗、容量调节部件、活塞、O 形环、吸引管和吸头（吸液嘴）等几个部分。常用的移液器的设计依据是胡克定律，即在一定限度内弹簧伸展的拉力与弹力成正比，也就是移液器内的液体体积与移液器内的弹簧弹力成正比。

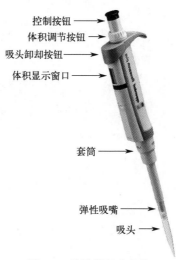

图 6-9 移液器基本结构

移液器根据工作原理可分为空气置换移液器与正向置换移液器；根据能够同时安装吸头的数量可将其分为单通道移液器和多通道移液器[图 6-10

(a)]；根据刻度是否可调节可将其分为固定移液器和可调节式移液器；根据调节刻度方式可将其分为手动式移液器和电动式移液器[图 6-10(b)]；根据特殊用途可将其分为全消毒移液器、大容量移液器、瓶口移液器、连续注射移液器等。

(a) 单通道移液器和多通道移液器　　(b) 手动式移液器和电动式移液器

图 6-10　移液器的分类

**移液小技巧**

(1) 预润湿吸液

黏稠液体可以通过吸头预润湿的方式来达到精确移液，先吸入样液、打出，吸头内壁会吸附一层液体，使表面吸附达到饱和，然后再吸入样液，最后打出液体的体积会很精确。

(2) 正向吸液

正向吸液是在操作时将按钮按到第一档吸液，缓慢地释放按钮，放液时先按下第一档，打出大部分液体，再按下第二档，将余液排出，如图 6-11(a) 所示。

(3) 反向吸液

反向吸液是指吸液时将按钮直接按到第二档再释放，这样会多吸入一些液体，打出液体时只要按到第一档即可，如图 6-11(b) 所示。多吸入的液体可以补偿吸头内部的表面吸附，反向吸液一般与预润湿吸液方式结合使用，适用于黏稠液体和易挥发液体。

**应用领域**

移液器在生物技术研究中是不可或缺的工具，用于精确地分配和转移液

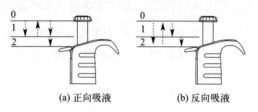

图 6-11　正向吸液（a）和反向吸液（b）

体，通常涉及微升到毫升的液体体积，从而确保实验结果的可靠性和准确性。以下是一些移液器在生物技术中的应用示例。

① PCR（聚合酶链反应）：在 PCR 实验中，移液器用于分配 DNA 模板、引物、酶和反应缓冲液，以确保反应体系中每个成分的准确浓度和体积。

② 细胞培养：在细胞培养实验中，移液器用于分配培养基、抗生素、生长因子和细胞悬液，以维持细胞的生长和增殖。

③ RNA 和 DNA 提取：在分子生物学实验中，移液器用于转移和混合不同试剂，以提取 RNA 和 DNA。

④ 酶反应：在酶反应中，如酶切和酶联免疫吸附法（ELISA），移液器用于准确分配反应物质，以确保实验结果的可重复性。

⑤ 分子克隆：在分子克隆实验中，移液器用于转移 DNA 片段、连接酶、质粒和细胞，以构建重组 DNA。

⑥ 蛋白质纯化和定量：在蛋白质研究中，移液器用于分配不同浓度的蛋白质样本，以进行纯化、浓缩和定量。

⑦ 基因编辑：在 CRISPR-Cas9 基因编辑实验中，移液器用于分配 Cas9 蛋白质、sgRNA（单导 RNA）和细胞以进行基因编辑。

⑧ 实时荧光定量 PCR(qPCR)：在 qPCR 实验中，移液器用于分配 PCR 反应混合物，以进行基因表达定量分析。

⑨ 高通量筛选：在高通量筛选实验中，移液器用于分配试剂到多个微孔板或微孔板中的多个孔，以测试化合物的生物活性。

⑩ 常规实验：在生物技术实验中的许多常规操作中，如制备试剂、混合反应物质、制备样品等，都需要移液器以提高实验效率和准确性。

# 离心机（Centrifugal Machine）

离心机是一种利用离心力分离混合物的设备，是基于牛顿第二定律，即力等于质量乘加速度。离心机通过高速旋转的离心轴（旋转转子）产生离心力，把混合物分离成不同密度的组分。

**工作原理**

当悬浮在液体中的微小颗粒静止不动时，重力会逐渐使得这些颗粒下沉。这个过程中，颗粒的重量越大，下沉速度越快；而相对来说，密度比液体小的颗粒则会上浮。微粒在重力场中的运动速度取决于其大小、形态和密度，以及重力场的强度和液体的黏度。此外，物质在液体中沉降时通常伴随着扩散现象。扩散是一种无条件的过程，其速率与微粒的质量成反比，也就是说，颗粒越小，扩散越严重。对于直径小于几微米的微粒，比如病毒或蛋白质，它们在溶液中往往以胶体或半胶体的状态存在，因此仅仅依靠重力是无法观察到它们的沉降过程的。这是因为颗粒越小，其沉降速度越慢，而扩散现象则变得更加显著。因此，需要利用离心机高速旋转产生强大的离心力，以迫使这些微粒克服扩散并进行沉降运动。

离心机利用旋转转子产生的强大离心力（图 6-12），加速液体中颗粒的沉降速度，从而实现样品中不同沉降系数和密度的物质的分离。离心力是一种惯性力，其大小与物体的质量、旋转半径和旋转速度有关，可以通过以下公式计算：

图 6-12　离心力

$$离心力 = (4\pi^2 \times r \times n^2)/g$$

式中，$r$ 是离心半径，指样品与离心机转轴的距离；$n$ 是转速；$g$ 是重力加速度。

由此可知，转速越高，离心力越大。而离心半径则指样品与离心机转轴的距离，离心半径越大，离心力也越大。因此，在离心力的作用下，样品中的物质根据其密度差异被分离到离心管的不同位置，较重的物质会沉淀在离心管底部，较轻的物质则浮在顶部。通过合理选择离心参数，可以实现多种不同物质的分离。

离心分离获得的加速度表示为地球重力加速度（$g$）的倍数。根据它们可达到的加速度值，将离心机分为台式（最大 $15000g$），高速冷冻离心机（最大 $50000g$）和超速离心机（最大 $500000g$）。由于超速离心机可以在寒冷条件下和真空中运行，因此非常适合分离大分子，如蛋白质、核酸和碳水化合物。旋转转子产生的径向力也可以相对于 $g$ 表示为相对离心力（RCF）或 $g$ 力。

离心机的结构如图 6-13 所示，主要由机座、旋转转子、电机和控制系统组成。机座为离心机支承部分，通常为钢制结构，稳定可靠。旋转转子是离心机主要部分，用于盛放样品，通常为玻璃或者塑料等材质制成。其内部通常设有多个离心槽，样品或物体放置在离心槽中。转子电机提供旋转转子高速旋转的动力，通常采用无刷电机，以降低噪声和振动。控制系统用于控制离心机转速、时间、温度等参数，通常采用微处理器控制，可精确控制实验条件。当离心机启动后，转子开始高速旋转，产生的离心力使得样品或物体受到向外的加速度。离心机内部的样品在离心力作用下向转子边缘移动，形成不同层面的沉淀，根据样品或物体的质量和形状不同，离心力会使其在离心机中发生分离或沉淀。

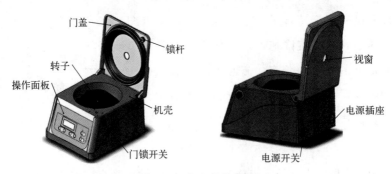

图 6-13 离心机的结构

离心机在生命科学、医学、化学、环境科学和工业生产等领域都发挥着重要作用，为分离、纯化、浓缩和分析样品提供了高效可靠的方法。

**应用领域**

① 生物医学研究：用于分离血液中的血细胞、蛋白质、DNA 和 RNA 等生物分子，从而进行疾病诊断、药物开发和基因研究。

② 制药工业：用于制备药物、分离悬浮物质、提取生物制剂和纯化药物成分。

③ 生物化学：在分子生物学、细胞生物学和生物化学研究中，离心机被用来分离和纯化细胞器、蛋白质和核酸。

④ 环境科学：用于分离和浓缩水样、土壤样品中的微生物、污染物和颗粒物，以便进行环境监测和分析。

⑤ 食品工业：用于提取和分离食品中的油脂、蛋白质、维生素和其他成分，以及检测食品中的微生物和污染物。

⑥ 制备纳米材料：用于纳米颗粒的制备和分离，以及纳米材料的纯化和浓缩。

⑦ 药物递送系统：用于制备纳米颗粒药物载体和微胶囊，用于药物递送和控释。

⑧ 医学诊断：用于分离和浓缩生物标志物、病毒和细菌，以进行临床诊断和检测。

# 冷冻干燥机（Freeze Dryers）

冷冻干燥机简称冻干机，是一种利用升华原理，将含水的物质进行低温冻结，于真空环境下使固体的冰直接升华成气体除去，得到含水非常少，具有复水性的冻干物质，通过冻干机处理可以加强物料的稳定性，能长期保存物质，防止干燥物质的理化和生物学方面的变性。

**工作原理**

冷冻干燥是将被干燥的物质在低温下快速冻结，然后在适当的真空环境下，使冻结的水分子直接升华成为水蒸气逸出的过程。冷冻干燥得到的产物称作冻干物（lyophilizer），该过程称作冻干（lyophilization）。物质在干燥前始终处于低温（冻结状态），同时冰晶均匀分布于物质中，升华过程中不会因脱水而发生浓缩现象，避免了由水蒸气产生泡沫、氧化等副作用。干燥物质呈干海绵多孔状，体积基本不变，极易吸水而恢复原状。

冷冻干燥机如图 6-14 所示，由制冷系统、真空系统、加热系统、电器仪表控制系统所组成，主要部件为干燥箱、凝结器、冷冻机组、真空泵、加热/冷却装置等。它的工作原理是将被干燥的物品先冻结到三相点温度以下，然后在真空条件下使物品中的固态水分（冰）直接升华成水蒸气，从物品中排除，使物品干燥。物料经前处理后，被送入速冻仓冻结，再送入干燥仓升华脱水，之后在后处理车间包装。真空系统为升华干燥仓建立低气压条件，加热系统向物料提供升华潜热，制冷系统向冷阱和干燥室提供所需的冷量。

**应用领域**

冷冻干燥机是一种用于将样品冷冻并通过升华将其转化为干燥粉末或冻干片的设备，有助于维持生物样本和生物制品的稳定性，延长其保存期限，并支持多种生物技术实验和应用，以下是冷冻干燥机在生物技术中的主要应用领域。

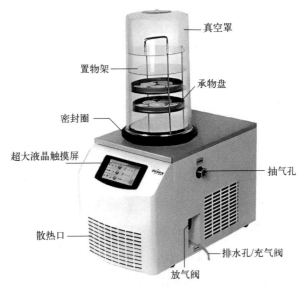

图 6-14 冷冻干燥机的结构

生物样本的保存和储存：冷冻干燥机用于将生物样本，如细胞、组织、血清和血浆，冷冻并干燥，以延长其有效储存期限。这有助于保存生物样本的完整性和稳定性，特别是在需要长期保存的情况下。

制备生物样本：在分子生物学和生化实验中，冷冻干燥机用于制备生物样本，如细胞提取物、蛋白质、核酸和酶。通过冷冻干燥，可以将这些样本从液态状态转化为干燥粉末，方便存储和运输。

药物制剂的制备：制药工业使用冷冻干燥机来制备药物制剂，特别是对于那些不稳定或需要长期保存的药物。这有助于延长药物的保质期和稳定性。

制备微生物培养物：冷冻干燥机用于制备微生物培养物，如细菌、酵母和真菌培养物。这有助于维持微生物培养物的保存期限，以备将来使用。

生物样品的运输：冷冻干燥允许将生物样本转化为轻便、稳定的形式，适合长途运输和国际运送，从而支持科学研究和诊断实验。

制备疫苗和免疫制剂：在制备疫苗和免疫制剂时，冷冻干燥机用于制备和保存疫苗成分，以确保其长期稳定性和有效性。

# 均质机（Homogenizer）

均质机是将液态物料中的固体颗粒打碎，使固体颗粒实现超细化，并形成均匀的悬浮乳化液的机械设备，通用名称包括均质器、匀化器、匀浆器、细胞裂解仪、高剪切混合器、转子定子均质器、分散器、超声波发生器和组织破碎器等。均质机是在用实力打破"不可能"，通过挤压、强烈冲击、非挤压膨胀的三重作用，把原本不能均匀混合的物料轻松混合，能够快速地获得小颗粒的液滴和固体颗粒，从而防止或减少物料液的分层。1900 年，在巴黎举办的世界博览会上，奥古斯特·高林（Auguste Gaulin）展出了由他发明的用于均质牛奶的装置，第一次使用了"Homogenized"（均质）这个词。此后，"均质"、"均质机"、"乳化器"等这些词都是与 Gaulin 研制的装置和工艺密不可分的。当今，世界各国生产的林林总总的均质器械，结构上尽管各有差异，究其基本原理，与 Gaulin 应用的原理所差无几。

**工作原理**

均质机通过机械作用或流体力学效应产生高压、挤压、失压等力学作用，经过缝隙的物料，由于瞬间失压而以极高的速度喷射出，撞击到均质部件上，产生了剪切、撞击和空穴三种效应，实现对物料的细化和均质。在均质过程中，产生层流效应，较高速度的物料流经均质腔缝隙时由于极大的速度梯度，会产生剧烈的剪切作用。分散相颗粒或液滴在强剪切力的作用下将发生变形，当剪切力大到一定程度时，分散相中的液滴发生破碎。受到湍流效应影响，物料流经缝隙时以极高的流速撞击到冲击环上，造成液滴破碎。受到空穴效应的影响，物料以较高的速度流经均质腔的缝隙时，形成极大的压力降。当压力降低到物料的饱和蒸气压时，液体开始沸腾并发生极速汽化，形成大量气泡。当物料流出均质腔时，压力又迅速增大，气泡突然破裂释放出能量，引起局部液压冲击和振动，有助于实现物料的均匀分布。

均质机由电机、减速机和破碎机组成。当电机开始运转，动力传给减速机，减速机的转速变慢，但功率增大，从而将动力传给破碎机，破碎机内部设有一个旋转的刀盘，当物料进入破碎机时，刀盘会将物料破碎成细小的颗粒，从而达到均质的要求。

按工作原理、设备结构的不同，均质机具体又在不同应用领域细分，高剪切均质机、高压（或活塞泵）均质机、微射流均质机、超声波均质机是几种最常见的类型。

(1) 高剪切均质机

高剪切均质机指线速度达到 40～66 m/s 的剪切式均质机，破碎预混物成分的主要能量来源是机械功。如图 6-15 所示，采用桨、锥体和叶片等旋转部件代替阀门，通过将转子与适当的定子耦合来产生均化的理想环境，运动部件产生的机械撕裂是驱动均化过程的原因。

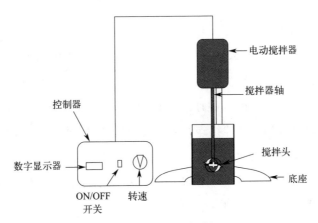

图 6-15　高剪切均质机

如图 6-16 所示，其主要工作部件为由 1 级或多级相互啮合的定转子组成的剪切头，其中每级定转子又有数层齿圈。高剪切均质机工作时，转子高速旋转产生强大的离心力，形成强负压区，物料由此被吸入工作腔内，在定、转子间隙内受到剪切、离心挤压、撞击撕裂和湍流等综合作用，使分散相颗粒或液滴破碎。随着转齿的线速度由内圈向外圈逐渐增高，粉碎环境不断改善，物料在向外圈运动过程中受到越来越强烈地剪切、摩擦、冲击和碰撞等作用而被粉碎得越来越细，同时物料进入工作腔时产生的大量气泡也会随着压力的升高而破裂，产生空穴效应，使软性、半软性颗粒被粉碎，或硬性团聚的细小颗粒被分散。在这过程中，剪切力起主导作用，因此更适用于含纤维较多或者较硬的颗粒物料。

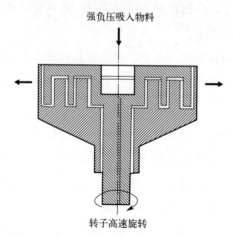

图 6-16　由相互啮合的定转子构成的剪切头

(2) 高压均质机

高压均质机是由一个高压柱塞泵及特殊构造的均质阀组成,如图 6-17 所示。物料在柱塞泵的往复运动的作用下,输送到一个大小可调的阀组中,由于受到极强的压缩作用,在通过限流狭缝时,产生了强烈的剪切力使得分散颗粒和液滴被剪切和延伸拉碎,而后瞬间失压的物料以极快的速度撞击在撞击环上,产生高速的撞击作用,并以极高的流速喷出(1000m/s,高可达 1500m/s),强烈释放的能量和强烈的高频振动引起空穴爆炸,使团聚的物料达到均质、粉碎和乳化的效果。

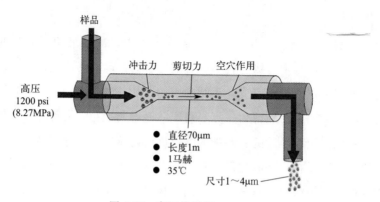

图 6-17　高压均质机

（3）微射流均质机

微射流均质机是近年来迅速发展起来的一类均质机，主要由均质腔和增压机构组成，均质腔内部通常为"Z"形或"Y"形的微通道（图6-18），孔道大小在50μm到几百微米之间。工作时，在增压机构的作用下，利用液压泵产生的高压，流体经过孔径很微小的阀芯，产生几倍声速的流体，并在均质腔的微通道中快速通过，与相反方向的另一股射流进行强烈的高速撞击，产生的剪切力作用于纳米大小的细微分子，从而使流体的成分细化、均质化。

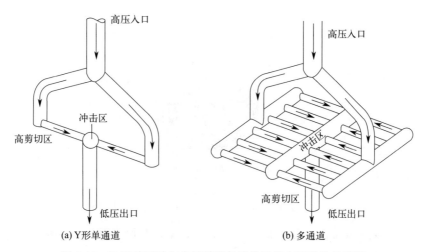

图6-18　Y形单通道与多通道微射流均质机内部结构示意图

与均质阀式的高压均质机相比，微射流均质机均质压力控制是通过调节电机频率控制流速达到的。缝隙通道固定，流速越大，压力越高，剪切、碰撞力越强，均质效果也就越好。由于流速相比孔隙大小更易控制，微射流均质机能够产生更高的均质压力，使介质的颗粒极度细化，颗粒粒径可达100nm以内，并且均质后的产品还具有不沉淀、高胶状、高稳定性等优点，适用于普通纳米均质分散领域以及高附加值的化妆品、纳米新材料、食品、石墨烯、药品、纳米乳/脂质体、纳米混悬液的制备领域。但由于其孔隙易堵，不适用于高黏度浆料的细化均质。

（4）超声波均质机

超声波均质机是混合和均质固液和液液悬浮液的强大工具（图6-19），

工作原理是以空化为基础，通过精确控制超声波发射头的振幅，用以降低软硬颗粒的粒度。当液体接触到超声波时，声波会在液体中传播，导致交替产生高低压循环。在低压循环期间，随着液体蒸气压力的升高，会在液体中产生高强度的小真空气泡。当气泡达到一定的大小时，会在高压循环期间破裂，而破裂产生的局部高压会形成高速液体射流，震荡导致颗粒之间的相互剧烈碰撞，实现非常好的空化效果。

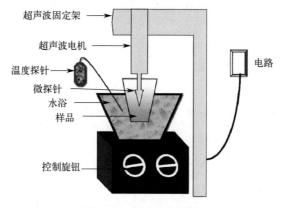

图 6-19 超声波均质器

不同类型的均质设备在工作原理、设备结构和应用领域上存在差异，选择适合的均质设备需要考虑物料的性质、处理要求和应用需求等因素。

**应用领域**

均质机作为将不均匀混合物搅拌和均匀分散的设备，在生物技术应用领域中发挥着关键作用，帮助研究人员和生产商实现样本处理、成分混合和制剂制备的均匀性和一致性，从而推动了生物技术和相关领域的发展。以下是一些生物技术领域中均质机的应用。

① 细胞破碎和 DNA/RNA 提取：用于破碎细胞和组织样本，以提取 DNA、RNA 和蛋白质。这是分子生物学和基因组学研究中常见的步骤，用于分析生物样本中的核酸和蛋白质。

② 细胞培养媒质制备：在细胞培养实验中，用于混合和均匀分散培养基中的成分，确保细胞培养条件的一致性。

③ 疫苗制备：制备疫苗时，需要将病原体或疫苗成分均匀混合，以确

保每个疫苗剂量的一致性，均质机可以帮助实现这一目标。

④ 药物制剂开发：在药物制剂开发中，需要将药物成分均匀混合以制备药物剂型，如注射液、乳剂和悬浊液等，均质机可以用于优化药物制剂的稳定性和均一性。

⑤ 食品和饮料工业：用于混合、均匀分散、乳化和稳定化处理，以改善产品的质量和口感。

⑥ 化妆品制造：用于混合和均匀分散化妆品中的成分，确保产品的质地和外观。

⑦ 制药工业：用于制备药物乳剂、口服悬浊液和其他制剂，以确保药物的均一性和稳定性。

# 培养箱（Incubator）

培养箱是培养微生物的主要设备，通过控制温度、湿度、光照、二氧化碳水平和酸碱度等环境因素，为微生物、细胞和组织培养创造一个安全可靠、无污染物、适宜其生长的环境。

**工作原理**

培养箱由制热、制冷、加湿、反馈系统及控制系统等部分组成，其原理如图 6-20 所示。主要采用热电阻丝和压缩机进行温度的升降调节，实现温度可控，同时利用加湿器进行湿度调节，实现湿度可控。工作过程中，利用温度传感器和湿度传感器等传感器实时采集内部环境参数，并将数据传输给微处理器，微处理器根据实时数据调整加热器、制冷器等的工作状态，从而控制内部环境参数的稳定。

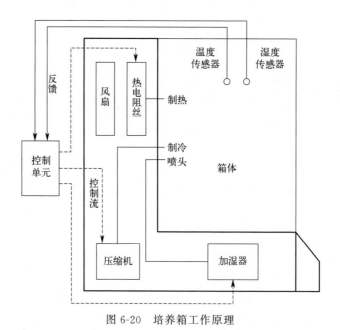

图 6-20　培养箱工作原理

实验室培养箱有不同类型，根据是否存在某种参数或培养箱的预期用途，培养箱可分为以下类型。

(1) 生化培养箱

生化培养箱同时装有电热丝加热和压缩机制冷，一般不带控湿和杀毒功能，一年四季均可保持在恒定温度，可适应范围大，被广泛应用于细菌、霉菌、微生物、组织细胞的培养保存以及水质分析与 BOD 测试，也适合育种试验、植物栽培等。

(2) 二氧化碳（$CO_2$）培养箱

$CO_2$ 培养箱带有温度控制（一般只带加热，可高温灭菌，个别有制冷），$CO_2$ 水平控制，酸碱度控制和湿度控制。$CO_2$ 培养箱是通过在培养箱箱体内模拟形成一个类似细胞/组织在生物体内的生长环境，以创造稳定的温度（37℃）、稳定的二氧化碳水平（5%）、恒定的酸碱度（pH 7.2～7.4）、较高的相对湿度（95%），来对细胞/组织进行体外培养的一种装置。由于 $CO_2$ 培养箱增加了对 $CO_2$ 浓度的控制，并且使用微控制器对温度进行精确控制，使生物细胞、组织等的培养成功率、效率都得到改善，是普通电热恒温培养箱不可替代的新型培养箱，广泛应用于细胞、组织培养和某些特殊微生物的培养，常见于细胞动力学研究，哺乳动物细胞分泌物的收集，各种物理、化学因素的致癌或毒理效应，抗原的研究和生产，培养杂交瘤细胞生产抗体，体外受精（IVF），干细胞，组织工程、药物筛选等研究领域。

(3) 恒温培养箱

恒温培养箱仅有加热控制，不带制冷，适合于普通的细菌培养和封闭式细胞培养，并常用于有关细胞培养的器材和试剂的预温。恒温培养箱还可以细分为电热恒温培养箱和隔水式恒温培养箱。电热恒温培养箱采用电加热的方式，主要由箱体、加热器、鼓风机和温控仪等几部分组成，外壳以冷轧板静电喷塑，内胆用不锈钢制作，保温层则以石棉或玻璃棉等绝热材料作为保温材料，在底部设有加热管，通过加热管对箱体内部进行加热，利用空气对流，使箱内温度均匀。隔水式恒温培养箱内层为紫铜制的贮水夹层，采用加热管对夹层内的水进行加热，利用水的对流形成四面加热，有效地保证加热均匀性，水套遇断电时仍能较好地恒温，有微电脑智能控温仪和双金属片调节器两种控温方式。

(4) 人工气候箱

人工气候箱是可人工控制光照、温度、湿度、气压和气体成分等因素的密闭隔离设备，带有光照控制、湿度控制、冷热控制、气压控制和气体成分控制功能，可用作植物的发芽、育苗，组织、微生物的培养，昆虫及小动物的饲养，水体分析的 BOD 的测定以及其他用途的人工气候实验，是生物遗传工程、医学、农业、林业、环境科学、畜牧、水产等生产和科研部门理想的实验设备。

(5) 光照培养箱

光照培养箱是具有光照功能的高精度恒温设备，带有光照控制和恒温控制（制冷和制热）。外壳一般是冷轧钢板，表面采用静电喷涂工艺，内胆为工程塑料或不锈钢，保温层由聚酯发泡形成，透光窗采用双层中空玻璃以确保箱内的保温性能，箱体内部有冷、热气风道，使得箱内气体循环流畅，温度更加均匀，是细菌、霉菌、微生物的培养及育种实验的专用恒温培养装置，适用于生物工程、医学研究、农林科学、水产、畜牧等领域。

(6) 霉菌培养箱

适合培养霉菌等真核微生物的实验设备，带有双制式冷热控制（可加热、可制冷）和湿度控制。因为大部分霉菌适合在室温（25℃）下生长，且在固体基质上培养时需要保持一定的湿度，所以一般的霉菌培养箱由制冷系统、制热系统、空气加湿器、培养室、控制电路和操作面板等部分组成，并使用温度传感器和湿度传感器来维持培养室内的温度和湿度的稳定。霉菌培养箱适用于环境保护、卫生防疫、农畜、药检、水产等科研机构、院校实验和生产部门，是水体分析，BOD 测定细菌、霉菌，微生物的培养、保存，植物栽培、育种实验的常用恒温恒湿培养设备。

(7) 厌氧培养箱

厌氧培养箱亦称厌氧工作站或厌氧手套箱，带有无氧控制和温度控制。它是一种在无氧环境条件下进行细菌培养及操作的专用装置，能提供严格的厌氧状态和恒定的温度培养条件，并且具有一个系统化、科学化的工作区域。

(8) 植物培养箱

植物培养箱实际就是一个有光照系统的带湿度控制的恒温培养箱，带有光照控制、湿度控制和恒温控制，其中的光照、温度和湿度等条件能够满足植物的生长需求，其工作原理是几组灯管和一套控温装置（通常 5～50℃），如果高级点的还有光照设置装置（可设定开关灯时间和光强等）。

(9) 恒温恒湿培养箱

恒温恒湿培养箱既有温度控制，也有湿度控制，可以准确地模拟恒温、恒湿等复杂的自然环境，有着精确的温度和湿度控制系统，一般用于植物培养、育种、微生物培养、发酵等各种恒温实验、环境实验、物质变性实验，以及培养基、血清、药物等物品的储存。

(10) 低温培养箱

低温培养箱是较其他培养箱可控制到更低温度的培养箱，可到－150℃，广泛应用于储藏培养基、血清、药品，以及微生物培养、环境实验等领域。

**应用领域**

培养箱在各种生物学、医学和工业应用中都扮演着重要角色，为科学研究、医学诊断和工业生产提供了必要的实验条件和环境条件，在生物学、医学、食品工业、农业以及科研领域有着广泛的应用。

① 生物学研究：用于培养微生物、细胞、组织培养和细胞培养，以进行生物学实验和研究。

② 医学：在医院、实验室和制药工业中，用于培养细菌、病毒、真菌等微生物，进行疾病诊断、药物研发和生产。

③ 食品工业：用于检测食品中的微生物、控制食品发酵过程、培养菌种等，确保食品质量和安全。

④ 农业：在种子萌发、植物培育和生物制剂生产等方面应用广泛，用于提高作物产量和品质。

⑤ 科研：在各种科学研究领域中，如生态学、环境科学、生物化学等，用于控制环境条件，培养生物样品或进行实验。

⑥ 药物研发：在药物研发过程中，用于培养细胞、组织，进行药物筛选、毒性测试和药效评价等。

⑦ 生态学：用于模拟自然环境条件，研究生物在不同环境条件下的生长和适应性。

# 生物安全柜(Biological Safety Cabin,BSC)

生物安全柜是一种负压净化工作台,可以防止操作者和环境暴露于实验过程中产生的有害气溶胶,是传染性微生物的牢笼,正确地操作生物安全柜能完全保护操作人员、样品和工作环境。生物安全柜的雏形是 1909 年 W. K. Mulford 制药公司设计的一种通风橱,当时主要用于制备结核菌素时防止操作人员感染结核分枝杆菌,之后各种各样的生物安全柜不断出现,功能也越来越完善。近年来,国家对实验室生物安全问题日益重视,生物安全柜在临床实验室的应用也越来越广泛。

**工作原理**

生物安全柜的工作原理主要是将柜内空气向外抽吸,使柜内保持负压状态,通过垂直气流来保护工作人员。外界空气经高效空气过滤器过滤后进入安全柜内,以避免处理样品被污染;柜内的空气也需经过高效空气过滤器过滤后再排放到大气中,以保护环境。原理主要包括三个方面。

① 防护原理　生物安全柜采用了一系列的物理防护措施,以防止生物危害物质的泄漏和传播。例如,生物安全柜通常采用高效的过滤系统和负压环境,可以有效地防止生物危害物质污染实验环境和操作者。

② 过滤原理　生物安全柜内部通常配有高效的过滤系统,用于过滤空气中的微生物和有害物质。过滤系统通常由多个过滤器组成,包括预过滤器、高效过滤器和活性炭过滤器等,如图 6-21 所示,可以有效地保证实验室空气的清洁和安全。

③ 气流原理　生物安全柜内部的气流通常分为垂直气流和水平气流两种。如图 6-22 所示,垂直气流生物安全柜是指空气从上方向下方流动,可以有效地保护实验操作者和操作区域。水平气流生物安全柜则是指空气从后方向前方流动,适用于一些需要较大操作空间的实验。不同类型的生物安全柜其气流原理也可能有所不同。

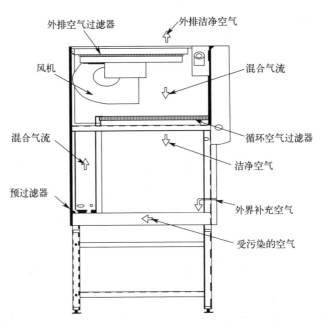

图 6-21　生物安全柜的基本构造

图 6-22　生物安全柜的气流原理

综合以上三个原理，生物安全柜能够提供高效的防护和过滤，保障实验操作者和环境的安全。

生物安全柜一般由箱体和支架两部分组成。2013 年 6 月 1 日正式实施的中华人民共和国医药行业标准《Ⅱ级 生物安全柜》（YY 0569—2011）中，根据气流及隔离屏障设计结构，将生物安全柜分为Ⅰ、Ⅱ、Ⅲ级。

Ⅰ级生物安全柜　用于保护操作人员与环境安全而不保护样品安全的通风安全柜。由于不考虑处理样品是否会被进入柜内的空气污染，所以对进入安全柜的空气洁净度要求不高。空气通过前窗操作口进入柜内，流过工作台表面后被过滤并经排气口排到大气中。空气的流动为单向、非循环式。前窗操作口向内吸入的负压气流保护操作人员的安全，从安全柜内排出的气流经高效空气过滤器过滤后排出，保护环境不受污染。

Ⅱ级生物安全柜　用于保护操作人员、环境以及样品安全的通风安全柜，也是临床生物防护中应用最广泛的一类生物安全柜。前窗操作口向内吸入的气流用以保护操作人员的安全，工作空间为经高效空气过滤器净化的垂直下降气流，用以保护样品的安全。安全柜内的气流经高效空气过滤后排出，以保护环境不受污染。根据排放气流占系统总流量的比例及内部设计结构，将Ⅱ级生物安全柜分为 $A_1$、$A_2$、$B_1$ 和 $B_2$ 四个类型，如表 6-1 所示。

表 6-1　不同类型Ⅱ级生物安全柜性能特点比较

| 类型 | 流入气流 | 循环空气比例 | 外排气流的特点 | 用途 |
| --- | --- | --- | --- | --- |
| $A_1$ 型 | 0.40m/s | 70% | 30%气体经过滤过后外排至实验室内或室外 | 不能用于有挥发性、有毒化学品和挥发性放射性核素 |
| $A_2$ 型 | 0.50m/s | 70% | 同 $A_1$ 型，但气体循环通道、排气管及柜内工作区为负压 | 微量挥发性有毒化学品和痕量放射性核素为辅助剂的微生物实验,必须连接功能合适的排气罩 |
| $B_1$ 型 | 0.50m/s | 30% | 70%气体经过滤后通过专用风道排出室外 | 微量挥发性有毒化学品和痕量放射性核素为辅助剂的微生物实验 |
| $B_2$ 型 | 0.50m/s | 0% | 100%气体经过滤后通过专用风道排出室外 | 以挥发性有毒化学品和放射性核素为辅助剂的微生物实验。适用生物安全1、2、3级的样品 |

Ⅲ级生物安全柜　为四级实验室的生物安全等级而设计的，也是目前世界上最高安全防护等级、具有完全密闭和不漏气结构的通风安全柜。安全柜的工作空间内为经高效空气过滤器净化的无涡流的单向流动空气。安全柜正

面上部为观察窗，下部为手套箱式操作口，在安全柜内的操作是通过与安全柜密闭连接的橡胶手套完成的。安全柜内对实验室的负压应不低于120Pa。下降气流经高效空气过滤器过滤后进入安全柜，而排出的气流应经过双层高效空气过滤器过滤或通过一层高效空气过滤器过滤和焚烧处理。

**应用领域**

生物安全柜是一种在微生物学、生物医学、基因重组、动物实验、生物制品等领域的科研、教学、临床检验和生产中广泛使用的安全设备，也是实验室生物安全中一级防护屏障中最基本的安全防护设备，在生物技术应用领域中扮演着至关重要的角色，提供了生物安全和实验室安全的关键措施，有助于保护实验人员、样本和环境，从而推动了生物技术研究和应用的进展。包括以下几个方面。

① 细胞培养和微生物学研究：用于在生物实验中操作细胞培养、微生物培养和细菌操作。它们提供了一个受控的环境，可以防止实验人员受到有害微生物的污染，同时也保护实验样本免受外部污染。

② 病原体研究：在研究致病性微生物和病毒时，生物安全柜提供了额外的安全措施，确保实验室工作者不会接触到潜在的危险病原体。不同级别的生物安全柜适用于不同程度的生物危险性。

③ 分子生物学实验：在DNA和RNA实验中，用于样本处理、PCR分析、核酸提取和测序等实验。这有助于防止外部DNA污染，并维护实验室内的纯度。

④ 药物制剂和疫苗研究：在制备药物制剂和疫苗时，可以确保制剂的纯度，防止交叉污染和杂质的引入。

⑤ 细胞治疗和干细胞研究：在细胞治疗和干细胞研究中，用于细胞操作、细胞扩增和细胞分化。这有助于维持实验室的洁净，避免细胞培养过程中的交叉污染。

⑥ 动物实验室：在动物实验室中，用于操作实验动物，例如进行注射、取样和手术。这有助于保护实验动物免受外部污染，并确保实验人员的安全。

# 超净工作台（Clean Bench）

超净工作台是一种提供局部无尘无菌工作环境的单向流型空气净化设备，与生物安全柜不同，超净工作台只能保护在工作台内操作的试剂等不受污染，并不保护工作人员，而生物安全柜是负压系统，能有效保护工作人员。

**工作原理**

超净工作台是正压，在特定的空间内，室内空气经预过滤器初滤，由小型离心风机压入静压箱，再经空气高效过滤器二级过滤，从空气高效过滤器出风面吹出的洁净气流具有一定的和均匀的断面风速，可以排除工作区原来的空气，将尘埃颗粒和生物颗粒带走，以形成无菌的高洁净的工作环境，如图 6-23 所示。

图 6-23　超净工作台

根据气流的方向，超净工作台分为垂直单向流超净工作台和水平单向流超净工作台（见图 6-24），垂直单向流洁净工作台是指由方向单一、流线平行并且速度均匀稳定的垂直单向流流过有效空间的洁净工作台，垂直单向流洁净工作台适合操作大物件，因为一方面不存在物体背面形成负压区的问题，另一方面其采用操作窗，可以通过改变窗口高度减小气流出口，在操作台面上形成正压区，操作台面外非净化空气不会流入柜内，此外，垂直型工作台适合在台面上进行各种加工，可以大大提高工作效率。水平单向流洁净工作台是指由方向单一、流线平行并且速度均匀稳定的水平单向流流过有效空间的洁净工作台，水平单向流洁净工作台在气流条件方面较好，是操作小物件的理想装置，但是如果操作大物件，在物体气流方向背面容易形成负压，把台面外的非净化空气吸引过来，所以不宜操作大型物件。

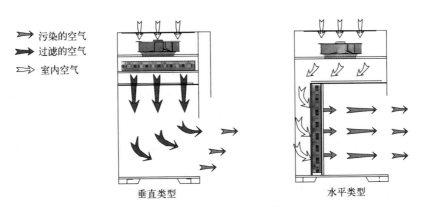

图 6-24  不同类型的超净工作台

根据排风方式可分为全循环式、直流式、操作台面前部排风式和操作台面全排风式。全循环式是工作区空气全部在洁净工作台内部循环，不向外部排风，在操作时不产生或极少产生污染的情况下，宜采用全循环式，由于是重复过滤，所以操作区净化效果比直流式的好，同时对台外环境影响也小，但是在内部情况基本相同的情况下，全循环式工作台结构阻力要比直流式的大，因而风机功率也大一些，振动和噪声也可能相应增大；直流式是目前应用最为普遍的洁净工作台，其采用全新风，流过工作台面的气流全部外排，其特点和全循环式刚好相反，此外由于采用全新风，其高效过滤器除尘量可能相对更大，更换频率可能更高；此外，操作台面前部排风式和操作台面全排风式是利用操作台面进行部分循环的方式，其气流原理和生物安全柜类似。

此外，按最后一级空气过滤器的级别进行分类，可分为高效空气过滤器洁净工作台和超高效空气过滤器洁净工作台，按操作人员操作方式可分为单面操作型、双面操作型以及多人操作型等类型，按具体用途又可以分为普通洁净工作台和生物（医药）洁净工作台，按洁净工作台操作区内与工作台所在环境之间的静压差分类，可分为正压和负压洁净工作台。

**应用领域**

超净工作台在生物技术应用领域中是一个关键的实验设备,提供了洁净、无菌和安全的工作环境,有助于保护实验样本、实验人员和实验室环境,从而推动了生物技术研究和应用的进展。超净工作台具有多种重要用途,包括以下几个方面。

① 细胞培养:超净工作台用于操作细胞培养和微生物培养,确保细胞培养过程中的洁净和无菌条件。这对于生物技术研究和细胞系的维护至关重要。

② 分子生物学实验:在分子生物学实验中,超净工作台用于 DNA、RNA 和蛋白质实验,以防止外部污染对实验结果的影响。这包括 PCR 分析、核酸提取、测序和基因编辑等实验。

③ 细胞治疗和干细胞研究:在细胞治疗和干细胞研究中,超净工作台提供了洁净环境,确保细胞操作的洁净度和无菌性,以防止细胞培养过程中的交叉污染。

④ 药物制剂和疫苗研究:在制备药物制剂和疫苗时,超净工作台用于维持洁净和无菌条件,确保制剂的纯度和质量。

⑤ 病原体研究:在研究具有高生物危险性的微生物和病毒时,超净工作台提供了额外的安全措施,以保护实验人员和环境。

⑥ 细胞图像学:在细胞图像学实验中,超净工作台可以减少灰尘和微粒对显微镜和细胞图像的干扰,提高图像的质量。

⑦ 实验室测试和分析:超净工作台可用于操作灵敏的实验室测试和分析,确保实验结果的准确性和可重复性。

## 6.3 过程分析专用仪器设备

### PCR 基因扩增仪

PCR（Polymerase Chain Reaction，聚合酶链反应）基因扩增仪又称为 PCR 扩增仪、PCR 核酸扩增仪、聚合酶链反应核酸扩增仪，是利用 PCR 技术对特定 DNA 片段快速扩增的一种仪器设备，主要用于基因扩增、定性 PCR 基因扩增、荧光/酶免终点定量 DNA 基因扩增、基因芯片等其他基因分析应用的基因扩增等。

**工作原理**

PCR 扩增仪基于通过 PCR（聚合酶链式反应）技术，对特定 DNA 进行扩增，如图 6-25 所示，基本原理类似于细胞内 DNA 的半保留复制过程，以拟扩增的模板 DNA 分子，与模板 DNA 互补的寡核苷酸引物、DNA 聚合酶、4 种 dNTP（dCTP、dATP、dGTP、dTTP）及适合的缓冲体系组成的反应体系，经过重复地变性—退火—延伸三步，扩增新的目的 DNA 链，这个过程通过控制反应体系的温度来实现。

① 变性（denaturation）：将反应体系混合物加热至 90～95℃，维持较短的时间，使双链 DNA 变成单链 DNA，便于下一步引物的结合。

② 退火（annealing）：将反应体系温度下降到特定温度（一般是引物的 $T_m$ 值以下），引物与 DNA 模板以碱基互补的方式结合，形成模板-引物杂交双链。退火温度是保证引物与 DNA 模板互补结合的关键。由于引物结构简单，加之引物量远远大于模板 DNA 的数量，所以 DNA 模板单链之间的互补结合很少。

③ 延伸（elongation）：将反应体系的温度上升到 72℃左右并维持一段时间，在 Taq DNA 聚合酶的作用下，以引物为起始点，以 4 种单核苷酸

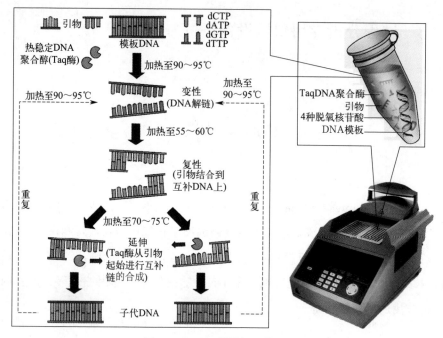

图 6-25　PCR 扩增仪工作原理

(dNTP) 为底物，合成新的 DNA 双链。

以上三步反应为一个循环，重复进行变性、退火、延伸这三步反应，如此反复循环可以使 DNA 以指数形式进行扩增。上述过程 1.5 小时左右完成，从而使所需的目的 DNA 片段扩增放大百万倍。

PCR 扩增仪通常由热盖部件、热循环部件、传动部件、控制部件和电源部件等部分组成，如图 6-26 所示。

根据 DNA 扩增的目的和检测的标准可以将 PCR 仪分为普通 PCR 仪，梯度 PCR 仪，原位 PCR，实时荧光定量 PCR 仪等几类。

普通 PCR 仪：一般把一次 PCR 扩增只能运行一个特定退火温度的 PCR 仪，称为普通 PCR 仪。如果要用它做不同的退火温度则需要多次运行。主要是用作简单的，对目的基因退火温度的扩增。

梯度 PCR 仪：一次性 PCR 扩增可以设置一系列不同的退火温度条件（通常 12 种温度梯度）的称为梯度 PCR 仪。因为被扩增的不同的 DNA 片段其最适合的退火温度不同，通过设置一系列的梯度退火温度进行扩增，从而一次 PCR 扩增就可以筛选出表达量高的最适合退火温度进行有效的扩增。

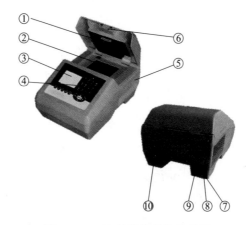

图 6-26　PCR 扩增仪结构示意图

①—热盖；②—模块；③—液晶显示屏；④—操作键盘；⑤—通风孔；⑥—盖钩；
⑦—电源开关；⑧—熔断器座；⑨—电源插座；⑩—RS232 接口

主要用于研究未知 DNA 退火温度的扩增，这样既节约时间，也节约经费。在不设置梯度的情况下亦可当作普通的 PCR 仪用。

原位 PCR 仪：用于从细胞内靶 DNA 的定位分析的细胞内基因扩增仪。如病原基因在细胞的位置或目的基因在细胞内的作用位置等。可保持细胞或组织的完整性，使 PCR 反应体系渗透到组织和细胞中，在细胞的靶 DNA 所在的位置进行基因扩增。不但可以检测到靶 DNA，还能标出靶序列在细胞内的位置。于分子和细胞水平上研究疾病的发病机理和临床过程及病理的转变有着重大的实用价值。

实时荧光定量 PCR 仪：在普通 PCR 仪基础上增加一个荧光信号采集系统和计算机分析处理系统，就成了荧光定量 PCR 仪。其 PCR 扩增原理和普通 PCR 仪扩增原理相同，只是在 PCR 扩增时加入的引物是利用同位素、荧光素等进行标记，使用引物和荧光探针同时与模板特异性结合扩增。扩增的结果通过荧光信号采集系统实时采集信号连接输送到计算机分析处理系统，得出量化的实时结果输出。荧光定量 PCR 仪有单通道，双通道和多通道之分。当只用一种荧光探针标记的时候，选用单通道；有多种荧光标记的时候使用多通道。单通道也可以检测多荧光的标记和目的基因表达产物，因为一次只能检测一种目的基因的扩增量，需多次扩增才能检测完不同的目的基因片段的量。

**应用领域**

PCR 扩增仪是一种用于进行核酸扩增和复制的关键设备,在生物技术领域中是一个不可或缺的工具,以下是一些生物技术领域中 PCR 扩增仪的应用。

① 分子生物学研究:PCR 扩增仪广泛用于分子生物学实验,如基因表达研究、基因型分析、突变检测等。它可以在短时间内产生大量目标 DNA 或 RNA 的复制物,从而帮助研究人员分析生物学样本中的特定序列。

② 疾病诊断:PCR 扩增仪在医学领域中用于疾病诊断,例如检测病原体(细菌、病毒、真菌等)的核酸,从而帮助确定疾病的存在和种类。这在感染病学、临床诊断和遗传疾病诊断中都具有重要意义。

③ DNA 测序:PCR 扩增仪在 DNA 测序过程中用于扩增和准备 DNA 样本。它可以为后续测序实验提供足够的 DNA 模板,使测序更容易进行。

④ 基因编辑:在基因编辑研究中,PCR 扩增仪可用于扩增编辑的 DNA 片段,以进行基因敲除、突变或修饰等实验。

⑤ 法医学:PCR 扩增仪在法医学领域中用于 DNA 分析,帮助鉴定未知 DNA 样本的来源,例如犯罪现场的证据。

⑥ 遗传学研究:PCR 扩增仪可用于分析遗传多态性、遗传标记和基因组学研究,从而揭示遗传变异与特定性状或疾病之间的关联。

## 酶标仪（Microplate Reader）

酶标仪即酶联免疫检测仪，是一种高通量微孔板检测仪器，实际上就是一台变相的专用光电比色计或分光光度计，其基本工作原理与主要结构和光电比色计基本相同。1966 年，美国的 Nakane 和 Pierce 及法国的 Avrameas 和 Uriel 同时报道了以新的标记物——辣根过氧化酶（HRP）替代荧光素，定位组织中抗原的酶免疫组织化学技术（EIH）。1971 年，Engvall 和 Perlmann 在酶免疫组织化学的基础上，又发展出一种酶标固相免疫测定技术，即酶联免疫吸附试验（Enzyme linked immunosorbent assay，ELISA），成为继放射免疫分析技术、荧光免疫之后的第三大标记免疫分析技术。20 世纪 70 年代中期，随着杂交瘤技术的发展，发明了单克隆抗体制备技术，将其应用于酶免疫测定中，提高了灵敏度和特异性，使一步法、双抗体夹心法等酶免疫测定方法相继出现。酶免疫分析技术是将酶催化的放大作用与抗原、抗体特异性反应相结合的一种微量分析技术。酶标记抗体或抗原后，既不影响抗体或抗原的免疫反应特异性，也不改变酶本身的催化活性，在相应的反应底物参与下，标记的酶水解底物或显色，或使供氢体由无色的还原型转变为有色的氧化型，其有色产物可以通过肉眼、分光光度计或显微镜观察或测定。酶标仪问世之初，是酶联免疫吸附试验 ELISA 的专用检测仪器。发展到如今，凡是与光信号相关的实验；需要高通量、需要节省试剂的实验，且可以转移到微孔板中的液体物质，都可以考虑使用酶标仪进行信号检测。因此，人们沿用早期 "ELISA Plate Reader" 的酶标仪俗称，但其实它现在已经突破了 ELISA 的范畴，更常用的英文名称是 "Microplate Reader"，译为 "微孔板读板机（仪）"。

**工作原理**

传统酶标仪是指具备吸收光检测功能的酶联免疫检测仪，随着科学技术发展和市场需求不断丰富，如今酶标仪所具备的检测功能日益丰富，在光吸收检测（Absorbance，Abs）基础上增加了荧光强度（Fluorescence intensity，FI）、发光检测（Luminescence，Lum）、荧光偏振（Fluorescence Polarization，FP）、时间分辨荧光（TRF）和匀相时间分辨荧光（HTRF）等多种检测技术。每一种技术都具有独特的应用价值和局限性，下面将对几种主流酶标仪进行详细介绍。

（1）光吸收酶标仪

在特定波长下检测被测物的吸光值，称为光吸收酶标仪。只做吸光度的酶标仪实际上就是一台变相光电比色计或分光光度计，其基本工作原理与主要结构和光电比色计基本相同。如图 6-27 所示，光源发出的光波经过滤光片或单色器变成一束单色光，进入塑料微孔板中的待测标本。

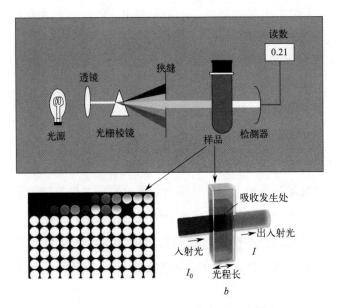

图 6-27　光吸收酶标仪的技术原理示意图

该单色光一部分被标本吸收，另一部分则透过标本照射到光电检测器上，如图 6-28 所示，光电检测器将这一因待测标本不同而强弱不同的光信号转换成相应的电信号，电信号经前置放大，对数放大，模数转换等信号处理后送入微机进行数据处理和计算，最后由显示器或打印机显示结果。特定波长下，同一种被检测物的浓度与被吸收的能量成定量关系，即符合朗伯比尔定律。

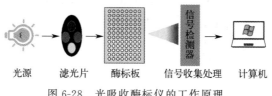

图 6-28 光吸收酶标仪的工作原理

典型应用：核酸和蛋白质定量、ELISA、酶学检测、细菌生长 OD600 测定、内毒素检测、MMT/CCK8 等细胞活力分析。

（2）荧光检测酶标仪

荧光是一些原子和分子吸收特定波长的光，随后短暂发射更长波长的光的特性。激发峰和发射峰之间的距离称为斯托克斯（Stokes）位移，该位移取决于荧光基团。荧光利用一个外部光源，在特定波长下激发样品，荧光基团受到适当波长的光的激发，分子从基态转化成激发态。随着分子回到基态，能量会以热（损失能量）和能量更低、波长更长的光的形式释放。荧光强度即发射荧光的光量子数，荧光强度与溶液吸收光强度，荧光量子效率以及周围环境等因素有关。具备荧光检测模式的酶标仪使用一种光源（通常是氙闪灯或 LED），如图 6-29 所示，来激发特定波长的荧光基团（荧光分子），荧光的颜色多为红色、绿色、蓝色等，可以使用一个特定波长的滤光片或可连续调节波长的单色器，来选择激发样品所需的波长。荧光基团随后会释放出一个不同波长的发射光，经由另一个滤光片或单色器进入光电倍增管（PMT），PMT 可以检测这种发射的荧光值，样品的荧光强度用相对荧光强度单位 RFU 表示。

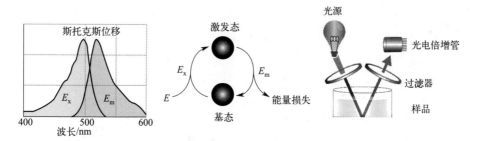

图 6-29 荧光检测示意图

典型应用：核酸等生物大分子定量、酶活性分析、荧光免疫分析、细胞学分析(细胞增殖、细胞毒理、细胞吸附等)、胞内钙离子浓度的变化、荧光蛋白的报告基因分析(GFP)、细胞凋亡等。

(3) 发光检测酶标仪

发光检测(Luminescence,Lum)包括化学发光(Chemiluminescence)和生物发光(Bioluminescence),是检测样本孔内发生的化学、生化或者酶反应发出的光信号。

化学发光是由化学反应引起的一种特殊的发光现象,即通过氧化还原反应释放的能量使体系中某一物质从基态跃迁至激发态,随后以辐射发光(紫外光、可见光或近红外光)的形式返回基态释放能量。其过程由化学激发过程和发光过程两部分组成。根据能量作用过程,发光可以是一种"闪光"或"辉光"反应,这取决于其动力学特征。闪光型发光会在短时间(通常是几秒)内发出非常明亮的信号。辉光型发光发射的信号更加稳定,但通常较弱,可持续几分钟甚至几小时。

生物发光是生物体内的发光蛋白通过消耗能量物质而产生的发光现象,其特点是只消耗能量物质,不消耗发光物质。生物发光属于冷光范畴,即发光不是由于发光体温度升高所致,发射波长也与其温度无关。目前被发现的生物发光底物有虫荧光素、腔肠素、虾素等。

与光吸收和荧光检测不同的是,发光检测不需要激发光源,如图6-30,这就使得发光更敏感,通常有较宽的动态范围和较高的灵敏度(比荧光高2~3个数量级),背景噪声(化合物、培养基和细胞的自发荧光)较低。此外,发光测定常常是均相的(无清洗步骤),因此在高通量应用中能更简单地进行自动化操作。

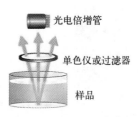

图 6-30 发光检测示意图

典型应用:单/双荧光素酶报告基因、BRET、细胞活力检测、细胞增殖检测、支原体检测、细胞毒性检测、ATP、dsDNA、基于化学发光的 ELISA 检测等。

（4）荧光偏振酶标仪

当荧光分子受平面偏振光激发时，如果分子在受激发时期保持静止，发射光将位于同样的偏振平面。如果在受激发时期，分子旋转或翻转偏离这一平面，发射光将位于与激发光不同的偏振面，这一现象称为荧光偏振（Fluorescence Polarization，FP）。FP 用于检测溶液中生物大分子与小分子之间的相互作用，大、小分子未结合时，荧光标记的小分子运动速度快，发射光去偏振化，检测到低的偏振值（mP），如图 6-31 所示，而当荧光标记的小分子与生物大分子结合后，旋转变慢，发射光保持偏振性，检测到高的偏振值，偏振值的高低与分子相互结合的效率成正比。

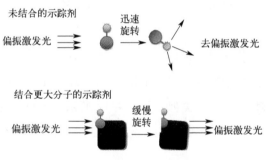

图 6-31　荧光偏振信号测量原理

典型应用：受体/配体研究（如激素/受体检测），蛋白质/多肽相互作用，DNA/蛋白质相互作用，酪氨酸激酶检测，竞争性免疫检测、单核苷酸多态性筛选、实时定量 PCR-FP、体外细胞损失检测等。

（5）荧光共振能量转移

1948 年，Foster 首次提出荧光共振能量转移（Fluorescence Resonance Energy Transfer，FRET）理论，指两个荧光基团间能量通过偶极-偶极耦合作用以非辐射方式从供体（donor）传递给受体（acceptor）的现象。FRET 程度与供、受体分子的空间距离紧密相关，一般为 7~10nm 时即可发生 FRET。随着距离延长，FRET 呈显著减弱。如图 6-32 所示，想要实现 FRET，荧光供体和受体分子必须满足以下几个前提条件：①供体分子的发射光谱和受体分子的吸收光谱须有一定程度的重叠，一般大于 30%（重叠越多，FRET效果越好）；②供体分子和受体分子间的距离须小于10nm（一般为7~10nm）；③供体分子和受体分子的共振方向须平行或近似平行。FRET主流的荧光探针主要有三种：荧光蛋白、传统有机分子和镧系元素。

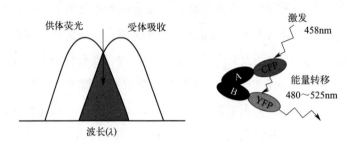

图 6-32　FRET信号测量原理

典型应用：蛋白结构和构象改变、蛋白的空间分布和组装、受体/配体相互作用、核酸结构和构象改变、脂类的分布和转运、膜蛋白的研究、核酸检测等应用。

(6) 生物发光共振能量转移

生物发光共振能量转移（Bioluminescence Resonance Energy Transfer，BRET）检测原理与FRET类似，如图6-33所示，不同的是供体产生生物发光来激发受体荧光分子，无需激发光，背景更低，也避免了光漂白和自发荧光等问题。

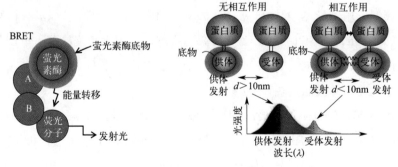

图 6-33　BRET原理示意图

BRET与FRET相比，供体采用荧光素酶生物发光，不再需要激发光，因为没有样品自发光干扰，所以背景更低，信噪比更高。

典型应用：检测活细胞中蛋白质-蛋白质相互作用。

(7) 时间分辨荧光

时间分辨荧光（Time-resolved Fluorescence，TRF）是一种高级荧光检测技术，如图 6-34 所示，使用镧系金属做荧光标记（其荧光比普通荧光持续时间更长，普通荧光的半衰期为纳秒级，镧系元素的半衰期是毫秒级），利用荧光分子之间荧光寿命的差异来分离所需的荧光信号。

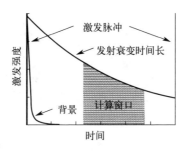

图 6-34　TRF 原理示意图

与传统荧光检测方法相比，TRF 具有灵敏度高、样品制备简单、检测重复性好的优点。最常使用镧系元素铕（Eu）、铽（Tb）、钐（Sm）和镝（Dy）为标记物，来代替常用的荧光物质对抗原抗体进行标记，这些镧系元素通常以螯合物的形式应用以获得优质的信号强度和稳定性，并使用带有时间分辨荧光检测功能的仪器（如酶标仪）来对荧光强度信号进行检测，最终绘制标准荧光曲线，定量分析待测物的浓度。

典型应用：GPCR 测定、激酶测定、细胞因子和生物标志物检测、细胞代谢、蛋白质-蛋白质相互作用、受体-配体相互作用、药物发现、高通量筛选等。

(8) 均相时间分辨荧光

均相时间分辨荧光（Homogeneous Time-Resolved Fluorescence，HTRF）是基于 TRF 技术衍生出的新技术，如图 6-35 所示，将 TRF 技术和 FRET 技术相结合，能量供体选择镧系元素铕（Eu）和铽（Tb）的穴状化合物，交联别藻蓝蛋白（cross-linked APC）或小分子荧光探针（d2）作为受体，当供体和受体距离足够近时，供体被一个能量源激发，可以引发能量转移到受体，使其在特定波长发出荧光，用于检测生物分子之间的相互作用。

检测时，通过延缓检测时间，让短寿命的荧光衰变掉后，再检测荧光强

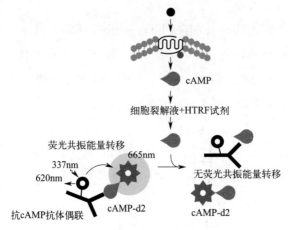

图 6-35  HTRF 原理示意图

cAMP—环磷酸腺苷

度,消除背景荧光的干扰。同时 HTRF 技术在均相溶液中一步反应,无需包被、封闭、洗涤等烦琐的操作步骤。因此该技术具有背景低、特异性好、操作简单、体系稳定等优点。

典型应用:检测 GPCRs 配体结合、细胞水平的蛋白激酶实验、检测蛋白磷酸化、生物治疗药物研发、检测蛋白互作、检测生物因子或者趋化因子等。

**应用领域**

总的来说,酶标仪的应用广泛,其优点在于能够快速、高精密度、强特异性的对目标样品进行检测;其测定方法可靠,测定结果准确,且操作方法简便,检测成本低廉,可用于各种实验室。以下是酶标仪在各个领域中的应用。

① 医学领域:可用于疾病的诊断、病情监测和药物疗效评估,用于检测细菌溶液浓度,检测血清中甘油三酯(TG)和总胆固醇(TC)的含量。

② 食品领域:可用于三聚氰胺的检测,激素及代谢产物的检测,抗生素和霉菌毒素的检测,以保证食品安全。

③ 研究生物化学过程:通过监测酶的活性来了解生物体的化学反应过程,有助于对生物体的认识和理解。

④ 临床诊断：用于疾病诊断，如通过检测特定酶的活性来判断疾病的状态和进展。通过酶标仪分析血液、尿液等生物样品中的特定酶的数量和活性，以了解病情或药物反应等。

⑤ 药物研发领域：可用于药物筛选、药效分析和药物代谢研究等。

⑥ 农业领域：农药残留检测（酶抑制率法）中，可用于甲胺磷等有机磷和克百威等氨基甲酸酯类农药在蔬菜中残留的快速检测。

# 核酸提取仪（Nucleic Acid Extraction System）

核酸提取仪是一种利用配套的核酸提取试剂自动完成样本核酸提取工作的仪器，它可以取代原来复杂的手动操作，仪器自动处理细胞或组织，分析和提取目标 DNA/RNA。1869 年，瑞士医生和生物学家 Friedrich Miescher 通过分离获得核酸，叫作 Nuclein；19 世纪 80 年代初，德国生物化学家 Aibrecht Kossel 进一步纯化获得核酸；1889 年，核酸这一术语由德国病理学家 Richard Altmann 创建；1938 年，第一个 DNA 的 X 射线衍射图谱被英国物理学家和生物学家 William Astbury 和 Florence Bell（后来改名为 Florence Sawyer）发表了；1953 年，DNA 的结构被美国分子生物学家 James Watson 和英国分子生物学家 Francis Crick 确定了；此后，研究者在提取材料和方法上不断进行改进，发展出一系列核酸提取技术。

**工作原理**

核酸提取仪利用特定的物理和化学条件将目标核酸分离出其他杂质，使目标核酸得以纯化、浓缩和提取，其关键步骤包括细胞破碎、核酸纯化和溶解等过程，如图 6-36 所示。首先，通过细胞壁破碎或离心等方式将细胞内物质释放出来。然后，使用化学或物理方法，如离子交换、硅胶柱层析、热变性、酚酸等方法将目标核酸与其他杂质分离。最后，通过适当的物理或化学溶解方法，使核酸真正得以从纯化和提取的样本中释放出来。核酸提取仪根据提取原理不同划分为采用苯酚/氯仿抽提法、离心柱法和采用磁珠法核酸提取仪。

（1）苯酚/氯仿抽提法核酸提取仪

利用酚是蛋白质的变性剂，反复抽提，使蛋白质变性，十二烷基磺酸钠（SDS）将细胞膜裂解，在蛋白酶 K、EDTA 的存在下消化蛋白质或多肽或小肽分子，变性降解核蛋白，使 DNA 从核蛋白中游离出来。而 DNA 易溶于水，却不溶于有机溶剂。蛋白质分子表面带有亲水基团，也容易进行水合

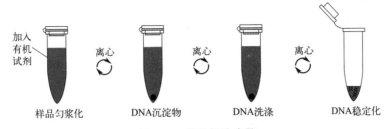

图 6-36 核酸提取步骤

作用,并在表面形成一层水化层,使蛋白质分子能顺利地进入到水溶液中形成稳定的胶体溶液。当有机溶液存在时,蛋白质的这种胶体稳定性遭到破坏,变性沉淀。离心后有机溶剂在试管底层(有机相),DNA 存在于上层水相中,蛋白质则沉淀于两相之间。利用萃取原理,根据蛋白核酸溶于不同的试剂层,将枪头伸入不同液层内抽取所需的成分,经多次洗涤后获得纯化核酸。优点:成本比较低廉且抑制了 DNase(脱氧核糖核酸酶)的降解作用。缺点:由于使用了苯酚、氯仿等试剂,毒性较大,长时间操作对人员健康有较大影响,而且核酸的回收率较低,损失量较大,由于操作体系大,不同实验人员操作重复性差,不利于保护 RNA,很难进行微量化的操作。

(2)离心柱法核酸提取仪

核酸表面水分子结构薄膜在高盐环境下会遭到破坏,从而吸附在离心柱上,而蛋白等其他杂质会因离心沉淀的原理,通过洗脱从而达到核酸分离纯化的效果。离心柱结构主要是特殊硅基质吸附材料,能特异性吸附 DNA,而 RNA 与蛋白质则会穿过。这种方法可以在不吸附蛋白质和盐的情况下选择性地吸附核酸,从而实现核酸与蛋白质和盐的分离,是目前广泛使用的一种方法。离心柱法纯化核酸的步骤一般分为:裂解、结合、洗涤和洗脱四个步骤,如图 6-37。

图 6-37 离心柱法核酸提取步骤

裂解：破坏组织，细胞等，将核酸释放出来。
结合：在高盐环境下，核酸结合到离心柱上。
洗涤：利用缓冲液，洗涤并离心沉淀杂质。
洗脱：通过洗脱液将核酸从吸附膜上脱离下来获得纯化后的核酸。

(3) 磁珠法核酸提取仪

利用核酸和磁性珠子发生磁性结合作用来分离核酸。磁性珠子主要由磁性材料、表面活性剂和改性剂组成，其表面活性剂可以与核酸紧密结合，使其容易与磁性珠子发生磁性结合。经裂解液裂解后，从细胞核中释放出来的核酸分子被特异性吸附在磁珠表面，而蛋白质等杂质则不被吸附。结合了核酸的磁珠被磁性物质固定在管壁上转移到洗脱管中，经反复洗脱，最后得到纯净的 DNA。利用磁珠在高盐低 pH 值下吸附核酸，在低盐高 pH 值下与核酸分离的原理，再通过移动磁珠或转移液体来实现核酸的整个提取纯化过程。由于其原理的独特性，所以可设计成很多种通量，既可以单管提取，也可以提取 8～96 个样本，且其操作简单快捷，提取 96 个样本仅需 30～45min，大大提高了实验效率，且成本低廉，因而可以在不同实验室使用，是目前市场上的主流仪器。

DNA 与磁珠结合在一起，磁铁将磁珠和 DNA 结合体吸住保留下来，上清液被吸走。特定洗液可将磁珠从 DNA 和磁珠的结合体上洗脱。最后仅剩下纯化后的 DNA。见图 6-38。

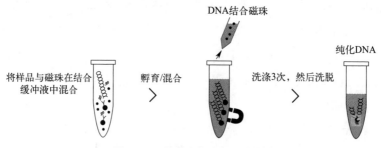

图 6-38　磁珠法核酸提取步骤

磁珠基础结构如图 6-39 所示，分为三层，最内层的是聚苯乙烯，第二层包裹磁性物质（通常是 $Fe_3O_4$），最外层是修饰的官能团（如羧基）。其中官能团能与核酸结合，表面基团不同，下游的应用也不尽相同，如核酸提取、纯化、生物素捕获等。商业化磁珠产品体系一般包含磁珠、聚乙二醇（PEG）、离子等。

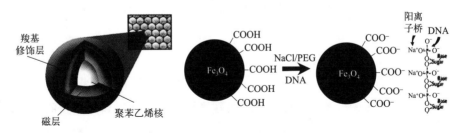

图 6-39 磁珠的基础结构

**应用领域**

核酸提取仪是一种用于从生物样本中提取核酸（DNA 和 RNA）的关键设备，在生物技术应用领域中扮演着至关重要的角色，为核酸研究和分析提供了高效、精确和可重复的方法，以下是一些生物技术领域中核酸提取仪的应用。

① 分子生物学研究：广泛应用于分子生物学实验，如 PCR、RT-PCR、测序、基因克隆和基因表达分析等。它用于从各种生物样本中提取高质量的 DNA 和 RNA，以进行分析和实验。

② 基因组学研究：在基因组学研究中，用于从细胞、组织或生物样本中提取大量的 DNA，以进行全基因组测序、基因组编辑和遗传多态性研究等。

③ 临床诊断：在临床诊断中广泛用于从患者样本（如血液、唾液、尿液等）中提取核酸，以进行病原体检测、基因突变分析和癌症诊断等。

④ 遗传学研究：在遗传学研究中，用于提取 DNA 样本，以分析遗传多态性、亲缘关系和基因座关联等。

⑤ 病毒学研究：用于从病毒样本中提取病毒 RNA 或 DNA，以进行病毒诊断和病毒学研究。

⑥ 药物研发：在药物研发领域，用于从细胞或动物模型中提取核酸样本，以研究药物的影响和效果。

# 暗箱式紫外分析仪（Dark Box UV Analyzer）

暗箱式紫外分析仪是一种用于检测物体吸收、发射和透射紫外光谱的仪器，它通过光源、分光器、样品室和探测器等组件实现对紫外光谱的分析，从而确定其结构和成分。在科学研究、医药工业和环境监测等领域中扮演着重要角色，能够提供快速、准确的分析结果，并为相关行业的发展和进步提供支持。

**工作原理**

暗箱式紫外分析仪基于紫外光的吸收原理，将要分析的样品放在样品台上，经过紫外光源照射，被测样品会发生光谱吸收现象，而未被吸收的光则被检测器检测，并由数据处理系统转换成光谱图形。根据光谱图形的特征，可以确定样品中的成分和结构信息，用于定量或定性分析样品中的化合物和溶液。

暗箱式紫外分析仪如图 6-40 所示，由光源、光学系统、检测系统和数据处理系统组成，光源一般采用氙灯或钨灯，这些光源能够提供高能量、稳定且连续的紫外光谱，并通过光学系统进行调整和过滤，以确保输出光的波长范围正确。光学系统包括反射镜、色散元件、聚焦透镜等，用于精确控制光线的投射角度和进入检测系统的光强度。检测系统用于测量样品对紫外光的吸收情况，常用的检测器包括光电二极管和光电倍增管，这些检测器能够将光信号转换为电信号，转换后的信号被传输到数据处理系统进行分析和处理。

**应用领域**

暗箱式紫外分析仪是生物技术实验室中不可或缺的工具，用于核酸和蛋白质的测量、纯化、质量控制和各种生化实验，对于实验数据的准确性和可重复性起着关键作用。以下是一些生物技术领域中暗箱式紫外分析仪的应用。

图 6-40　暗箱式紫外分析仪

① DNA 和 RNA 浓度测定：可以用于测量 DNA 和 RNA 的浓度，这对于分子生物学实验、PCR 反应、核酸纯化和测序前的样本质量控制非常重要。

② 蛋白质浓度测定：在蛋白质研究中，可以用于测量蛋白质的浓度，例如在蛋白质纯化、免疫学实验和酶动力学研究中。

③ 核酸和蛋白质的纯度评估：通过测量核酸和蛋白质的吸光度比值（A260/A280），可以评估核酸和蛋白质样本的纯度，以确定是否存在污染或其他杂质。

④ 细胞培养监测：在细胞培养实验中，可用于监测细胞培养物中 DNA、RNA 和蛋白质的浓度和质量，以评估细胞状态和生长情况。

⑤ 酶反应监测：在酶动力学研究中，可以用来跟踪酶反应的进程，通过监测底物和产物的吸光度变化来确定反应速率和酶的活性。

⑥ 药物筛选：在药物研发领域，可以用于筛选药物候选化合物的相互作用，例如测量小分子药物与核酸或蛋白质的亲和性。

⑦ 蛋白质和核酸电泳后的分析：可用于电泳后的凝胶图像分析，帮助确定核酸或蛋白质的分子量和纯度。

# 荧光显微镜（Fluorescence Microscope）

荧光显微镜是利用特定波长的光照射被检物体，观察其产生荧光的显微光学观测设备。荧光显微镜在 20 世纪初被发展用于生物学研究，后来由蔡司和赖歇特发展成现代形式。荧光标记技术于 20 世纪 40 年代早期出现，90 年代初克隆出了易于应用的绿色荧光蛋白（GFP），进一步推动了荧光显微镜的发展。近年来，共焦显微镜、旋转圆盘显微镜和 f-光子显微镜等技术的出现提高了显微镜图像的分辨率和采集效率。荧光显微镜在医学研究和诊断、基因组学、蛋白质组学等领域的广泛应用，以及显微照相和数字 CCD 成像技术的发展，使其在科学研究中具有重要的应用价值和生命力。

**工作原理**

明场显微镜观察到的是白色背景、有色结构的图像。在传统的显微观察中，该模式已形成了一系列配套的技术体系，具有结构显示全面、观察条件简便和结果保存性好等优点。在分子原位检测的实验中，反应的显色产物有时可能被背景的杂质干扰，判断显色结果和分子分布的特异性有一定困难。荧光显微技术较好地解决了这个问题，基本原理是通过激发式光源，将光学显微镜与化合物的荧光染料发射相结合，用荧光染色剂或荧光基团标记的反应物与标本作用，使待检结构具有特异性荧光发光，因此，荧光显微镜观察到的影像背景全黑，仅有目标结构发光。此外，一般标本中发荧光的杂质很少，因此保证了检测的特异性。

荧光是一种受激辐射发光。如图 6-41 所示，当特定波长的光照射到某些原子时，光的能量使核周的部分电子由原来的轨道（基态）跃迁到了能量更高的轨道（激发态）；但激发态是不稳定的，电子会从激发态恢复到基态，能量以光的形式释放，产生能量低于（波长长于）原激发光的荧光。生物医学领域最常用的单纯荧光光色有蓝色、绿色和红色，激发它们的色光分别为紫外光、蓝光和绿光。因此，多数荧光显微镜都至少要配置紫外、蓝、绿 3

种滤光片。

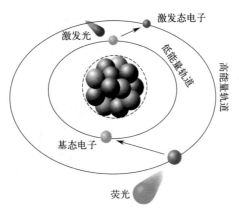

图 6-41　荧光产生原理示意图

观察荧光发光，须采用落射式照明系统，如图 6-42 所示，光路与明场显微镜的投射式照明不同，光源发出的光先穿过物镜反向发出，落射在标本上，激发荧光；标本发出的荧光经过物镜折射放大，按传统的光路通过目镜被观察到。在落射式照明光路中，物镜事实上还充当了聚光器的作用。切片的显微观察，先要用白光按投射式照明，找到目标部位，然后关闭透射光源，开启落射式照明。由于需要用到高能量（小波长）的激发光，荧光显微镜的光源通常为高压汞灯、氙灯或水银弧光灯，水银弧光灯发出的光比大多数白炽灯亮 10～100 倍，并提供从紫外线到红外线的各种波长的光。

荧光显微镜与传统显微镜的区别主要有两方面，一种是光源类型不同，另一种是使用的滤光片元件不同。荧光显微成像虽然解决了背景干扰的问题，但在结构反差、标本保存性等方面尚不能取代明场成像的技术。不过，在检测分子水平的反应结果时，荧光显微镜观察的是点光源，定位精度高于传统的明场成像。20 世纪 90 年代以后，不同模式的超高分辨率显微镜无一例外地以荧光显微技术为基础。

**应用领域**

荧光显微镜具有高度的专一性与灵敏性，它采用优质环保光学材料，荧光观察时，图像鲜艳清晰。而且随着新的荧光染料的发明，可不断扩大被测物质的范围。它可运用于以下领域。

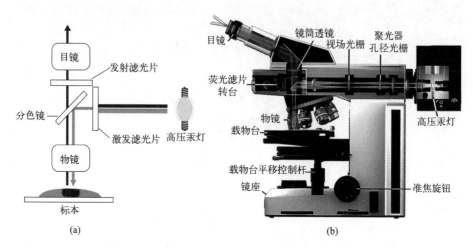

图 6-42 荧光显微镜的落射式照明系统

图（a）为其中一个绿光激发红色荧光的滤片组的光路模式图；图（b）为荧光显微镜正中剖面的侧视图，滤片转台当前位于光路中的滤片组能通过绿色光，激发产生红色荧光

① 生物学领域：借助荧光染料标记，可准确而详细地识别细胞和亚微观细胞成分和活动。

② 医疗领域：借助荧光试剂，可用来检测细菌、病毒的存在和分布，或对外科目标进行辅助标记，方便手术进行。

③ 矿物学领域：用于研究有自发荧光特性的物质，如沥青、石油、煤炭、氧化石墨烯等。

④ 材料科学领域：用于纺织工业或造纸业来分析基于纤维的材料，包括纺织品和纸张。

⑤ 半导体领域：用来观测具有荧光特性的材料，如磁珠等。

## 6.4 清洗灭菌专用仪器设备

### 高压灭菌锅（Autoclave）

高压灭菌锅，又称高压蒸汽灭菌器，是一种用于杀灭细菌、真菌、孢子等微生物的设备。其历史可以追溯到 1679 年，法国发明家丹尼斯·帕潘发明了蒸汽蒸煮器，这被视为高压灭菌锅的前身。然而，直到 19 世纪，高压蒸汽才被应用于消毒和杀菌。1831 年，英国医生威廉·亨利发表了实验证明蒸汽高温处理可以避免传播疾病，从而推动了高压蒸汽灭菌的发展。随着微生物学和细菌学的发展，19 世纪 70 年代后，科学家们基于高温灭菌的原理发明了不同类型的高压蒸汽灭菌器，这些设备使用高温蒸汽或干热灭菌。蒸汽灭菌器因其高效的灭菌和消毒效果而受到青睐，成为对医疗器械、敷料、玻璃器皿等进行消毒灭菌的理想设备。

**工作原理**

高压灭菌锅基于湿热灭菌原理，水在煮沸时所形成的蒸汽不能扩散到外面去，而是聚集在密封的容器中，在密闭的情况下，随着水的煮沸，蒸汽压力升高，温度也相应增高，如表 6-2 所示。温度越高，需时越短，热穿透能力越强，一般认定 115～121.3℃，对培养基的成分不产生破坏。

表 6-2　高压灭菌锅不同条件下的灭菌范围

| 压力/kPa | 水蒸气温度/℃ | 时间 | 灭菌范围 |
| --- | --- | --- | --- |
| 100 | 115 | 20min | 各种微生物和它们的孢子 |
| 147 | 121 | 15～30min | 各种微生物和它们的孢子或芽孢 |
| 156 | 180 | 4h | 热原质(Pyrogen)，即菌体中的脂多糖 |
| | 250 | 45s | |
| | 650 | 1s | |

如图 6-43 所示，使用高压灭菌锅时，将待灭菌的物品放在一个密闭的

加压灭菌锅内,通过加热,使灭菌锅隔套间的水沸腾而产生蒸汽,待水蒸气急剧地将锅内的冷空气从排气阀中驱尽,然后关闭排气阀,继续加热,此时由于蒸汽不能溢出,而增加了灭菌器内的压力,从而使其沸点增高,得到高于100℃的温度,导致菌体蛋白质凝固变性而达到灭菌的目的。

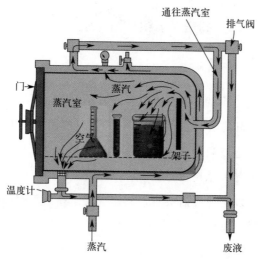

图 6-43　高压灭菌锅工作原理

高压灭菌锅类型较多,如图 6-44 所示,按照样式大小分为手提式高压灭菌锅、立式高压蒸汽灭菌锅、卧式高压蒸汽灭菌锅等。手提式高压灭菌锅为 18L、24L、30L。立式高压蒸汽灭菌锅从 30～200L 之间的多种,每个同样容积的还分为手轮型、翻盖型、智能型,智能型又分为标准配置、蒸汽内排、真空干燥型。

**应用领域**

高压灭菌锅在生物技术应用领域中是一个关键的设备,用于确保实验和生产过程的无菌性和生物安全性,有助于维持实验环境的洁净和保护实验样本免受微生物污染,以下是一些生物技术领域中高压灭菌锅的应用。

① 实验室器皿和仪器消毒:常用于实验室器皿、培养皿、培养瓶、微生物学实验仪器和操作工具的消毒。这有助于确保实验环境的无菌性,以防止实验样本受到污染。

② 培养媒体和培养试剂的制备:在生物技术研究中,需要使用培养媒

图 6-44　不同类型的高压灭菌锅

体和试剂。高压灭菌锅用于制备培养媒体、试剂和缓冲液，以确保它们的无菌性。

③ 细胞培养：在细胞培养实验中用于消毒培养器皿、培养介质和操作工具，以维持细胞培养的洁净条件。

④ 临床诊断：在临床实验室中用于消毒临床样本容器、培养介质和实验仪器，以确保诊断和检测结果的准确性和可靠性。

⑤ 药品生产：在制药工业中用于灭菌药物、药品容器和包装材料，确保药品的无菌性和质量。

⑥ 生物制品制备：在制备生物制品（如疫苗、生物制剂和抗体）的过程中用于灭菌生产设备和容器，以防止微生物污染。

⑦ 基因编辑和细胞治疗：在基因编辑和细胞治疗领域用于消毒质粒、细胞培养介质和操作设备，以确保基因编辑和细胞治疗的安全性和有效性。

⑧ 实验室废物处理：用于处理实验室废物，如生物危险废物、培养基废液和用过的培养皿，以防止微生物的传播和污染。

# 超声波清洗机（Ultrasonic Cleaner）

超声波清洗机是一种基于超声波的振荡作用来清洗物品的设备，利用超声波的高频振动作用将污染物从物体表面分离并清洗掉。其发展可以追溯到20世纪30年代早期，当时美国无线电公司的技术人员尝试了自制的超声波清洗系统，但未获成功。到了20世纪50年代，超声波清洗技术开始得到较大发展，工作频率在20～40kHz之间。超声波清洗能够对物件施加巨大能量进行清洗，尤其对附着在基底上的污垢有良好效果。然而，超声波也可能损伤某些性质脆弱的基底材料。近年来，随着技术革新，超声波清洗技术不断发展，特别是中高频超声波清洗技术的出现，提高了对敏感基底材料上污物的清除安全性。此外，人们发现采用兆声波清洗可以去除半导体材料表面的超细微粒，而不会损伤基底材料。这项技术在近年得到了快速普及。

**工作原理**

声波是一种通过介质（如空气、水和金属）传播的振动，是物体机械振动能量的传播形式（表6-3）。

表6-3 声波在不同介质中的传播速度

| 介质 | 声波传播速度/(m/s) | |
| --- | --- | --- |
|  | 纵波 | 横波 |
| 空气 | 340 | — |
| 水 | 1500 | — |
| 铅 | 1960 | 690 |
| 金 | 3240 | 1220 |
| 铁 | 5920 | 3240 |
| 钛 | 6100 | 3120 |
| 铝 | 6380 | 3130 |
| 铍 | 12890 | 8880 |

声波传播如图6-45所示，用弹簧压缩和伸长表示声波在介质中的传播特性：在压缩区域的点，介质中的压力为正。在稀疏区域中的点，介质中的压力为负。

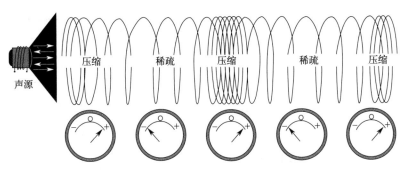

图 6-45 声波传播示意图

超声波定义为"人类听不见的高频声音",其频率一般超过 20kHz,超出了一般人类听觉的上限,如图 6-46 所示和表 6-4。

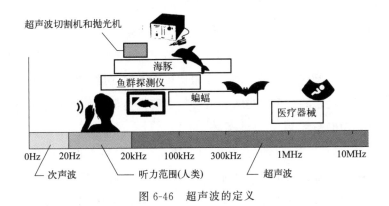

图 6-46 超声波的定义

频率高于 20kHz 为超声波,蝙蝠、海豚等可以听见。在 20Hz~20kHz 之间为人耳可听见声波,频率低于 20Hz 为次声波,大象和牛等动物可以听见。

表 6-4 人类和其他选定动物的听力频率范围

| 动物 | 频率/Hz | |
|---|---|---|
| | 低频 | 高频 |
| 人类 | 20 | 20000 |
| 猫 | 100 | 32000 |
| 狗 | 40 | 46000 |
| 马 | 31 | 40000 |
| 大象 | 16 | 12000 |
| 牛 | 16 | 40000 |
| 蝙蝠 | 1000 | 150000 |
| 蚱蜢和蝗虫 | 10 | 50000 |
| 啮齿动物 | 1000 | 100000 |

续表

| 动物 | 频率/Hz | |
|---|---|---|
| | 低频 | 高频 |
| 鲸鱼和海豚 | 70 | 150000 |
| 海豹和海狮 | 200 | 55000 |

超声和可闻声本质上是一致的，它们都是一种机械振动模式，都是由物体的机械振动所产生的，通常以纵波的方式在弹性介质内传播，在媒质中有反射、折射、衍射、散射等传播规律，是一种能量的传播形式。其不同点是超声波频率高，波长短，其波长只有几厘米，甚至千分之几毫米。因此与可闻声波比较，超声波具有许多奇异特性，主要有以下几个方面。

① 传播特性　因为超声波的波长很短，而通常障碍物的尺寸要比超声波的波长大好多倍，因此超声波的衍射本领很差，它在均匀介质中能够定向直线传播，超声波的波长越短，该特性就越显著。

② 功率特性　当声音在空气中传播时，推动空气中的微粒往复振动而对微粒做功。声波功率就是表示声波做功快慢的物理量。在相同强度下，声波的频率越高，它的功率就越大。由于超声波频率很高，所以超声波与一般声波相比，功率非常大。

③ 空化作用　当超声波在介质中传播时，存在一个正负压强的交变周期，在正压相位时，超声波对介质分子挤压，改变介质原来的密度，使其增大；在负压相位时，使介质分子稀疏，进一步离散，介质的密度减小，当用足够大振幅的超声波作用于液体介质时，介质分子间的平均距离会超过使液体介质保持不变的临界分子距离，液体介质就会发生断裂，形成微泡。这些小空洞迅速胀大和闭合，会使液体微粒之间发生猛烈的撞击作用，从而产生几千到上万个大气压强。微粒间这种剧烈的相互作用，会使液体的温度骤然升高，起到了很好的搅拌作用，从而使两种不相容的液体（如水和油）发生乳化，且加速溶质的溶解，加速化学反应，这种由超声波作用在液体中所引起的各种效应称为超声波的空化作用。

超声波清洗机基本构造如图 6-47 所示，工作时，主要是通过换能器将功率超声频源的声能转换成机械振动，通过清洗槽壁将超声波辐射到槽子中的清洗液。由于受到超声波的辐射，槽内液体中的微气泡能够在声波的作用下保持振动，这些微气泡在破裂时会产生强大的冲击力，从而将污垢和油脂

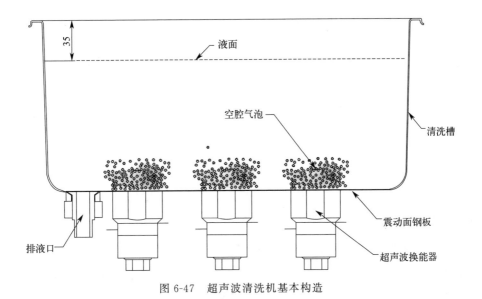

图 6-47 超声波清洗机基本构造

单位：mm

从被清洗物表面及内部分离。同时，超声波在清洗液中传播时会产生正负交变的声压，形成射流，冲击清洗物。并且由于非线性效应会产生声流和微声流，而超声空化在固体和液体界面会产生高速的微射流，所有这些作用能够破坏污物，除去或削弱边界污层，增加搅拌、扩散作用，加速可溶性污物的溶解，强化化学清洗剂的清洗作用。

值得一提的是，超声波清洗机中的换能器起着至关重要的作用，它是一种能量转换器件。它的主要功能是将输入的电功率转换成机械功率（即超声波）再传递出去，而自身消耗掉的功率很少（小于10%）。由于受到超声波的辐射，槽内液体中的微气泡能够在声波的作用下保持振动。

超声波清洗机工作原理如图 6-48 所示，利用高频振动（17～30kHz）产生的超声波，在液体中形成微小气泡，这些小气泡快速压缩与扩张过程中，不停地产生内爆作用，便发生了著名的"超声波空化效应"，使清洗液能够深入到物体表面的微小裂缝和孔隙中，使被清洗物形成不规则形体或细缝中的污物被震离表面，去除难以触及的污垢，从而实现了高度洁净的清洁效果。未来随着技术的不断进步和市场需求的不断增长，超声波清洗机将会在更多领域得到应用，同时也会更加环保、高效和智能化。

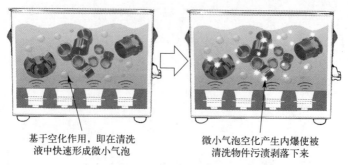

图 6-48　超声波清洗机工作原理

**应用领域**

超声波清洗机在生物技术领域中是一种高效的清洗和消毒工具，用于确保实验室、医疗设备和生物样本的洁净性和无菌性，对于实验的准确性和结果的可靠性至关重要。

① 实验室玻璃器皿清洗：在分子生物学和细胞生物学研究中，实验室经常使用各种各样的玻璃器皿，如试管、培养皿、移液器和离心管。超声波清洗机可以高效地去除这些器皿上的残留物和污垢，确保实验的准确性和可靠性。

② 实验仪器清洗：实验室中的各种仪器和设备需要定期清洗和维护，以保持其性能。超声波清洗机可用于清洗分光光度计、离心机零件、PCR设备和其他实验仪器的零件。

③ 生物样本容器清洗：在分子生物学和临床诊断中，样本的准确性和无菌性至关重要。超声波清洗机可用于清洗血液样本容器、组织切片玻璃片和其他生物样本容器，确保样本质量。

④ 蛋白质和核酸纯化：超声波清洗可以用于清洗和处理蛋白质和核酸纯化过程中的实验器材，确保样品的无菌性和质量。

⑤ 生物医学器械清洗：在制药和医疗设备制造中，超声波清洗机用于清洗和消毒医疗器械和医疗设备，以确保其安全性和无菌性。

⑥ 细胞培养器皿清洗：超声波清洗机可以用于细胞培养实验中培养皿、细胞培养罐和培养器的清洗，以维持细胞培养的无菌性和洁净性。

⑦ 实验室耗材清洗：实验室中的各种耗材，如吸头、过滤器、磁珠等，经常需要清洗和消毒，以确保实验结果的准确性。

# 第 7 章

# 材料科学专用分析仪器

## X 射线光电子能谱仪（X-ray Photoelectron Spectroscopy, XPS）

X 射线光电子能谱，是一种使用电子谱仪测量 X 射线光子辐照时样品表面所发射出的光电子和俄歇电子能量分布的方法。通过收集在入射 X 射线作用下，从材料表面激发的电子能量、角度、强度等信息对材料表面进行定性、定量和结构鉴定的表面分析方法。一般以 Al、Mg 作为 X 射线的激发源，俗称靶材。XPS 可用于定性分析以及半定量分析，一般从 XPS 图谱的峰位和峰形获得样品表面元素成分、化学态和分子结构等信息，从峰强可获得样品表面元素含量或浓度。

1887 年，海因里希·鲁道夫·赫兹发现了光电效应，1905 年，爱因斯坦解释了该现象（并由此获得了 1921 年的诺贝尔物理学奖）。1907 年，P. D. Innes 用伦琴管、亥姆霍兹线圈、磁场半球（电子能量分析仪）和照相平板做实验来记录宽带发射电子和速度的函数关系，他的实验事实上记录了人类第一条 X 射线光电子能谱。其他研究者如亨利·莫塞莱、罗林逊和罗宾逊等人分别独立进行了多项实验，试图研究这些宽带所包含的细节内容。XPS 的研究由于战争而中止，第二次世界大战后瑞典物理学家凯·西格巴恩和他在乌普萨拉的研究小组在研发 XPS 设备中获得了多项重大进展，并于 1954 年获得了氯化钠的首条高能高分辨率 X 射线光电子能谱，显示了 XPS 技术的强大潜力。1967 年之后的几年间，西格巴恩就 XPS 技术发表了一系列学术成果,使 XPS 的应用被世人所公认。与西格巴恩合作,美国惠普公司于 1969 年制造了世界上首台商业单色 X 射线光电子能谱仪。1981 年,西格巴恩获得诺贝尔物理学奖,以表彰他将 XPS 发展为一个重要分析技术所作出的杰出贡献。

现代 XPS 不仅可以给出材料表面元素组成及其化学态(原子价态及化学环境变化)和元素相对含量信息,还可以提供表面横向与纵向深度分布信息,材料价带结构信息等。

**工作原理**

XPS 的工作原理如图 7-1 所示。

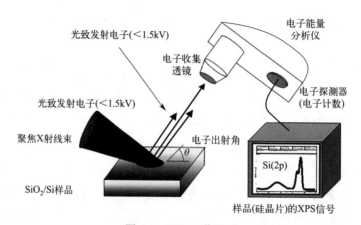

图 7-1 XPS 工作原理

① XPS 定性分析元素组成:光电离作用,当一束光子辐照到样品表面时,光子可以被样品中某一元素的原子轨道上的电子所吸收,使得该电子脱离原子核的束缚,以一定的动能从原子内部发射出来,变成自由的光电子,而原子本身则变成一个激发态的离子。根据爱因斯坦光电发射定律有:

$$E_k = h\nu - E_B$$

式中,$E_k$ 为出射的光电子动能;$h\nu$ 为 X 射线源光子的能量;$E_B$ 为特定原子轨道上的结合能(不同原子轨道具有不同的结合能)。

从上式可以看出,对于特定的单色激发源和特定的原子轨道,其光电子的能量是特征的。当固定激发源能量时,其光电子的能量仅与元素的种类和所电离激发的原子轨道有关。因此,我们可以根据光电子的结合能定性分析物质的元素种类。

② XPS定性分析元素的化学态与分子结构：原子因所处化学环境不同，其内壳层电子结合能会发生变化，这种变化在谱图上表现为谱峰的位移（化学位移）。这种化学环境的不同可以是与原子相结合的元素种类或者数量不同，也可能是原子具有不同的化学价态。

XPS仪器设计与最早期的实验仪器相比，有了非常明显的进展，但是所有的现代XPS仪器都基于相同的构造，如图7-2所示，包括进样室、超高真空系统、X射线激发源、离子源、电子能量分析器、检测器系统、荷电中和系统及计算机数据采集和处理系统等。这些部件都包含在一个超高真空（Ultra High Vacuum，简称为UHV）封套中，通常用不锈钢制造，一般用金属作电磁屏蔽。

图 7-2　XPS仪器构造图

X射线光电子能谱分析的优势如下。

XPS是一种在材料表面分析中常用的先进分析技术，其对材料的分析过程中，不仅能得到总体的化学信息，还能获取微区和深度分布等方面的信息，其具体特点如下。

① 测试范围广，可对表面存在的除H和He以外的所有元素进行定性和定量分析；

② 测试中能获取丰富的化学信息，且能对样品表面无损伤检测；

③ 相邻元素的同种能级的谱线相隔较远，相互干扰少，元素定性的标识性强；

④ 能检测元素的化学位移，从而用于材料研究中结构分析和化学键研究；

⑤ 是一种高灵敏超微量表面分析技术，探测深度约 3~10nm。

X 射线光电子能谱分析注意事项如下。

① 样品最大规格尺寸为 1cm×1cm×0.5cm，当样品尺寸过大需切割取样；

② 取样的时候避免手和取样工具接触到需要测试的位置，取下样品后使用真空包装或其他能隔离外界环境的包装，避免外来污染影响分析结果；

③ XPS 测试的样品可喷薄金（不大于 1nm），可以测试弱导电性的样品，但绝缘的样品不能测试；

④ XPS 元素分析范围 Li~U，只能测试无机物，不能测试有机物，检出限 0.1%。

XPS 样品荷电问题及解决办法如下。

在 XPS 测试过程中，如果样品绝缘或导电性不好，经 X 射线辐照后，其表面产生的正电荷不能得到电子的补充而导致电荷积累，使测得的结合能比正常值要偏高。

样品荷电问题很难用某一种方法彻底消除，常用的解决方法有以下几种：

① 在样品表面蒸镀导电性好的物质如金等。但蒸镀物质的厚度会对结合能的测定有影响，而且蒸镀物质可能会与样品相互作用，从而影响测试结果；

② 测试过程中利用低能电子中和枪辐照出大量低能负电子到样品表面，中和正电荷。但如何控制辐照电子流密度而不产生过中和现象仍是一大难点，有待解决；

③ 在 XPS 分析中，一般会采用内标法对测试结果进行校准。常用的是碳内标法，用真空系统中最常见的有机污染碳的 C1s 结合能 284.8eV 进行校准，或者采用检测材料中已知状态稳定元素的结合能进行校准；

④ 在 XPS 定量分析中，相关标准物质必不可少。目前我国在这方面的研究还刚刚开始，需要根据产业需求，研制更多标准物质，以促进标准的执行。

**应用领域**

元素的定性分析：可以根据能谱图中出现的特征谱线的位置鉴定除 H、He 以外的所有元素（定性分析的相对灵敏度为 0.1%）。

① 元素的定量分析：根据能谱图中光电子谱线强度（光电子峰的面积）反应原子的含量或相对浓度。

② 固体表面分析：包括表面的化学组成或元素组成，原子价态，表面能态分布，测定表面电子的电子云分布和能级结构等。

③ 化合物的结构：可以对内层电子结合能的化学位移精确测量，提供化学键和电荷分布方面的信息。

④ 分子生物学中的应用：如利用 XPS 鉴定维生素 $B_{12}$ 中的少量的 Co。

⑤ 膜表面深度分析：用 $Ar^+$ 离子束清除材料表面污染层，对材料进行深度剖析。

⑥ 生物医学：XPS 可以用于研究生物材料的表面化学成分和表面性质。它可以对生物材料的相容性、附着性和生物活性进行研究。

⑦ 环境和能源：研究环境污染物的表面化学成分和表面性质，了解污染物的来源、迁移和转化，并研究环境污染和能源转化的机制。

⑧ 电池及储能技术：分析正负极材料的表面化学状态，评估电池的性能和稳定性；研究电池材料的表面反应和电化学界面特性。

# 元素分析仪（Elemental Analyzer）

元素分析仪作为一种实验室常规仪器，能够同时定量分析测定固体、高挥发性和敏感性有机物中 C、H、N、S 的含量，具有分析结果精确、可大批量检测的特点。

**工作原理**

主要是利用微量高温燃烧和示差导热方法得到有机化合物中的各元素含量，单次测试时间仅需要 9min。其测试模式通常可分为 CHNS、CHN 和 O 模式三种。

CHNS 测定模式下，样品在可熔锡囊或铝囊中称量后，在 1150℃、纯氧氛围的氧化管中完全燃烧产生 $CO_2$、$H_2O$、$NO_x$、$SO_2$、$SO_3$ 等气体，同时试剂将一些干扰物质，如卤族元素、S 和 P 等去除。随后该混合气在还原管（850℃、还原铜）中进一步还原为 $CO_2$、$H_2O$、$N_2$、$SO_2$ 等气体经过吸附-解吸柱分离后通过色谱柱进行分离后热导检测，得到 C、H、N、S 元素含量。

测定 O 的方法则主要是裂解法，样品在纯氦氛围下热解后与铂碳反应生成 CO，然后通过热导池的检测，最终计算出氧的含量。

元素分析仪广泛应用于各类样品（有机化合物、药物、高分子材料、食品、植物、土壤、河流/海洋沉积物等）中 C、H、N、S 或 O 元素（质量分数＞0.5%）的定性和定量分析，例如有机化合物纯度鉴定、环境样品中总碳/总氮含量测定等。

元素分析仪主要由进样系统、检测系统、数据处理系统和控制系统等部分组成，如图 7-3 所示。进样系统将待测样品引入仪器，检测系统将样品进行分离和检测，数据处理系统对实验数据进行采集、处理和输出，控制系统则整体控制仪器的正常运转。

图 7-3 元素分析仪的基本构造

**应用领域**

相比传统的化学分析方法,元素分析仪能够在短时间内完成样品的分析,节省了大量的工作时间,同时还可以准确测量非常小的元素含量,甚至在微量和痕量级别下也可以提供准确的数据。以下是元素分析仪在各个领域中的应用:

① 节能减排:煤、油品成分分析。

② 环境监控:混合肥料、废弃物、软泥、淤泥、矿泥、煤泥、沉淀物、肥料、固液垃圾检测。

③ 地质材料:海洋和河流沉积物、土壤、岩石和矿物检测。

④ 农业产品:植物、木料、食物、乳制品检测。

⑤ 化学和药物产品:化工产品、药物产品、催化剂、有机金属化合物、塑料、合成橡胶、皮革、纤维材料和纺织产品的检测。

⑥ 石油化工和能源:煤炭、石墨、焦炭、原油、燃料油、汽油添加剂、润滑油、油品添加剂的检测。

# 比表面积分析仪（Specific Surface Area Analyzer）

比表面积又称比表面，指 1g 固体物质所具有的表面积，它包括内表面积和外表面积之和，常用符号 SA 来表示，单位为 $m^2/g$，它是表征固体性能的最重要的物化参数之一。比表面积的影响因素有很多，包括材料内部的孔结构，以及材料表面的粗糙程度。因而，比表面积测定仪是生产、科研和教学工作中不可或缺的分析仪器设备。比表面积分析仪是一种对粉体及多孔材料的研究级分析系统。有一站和两站两个型号，可升级到高真空，超低压吸附和化学吸附分析能力。可以使用氮气、氩气、二氧化碳和其他多种气体，包括氦气，具有广泛的应用性。1962 年，美国麦克仪器研制出世界上第一台自动比表面积分析仪，由此开启了比表面积分析仪的发展之路。

**工作原理**

一定压力下，被测样品表面在超低温下对气体分子具有可逆物理吸附作用，且存在确定的平衡吸附量。通过测定该吸附量，利用理论模型来等效求出样品的比表面积。

比表面积分析仪所采用的分析方法是低温氮吸附法。采用的气体是氦氮混合气，氮气为被吸附气体，氦气为载气。当样品进样器进行液氮浴时，进样器内温度降低至 $-195.8℃$，氮分子能量降低，在范德华力作用下被固体表面吸附，达到动态平衡，形成近似于单分子层的状态。由于物质的比表面积数值和它的吸附量是成正比的。通过一个已知比表面积物质（标准样品）的吸附量，和未知比表面积物质的吸附量做对比就可推算出被测样品的比表面积。

吸附过程：由于固体表面对气体的吸附作用，混合气中的一部分氮气就会被样品吸附，则氮气浓度便会降低，仪器内置的检测器检测到这一变化后，数据处理系统会将相应的电压变化曲线转化为数字信号通过计算机运算，从而出现一个倒置的吸附峰，等吸附饱和后氦、氮气的比例又恢复到原比值，基线重新走平。由于吸附过程不参与运算，所以四组样品可以同时吸附。

脱附过程：吸附过程完毕后，等基线完全走平就可进行脱附操作。脱附操作其实是一个解除液氮浴的过程，在低温下吸附到物质表面的氮分子会解吸出来，从而使混合气体的氮气浓度升高，仪器内置的检测器检测到这一变化后，数据处理系统会将相应的电压变化曲线转化为数字信号通过计算机运算，从而出现一个正置的脱附峰，等脱附过程结束后，氦、氮气的比例又恢复到原比值，基线重新走平。脱附操作要带入运算公式，所以脱附样品要逐一进行操作。每个样品脱附过程都会形成一个正置的脱附峰，软件做相应的积分运算，从而获得被测样品的吸附量，并通过和已知比表面积的标准样品的吸附量做对比，最后得到准确的比表面积数值。

比表面积分析仪如图 7-4 所示，其组成部件包括压力传感器以及用以真空、吸附质气和隔离样品的阀，样品管，液氮恒温浴和储气罐。由它们构成温控单元、测压单元、真空系统、样品管、贮气器及歧管系统。来自贮气器的吸附质气进入样品管和平衡管，样品管侧的样品压力传感器对因样品吸附气体引起的样品管中压力下降感应，并引发伺服阀开闭以维持恒压，位于样品管和平衡管之间的传感器检测两管之间的压力差，并触发另一伺服阀去平衡两管压力。通过压力传感器监测两贮气器之间压力，并判定样品吸附的气体量。此吸附量实际上经测量的压力值与包括歧管在内的死空间体积计算得到。

图 7-4　比表面积分析仪

分类

① 动态直接对比法比表面仪　只测比表面积，快速，便宜，适合在线监测，应该考虑被测样品与标准样品的吸附特性一致；

② 动态 BET 比表面仪　可以测定 BET 比表面积，也可进行单点 BET 或直接对比法的比表面积快速测定，比静态仪器相对便宜，但动态仪器不具备严格的孔径分析的条件，也不适合微孔材料的比表面积测定，这类仪器适合于生产确定产品的比表面积监测；

③ 静态容量法比表面积及介孔孔径分析仪　可进行比表面积及介孔孔径分析，同时可通过 t-图法、DR 法、MP 法对微孔进行粗略分析，这类仪器适合于介孔与大孔材料的研究与生产检测；

④ 静态微孔分析仪　带分子泵，具有最全的功能，精度相对更高，价格相对较高，适合于多类型材料，特别是微孔材料的研究。

测试范围

用于测定材料的单点和多点 BET 表面、吸附和脱附等温线、孔径分布、总孔体积等。测试所需样品量比表面积大于 $1000m^2/g$ 时，称重 $0.05\sim0.08g$；比表面积大于 $10m^2/g$ 且小于 $1000m^2/g$ 时，称重 $0.1\sim0.5g$；比表面积小于 $1m^2/g$ 时，称重 $1g$ 以上。

**应用领域**

比表面积、总孔体积和孔径分布对于工业吸附剂的质量控制和分离工艺的发展非常重要，它们影响吸附剂的选择性。颜料或填料的比表面积影响涂料的光泽度、纹理、颜色、颜色饱和度、亮度、固含量及成膜附着力（孔隙度影响涂料的应用性能，例如流动性、干燥性或凝固时间及膜厚）。以下是比表面积分析仪在各个领域中的应用。

① 催化剂行业　催化剂的活性表面及孔结构显著影响反应速度和效果。催化剂的孔道是催化反应发生的场所，孔结构影响催化剂的表面利用率和反应物分子在催化剂内的扩散情况，并进而影响催化剂的活性、反应速率、寿命和机械强度等。孔径的限制只允许所需大小的分子进入并通过，使催化剂产生预期的催化作用进而得到主要产物（化学吸附测试实验对选择特殊用途催化剂、催化剂生产商品质鉴定及测试催化剂的有效性以便确定何时更换催

化剂等方面都非常有价值）。

② 炭化学（活性炭、炭黑）行业　在汽车油气回收、油漆的溶剂回收和污水等污染控制方面，活性炭的孔隙度和比表面积必须控制在很窄的范围内。轮胎的磨损寿命、摩擦性和使用性能与添加的炭黑的比表面积相关。

③ 建筑材料行业　隔热防护罩和绝缘材料的比表面积和孔隙度影响其重量和功能。

④ 陶瓷行业　比表面积和孔隙度影响陶坯的加工和烧结固化以及成品的强度、质感、外观和密度。釉料以及玻璃原料的比表面积影响皱缩、裂纹、表面分布的均匀性，有助于决定烧制工艺参数。

⑤ 电池行业　储能电池中的关键部分——储能材料，对材料的比表面积要求非常严格，过大或过小都对电池的性能不利，因此比表面积成为电极材料最重要的物理性能指标。

随着材料技术的不断发展，比表面积及空隙度（孔容积）的性能测定还在其他许许多多的行业中有着广泛的应用，如电磁材料、荧光材料、粉末冶金、吸附剂、化妆品、食品等领域。对颗粒材料来讲，比表面积逐渐成为与粒径同等重要的物理性能。

# 化学吸附分析仪(Chemisorption Analyzer)

化学吸附分析仪可以提供在设计和生产阶段评估催化剂材料所需的大量信息,以及在它使用一段时间之后的信息反馈。化学吸附仪具有多种表征功能,能够对固体催化剂进行程序升温脱附(TPD)、程序升温还原(TPR)、程序升温表面反应(TPSR)等研究,也可对失活催化剂、干燥催化剂进行程序升温氧化(TPO)研究。利用化学吸附仪中的脉冲吸附技术还可对催化剂的酸性、表面金属分散度、金属与载体的相互作用等进行研究。这些分析方法的使用,在催化剂研制过程中起着至关重要的作用。

**工作原理**

化学吸附仪原理是 BET 多层吸附模型,理论基础是 Langmuir 吸附等温式。低压下气体在金属表面的吸附,基于吸附-脱附的分子动力学模型推导出一个单分子吸附的吸附等温式:

$$\theta = V/V_m = ap/(1+ap)$$

式中,$\theta$ 为表面覆盖度;$V$ 为吸附量;$V_m$ 为单层吸附容量;$p$ 为吸附质蒸气吸附平衡时的压力;$a$ 为吸附系数(吸附平衡常数)。

混合气体(吸附气体与载气)流经样品管,在一定温度下,吸附气体与样品(表面)发生化学反应,则吸附气体浓度发生变化,检测进样前后气体浓度变化,从而测出气体消耗量。

TPR　确定催化剂中可被还原成分的数量、开始被还原的温度、还原的截止温度等。

TPO　催化剂在完成 TPR 还原之后重新被氧化,确定被重新氧化部分占总共被还原部分的比例,用这个比例来反映催化剂的循环氧化还原性能。

TPD　确定催化剂表面可用活性点在吸附某种气体后,在一定温度下,这些被吸附的气体从表面活性点,完全脱出时所需要的能量(解吸附能),以便通过解吸附能的大小反映催化剂的活性强弱。

脉冲化学吸附　确定催化剂活性表面积，催化剂表面金属分散率，活性颗粒大小。

Langmuir 模型的基本假设为：

① 吸附剂表面存在吸附位，吸附质分子只能单层吸附于吸附位上；

② 吸附位在热力学和力学意义上是均一的（吸附剂表面性质均匀），吸附热与表面覆盖度无关；

③ 吸附分子间无相互作用，只与固体表面发生相互作用；

④ 吸附-脱附过程处于动力学平衡之中。

Langmuir 公式是一个理想的吸附公式，代表了在均匀表面上吸附分子彼此没有作用，而且吸附是单分子层情况下吸附达到平衡时的规律，但是在实践中不乏与其相符的实验结果。这可能是实际非理想的多种因素互相抵消所致。

化学吸附分析仪如图 7-5 所示，其配有热导池检测器（TCD）、高精度质量流量控制器 MFC、可升降高温炉、自动空冷组件、气体进气端口、易于装卸的多种规格石英样品管、标准样品 LOOP 环、蒸气发生器（带加热）、一个冷阱、一个零站。气体蒸发器下游管路包括零站带加热保温装置。

图 7-5　化学吸附分析仪

AMI-300 全自动程序升温化学吸附仪的主要特点：

① 温度范围宽　实验温度可至 1200℃，全范围升温速率均可达 1～50℃/min。

② 样品装载方便　灵活可移动的加热炉，多种规格的样品管，适用于

不同样品尺寸、剂量。

③ 分析时间短　自动控制的空气冷却组件使得降温更迅速,有效缩短实验时间。

④ 全自动测试　电脑自动采集和储存数据,实现用户高度自由化操作;可灵活选择并编辑 TPD、TPO、TPR、TPRS,脉冲化学吸附、定量环校准实验等,可设置多达 99 个实验程序,全自动化完成所有实验。

⑤ 数据处理强大　数据处理软件能完成信号峰的拟合、分峰、积分、微分和叠加处理,从而获取样品的特征信息,包括催化剂的表面特征、表面酸性/碱性活性位点分布、活化能、反应动力学数据等。

**应用领域**

① 烟草领域:可用于分析测试吸附材料对于卷烟的降焦减害性能,烟用添加剂在烟草上的吸附性能,以及烟草原料的保润性能。仪器可在高真空、高压、超低温和高温条件下工作,实现催化反应、程序升温还原(TPR)/脱附(TPD)/氧化(TPO)/表面反应(TPSR)以及脉冲滴定等。

② 能源领域:利用化学吸附仪进行 $H_2$-TPD/$O_2$-TPD 测试储氢/储氧材料(如稀土材料)的性能;选择性催化还原脱硝催化剂对 NO、$NH_3$ 等反应气的吸脱附能力测试。

③ 环保领域:环保局、卫生监测局等采集室内空气样品,利用化学吸附仪测定甲醛含量是否超标;空气净化材料中的化学吸附剂对特定气体的吸附性能。

④ 科研领域:高校、研究院所应用化学吸附仪对所制备的新型催化剂进行全面表征,包括:催化剂(如分子筛、氧化铝、氧化硅及复合氧化物材料)的表面酸性/碱性;负载型贵金属催化剂的活性组分分散度、活性比表面积及平均颗粒尺寸;动力学研究;表面吸附物种形态研究;催化剂烧结性能测试。

⑤ 其他工业领域

a. 加氢裂化领域:加氢裂化催化剂通常需要在一定条件下进行预硫化才能获得较高的活性和选择性,因此研究催化剂的硫化性质具有重要意义。

程序升温硫化（TPS）是研究此过程的最有效方法，此技术可使硫化过程更接近实际反应条件，因此比等温硫化更能代表工业硫化过程。

b. 工艺参数优化：利用化学吸附仪研究温度、压力及湿度等对于催化剂吸脱附性质的影响，为催化剂选择最佳反应条件，从而确定工艺参数。

c. 合成领域：甲醇合成领域常进行 $H_2$-TPD、CO-TPD 和 $CO_2$-TPD，甲烷化催化剂常进行 CO-TPD、$CO_2$-TPD 实验，以上均是为了研究催化剂对于反应物和产物的吸/脱附能力（间接体现转化能力）。

# 扫描隧道显微镜（Scanning Tunneling Microscope, STM）

1981 年，Gerd Binning 和 Heinrich Rohrer 在 IBM 位于瑞士苏黎世的苏黎世实验室发明了扫描隧道显微镜。STM 在当时具有空前高的分辨率，最高横向空间分辨率可达 0.1nm，纵向垂直高度分辨率可达到 0.01nm，可以观察物质表面形貌，获得样品表面局域态密度，定位和操纵原子等，从而将人们带进了微观世界，被公认为 20 世纪 80 年代世界十大科技成就之一。两位发明者因此与电子显微镜的发明者 Ernst August Friedrich Ruska 分享了 1986 年诺贝尔物理学奖。

STM 是扫描探针显微镜的一种，利用探针尖端与物质表面原子间的不同种类的局部相互作用力，利用量子隧穿效应，基于对探针和物体表面之间隧穿电流大小的探测，观察和定位物体表面上单原子级别的起伏，具有比同类的原子力显微镜更高的分辨率。此外，STM 在低温下可以利用探针尖端精确操纵原子，因此它不仅是重要的微纳尺度测量工具，又是颇具潜力的微纳加工工具。

**工作原理**

（1）隧穿效应

STM 的主要工作原理是量子力学中的隧穿效应。量子隧穿效应（Quantum Tunneling Effect）指的是，像电子等微观粒子能够穿入或穿越位势垒的量子行为，尽管位势垒高度的能量大于粒子的总能量。在经典力学里，这是不可能发生的，但使用量子力学理论却可以给出合理解释。如图 7-6 所示。

将样品表面和原子线度的极细探针针尖看作两个电极，如图 7-7 所示，将它们之间的真空层看作为势垒区域（仅仅几个埃宽），这样就可以把这种样品-真空-针尖的结构类比成金属-绝缘体-金属的隧道结。现定义样品的费米能级与真空能级的能量差为功函数，用 $\Phi$ 表示。当对样品或者针尖一端

施加偏压 $V$ 时,电子因量子隧道效应由针尖转移到样品而形成隧道电流,隧道电流为:

$$I \propto V \rho s(E_f) e^{-2kd}$$

式中,$k = \sqrt{2m\Phi}/h$;$\rho s(E_f)$ 为样品局域态密度。

图 7-6　量子隧穿效应示意图

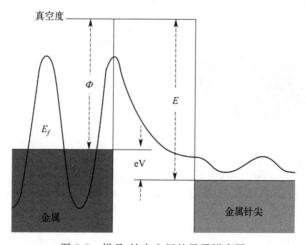

图 7-7　样品-针尖之间的量子隧穿图

STM 通过把空间尺度转化为电流信号,从而获取样品表面的形貌图像。当针尖和样品之间的距离改变 0.1nm 时,隧道电流将改变一个数量级,从而使得扫描隧道显微镜具有非常高的纵向分辨率,可以达到 0.01nm。针尖与样品表面之间的距离一般为 0.3~1.0nm。

因此,可以根据隧道电流的变化,得到样品表面微小的高低起伏变化的信息,如果能同时对 $x$-$y$ 方向进行扫描,就可以直接得到三维的样品表面形貌图。

（2）两种工作模式

STM 扫描样品时，针尖沿着面内垂直的方向做二维运动，有两种工作模式，分别是恒流模式和恒高模式。

① 恒流模式

如图 7-8 所示，恒流扫描时，控制电路的隧道电流保持不变，针尖将随样品表面的高低起伏而上下运动，从而得到样品表面的高度信息。由于要控制隧道电流不变，针尖与样品表面之间的局域高度也会保持不变，因而针尖就会随着样品表面的高低起伏而做相同的起伏运动，高度的信息也就由此反映出来。这就是说，STM 得到了样品表面的三维立体信息。这种工作方式获取图像信息全面，显微图像质量高，应用广泛。

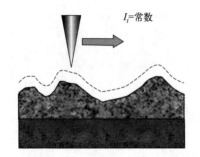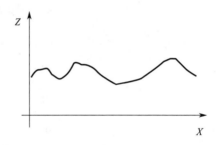

图 7-8　恒流模式

② 恒高模式

如图 7-9 所示，恒高扫描时，针尖的高度保持不变，样品表面的高低起伏，使得针尖与样品的局部距离发生变化，因而得到不断变化的隧道电流。

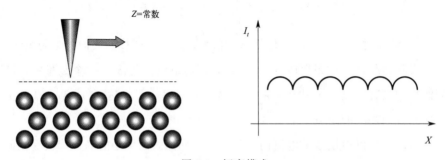

图 7-9　恒高模式

一般情况下，STM 扫描采用恒流模式。因为在恒高模式中，由于反馈回路的关闭，扫描头以恒定的高度扫描过样品表面，无法对样品表面的形貌变化做出相应的调整，容易出现撞针（探针接触到样品表面），进而损坏探针或者样品的情况。这种工作方式仅适用于样品表面较平坦且组成成分单一（如由同一种原子组成）的情形。

STM 扫描头加上外置的电子控制设备和隔震系统，共同组成了 STM 系统，如图 7-10 所示。

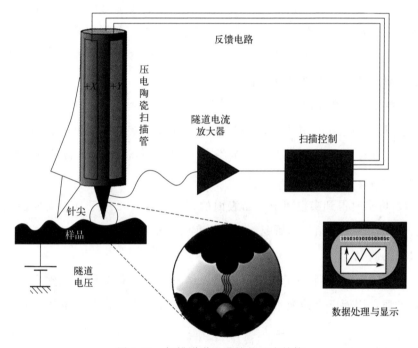

图 7-10 扫描隧道显微镜的基本结构

STM 扫描头主要由粗调定位器、压电扫描管、样品台、针尖架等组成。针尖的大小、形状等直接影响图像的分辨率、图像的形状和测定的电子态。其宏观结构应使得针尖具有高的弯曲共振频率，提高采集速度。如果针尖的尖端只有一个稳定的原子，隧道电流就会很稳定，而且能够获得原子级分辨率的图像。制备针尖的材料主要有金属钨丝、铂-铱合金丝等，其表面往往覆盖着一层氧化层或吸附一定的杂质，这常会造成隧道电流不稳、噪声大和图像的不合预期。因此，在每次实验前，都要对针尖进行处理，一般用化学法清洗，去除表面的氧化层及杂质，保证针尖具有良好的导电性。减震系统也很重要，由于仪器工作时针尖与样品的间距一般小于 1nm，因此任何微小的震动都会对仪器的稳定性产生影响，必须隔绝的两种扰动是震动和冲击，其中震动隔绝是主要的。

测试过程中，STM 针尖放在一个可进行三维运动的压电陶瓷管上，控制针尖在不同方向上运动，在电极上施加电压，压电陶瓷管就会形变，形变量与电压成正比，便可使针尖沿表面扫描，在不同方向施加电压，就能实现样品的扫描，就可以测量隧道电流 $I$，并以此反馈施加电压，再利用计算机的测量软件和数据处理软件，将得到的信息在屏幕上显示出来。在进针过程中，由于扫描管的形变量很小，STM 用步进电机移动扫描管，使针尖和样品的距离由毫米量级变成纳米量级。

扫描隧道显微镜的优势

① 具有原子级高分辨率，STM 在平行于样品表面方向上的分辨率可达 0.1nm，垂直于样品表面方向上的分辨率可达 0.01nm，可以分辨出单个原子。

② 可实时得到实空间中样品表面的三维图像，可用于具有周期性或不具备周期性的表面结构的研究，这种可实时观察的性能可用于表面扩散等动态过程的研究。

③ 可以观察单个原子层的局部表面结构，而不是对体相或整个表面的平均性质，因而可直接观察到表面缺陷、表面重构、表面吸附体的形态和位置。

④ 样品可为单晶、多晶及非晶，可在真空、大气、常温、高温、溶液等不同环境下工作，甚至可浸在水或其他溶液中，不需要特别的制样技术并且探测过程对样品无损伤。这些特点特别适用于研究生物样品和在不同实验条件下对样品表面的评价，例如对于多相催化机理、电化学反应过程中电极表面变化的监测等。

⑤ 配合扫描隧道谱（STS）可以得到有关表面电子结构的信息，例如表面不同层次的态密度、表面电子阱、电荷密度波、表面势垒的变化和能隙结构等。

⑥ 利用 STM 针尖，可实现对原子和分子的移动和操纵，这为纳米科技的全面发展奠定了基础。

⑦ 价格相对电子显微镜等大型仪器较低。

扫描隧道显微镜的局限性

① STM 的恒流工作模式下,有时它对样品表面微粒之间的某些沟槽不能够准确探测,与此相关的分辨率较差。在恒高工作模式下,这种局限性会有所改善。但只有采用非常尖锐的探针,其针尖半径远小于粒子之间的距离,才能避免这种缺陷。在观测超细金属微粒扩散时,这一点显得尤为重要。

② STM 所观察的样品必须具有一定程度的导电性,对于半导体,观测的效果就差于导体;对于绝缘体则根本无法直接观察。如果在样品表面覆盖导电层,则由于导电层的粒度和均匀性等问题又限制了对真实表面观测的分辨率。宾尼等人 1986 年研制成功的 AFM 可以弥补 STM 这方面的不足。

③ SEM 的工作条件受一点限制,如运行时要防震动,而且探针材料在南方应选铂,因为钨探针易生锈。

此外,在目前常用的(包括商品)STM 仪器中,一般都没有配备 FIM,因而针尖形状的不确定性往往会对仪器的分辨率和图像的认证与解释带来许多不确定因素。

**应用领域**

① 扫描:扫描隧道显微镜在工作时,探针充分接近样品产生一束有高度空间限制的电子束,因此在成像工作时具有极高的空间分辨率,从而可进行科学观测。

② 探伤与修补:扫描隧道显微镜在对表面进行加工处理时,可以对表面形貌进行实时成像,主要是为了检查表面各种结构上的缺陷和损伤,并建立或切断连线来消除缺陷,从而得到修补,可以使用的方法有表面淀积和刻蚀等,还可以再用其检查修补结果的好坏。

③ 进行微观操作

a. 引发化学反应　扫描隧道显微镜在场发射模式时,还是需要让针尖与样品接近,但用一定的外加电压,最低 10V 左右就可产生足够高的电场,电子在其作用下将穿越针尖的势垒向空间发射。这些电子具有一定的束流和能量,因为它们的运动距离特别小,导致样品处来不及发散,所以束径很小，一般为纳米量级，因此可能在纳米尺度上引起化学键断裂，产生化学反应。

b. 移动，刻写样品　　当扫描隧道显微镜在恒流工作状态下时，突然缩短针尖与样品的间距或在针尖与样品的偏置电压上加一脉冲，针尖下样品表面微区中将会出现纳米级的坑、丘等结构上的变化。针尖进行刻写操作后不会对其有损坏，仍可用它对表面原子进行成像，可以实时检验刻写结果的效果。

## 透射电镜（Transmission Electron Microscope, TEM）

透射电镜（透射电子显微镜）是采用波长较短的电子束作照明源，把经加速和聚集的电子束投射到非常薄的样品上，电子与样品中的原子碰撞而改变方向，从而产生立体角散射。散射角的大小与样品的密度、厚度相关，因此可以形成明暗不同的影像。通常，透射电子显微镜的分辨率为 0.1～0.2nm，放大倍数为几万至百万倍，用于观察超微结构，即小于 $0.2\mu m$、光学显微镜下无法看清的结构，又称"亚显微结构"。

电子显微镜的发展起源于阴极发射式电镜。早在 1932 年，布吕彻和雅哈索就已经设计出了一种只能观测阴极的电镜，它具有一级放大功能。这种电镜中，发射电子的阴极是研究的对象，其发射的电子通过一定的几何光学系统后给出阴极的像。像的明暗取决于物面上的发射分布，因此通过研究发射分布就能了解物面的结构情况。然而，由于绝大多数物体都不能发射电子，因此阴极发射式电镜的应用具有很大的局限性。

为了解决这个问题，人们开始尝试让电子束通过被研究的物体来研究物体的结构，这就是透射电子显微镜。1947 年，海勒和朗勃将消像散器应用于电镜，将电镜分辨率提高到了 1nm。但是，为了使电子束穿过被研究的物体，不仅要求电子束具有足够大的能量，同时还要求物体具有极小的厚度。历史上由于样品制备上的困难，物理学家和金属材料学家较晚才开始运用透射电子显微镜技术。

在 1955 年以前，电镜的基本功能还只限于显微放大。它在固体材料上的应用也局限于用表面复型技术观测材料的表面，这种方法只能间接了解固体的表面状况。然而，1956 年赫尔许等成功地制出 100～200nm 薄的样品试样，先后在不锈钢中和铝中看到了位错。从此，透射电子显微镜引起了人们极大的兴趣，迅速发展成直接观察样本缺陷的有力工具，从复型技术到透射技术的转变是电子显微学发展史上一个重要的转折点。

在过去的几十年间，透射电子显微镜得到了快速的发展并为科学技术的进步起到了重要的推动作用。目前透射电子显微镜技术发展迅速，先后出现了扫描透射电子显微镜（Scanning Transmission Electron Microscopy，STEM）和超快透射电子显微镜（Ultrafast Transmission Electron Microscopy，UTEM）；冷冻透射电子显微镜（Frozen Transmission Electron Microscopy，FTEM）；原位透射电子显微镜（in-situ Transmission Electron Microscopy，in-situ TEM）；球差校正透射电子显微镜（Spherical Aberration-corrected Transmission Electron Microscopy，CTEM）等新型电镜，已经将透射电子显微镜技术和其应用推上了一个新的高峰。

**工作原理**

透射电镜和光学显微镜最基本的原理是相同的，显微放大过程基本相似，电镜的光路和部件术语基本一样。不同的是，电镜的照明源不是可见光而是电子束；透镜也不是玻璃而是轴对称的电场或磁场，电镜的总体结构、成像原理、操作方式等与光学显微镜有着本质上的区别。透射电镜把经加速和聚集的电子束投射到非常薄的样品上，电子与样品中的原子碰撞而改变方向，从而产生立体角散射，散射角的大小与样品的微观厚度、平均电子序数、晶体结构等相关，因此可以形成明暗不同的影像，影像将在放大、聚焦后在成像器件如荧光屏、胶片以及感光耦合组件上显示出来。透射电子显微镜既可以对样品进行形貌观察，也能通过对样品的电子衍射花样测试实现对样品的结构分析。

① 分辨本领与放大倍数　分辨本领是指能够分辨物体上两点之间的最小距离。光学显微镜（光镜）与电镜的分辨率相差达 1000 倍以上，因为光镜的分辨本领受到衍射效应的限制。当光线从一点出发透过显微镜时，所成的像不再是一点而是一个周围带有阴影的光斑。如果物体上两个质点靠得很近，所成的像就可能分辨不清。也就是说，光的波动性给光学显微镜规定了一个分辨本领的限制。光镜的分辨本领最终只能达到约为照明波长的 0.4 倍。

放大倍数是指物体经过仪器放大后的像与物体的大小之比。放大了的像还可多次放大，但到一定限度后继续放大时便不能增加细节，这是分辨本领的限制所致。不能增加图像细节的放大倍数称为空放大，而与分辨本领相应的最高放大倍数称为有效放大倍数，为眼的分辨本领与仪器的分辨本领之比。

② 电子波（束）特性　为了提高显微镜的分辨本领，就需要寻找波长更短的光作照明。1924 年法国学者德·布罗依（De. Broglie）等人创立了波动力学，提出了物质波的概念，指出高速运动的粒子不仅具有粒子性，而且具有波动性。这个假设不久就为电子衍射实验所证实。衍射是波动的特性，高速运动的电子能发生衍射，证明它是一种波。它具有波动所具有的共同特征量——波长、频率、振幅、相位等，并且服从于波动的规律。

③ 磁透镜的光学性质和聚焦原理　电镜实质上是电子透镜的组合。电子透镜有静电透镜和磁透镜两种。

磁透镜的聚焦原理：电子在进入磁场后受到磁场（洛伦兹力）作用，使电子束产生两种运动——旋转和折射，而电子在磁场中的旋转与折射是各自进行的。因此，在讨论磁透镜的聚焦作用时就可以暂不考虑电子的旋转，这样，电子在磁透镜的折射与光通过玻璃凸透镜的聚焦作用相似了。正如玻璃凸透镜可用于放大成像一样。磁透镜也能用于放大成像，而且还可以借用几何光学中的光线作图法与术语，如用焦点、焦距、物距、像距等概念来描述电子在磁透镜的运动轨迹。

透射电子显微镜主要由电子光学系统（镜筒）、真空系统、电源和控制系统三大部分组成。

电子光学系统通常称为镜筒，是透射电子显微镜的核心，如图 7-11 所示。它又可以分为照明系统、成像系统和图像观察与记录系统三部分。① 照明系统，由电子枪与聚光镜组成，作用是产生高强度、高稳定度、高平行度的电子束。聚光镜用来会聚电子枪射出的电子束，以最小的损失照明样品，调节照明强度、孔径半角和束斑大小。② 成像系统，由样品室、物镜、中间镜及投影镜组成，作用是将透过样品的电子束进行成像或成衍射花样，经过物镜、中间镜和投影镜多级放大，在下面的荧光屏上形成最终放大像。总的放大倍数是物镜、中间镜、投影镜放大倍数的乘积，即：$M_{总} = M_{物} \times M_{中1} \times M_{中2} \times M_{投}$。样品室是承载样品的重要部件，可使样品在极靴孔内平移、倾斜、旋转，以便找到合适的区域或位向，进行有效观察和分析。物镜是 TEM 最关键的部分，它的作用是将来自试样不同点的同方向同相位的弹性

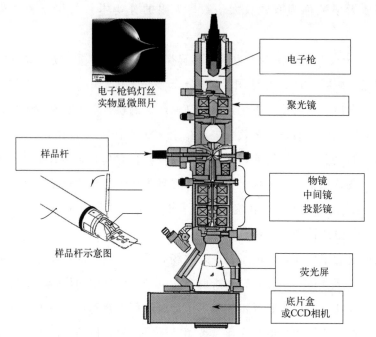

图 7-11　透射电子显微镜的电子光学系统

散射束会聚于其后焦面上,构成含有试样结构信息的衍射花样,将来自试样同一点的不同方向的弹性散射束会聚于其像平面上,构成与试样组织相对应的显微像。TEM 分辨本领的高低主要取决于物镜,物镜的分辨率主要取决于极靴的形状和加工精度。一般来说,极靴的内孔和上下极靴之间的距离越小,物镜的分辨率越高,所以高分辨电镜的可倾转角度往往比较小。中间镜是弱励磁的长焦距变倍透镜,在电镜操作中,主要是通过中间镜来控制电镜的总放大倍率。投影镜的作用是经中间镜放大的像(或电子衍射花样)进一步放大,并投影到荧光屏上,它也是一个短焦距的强磁透镜。③图像观察与记录系统,由观察室和照相室或 CCD 系统组成。最终图像可以在荧光屏上直接观察,也可通过下面的照相室或 CCD 将图像保存下来。观察室处于投影镜下,空间较大,开有铅玻璃窗,可供操作者从外部观察分析用。铅玻璃既有良好的透光特性,又能隔断 X 射线和其他有害射线的逸出,还能可靠地耐受极高的压力差以隔离真空。由于电子束的成像波长太短,不能被肉眼直接观察,电镜中采用了涂有荧光物质的荧光屏板,把接收到的电子影像转换成可见光的影像。观察者需要在荧光屏上对电子显微影像进行选区和聚焦等调整与观察分析，这就要求荧光屏的发光效率高，分辨力好，目前多采用能发黄绿色光的硫化锌-镉类荧光粉作为涂布材料。

真空系统一般是由机械泵、油扩散泵、离子泵、阀门、真空测量仪和管道等部分组成。透射电子显微镜镜筒必须具有高真空度，这是因为：①若镜筒内存在空气，会产生气体电离和放电现象；②高速电子与气体分子碰撞而散射降低成像衬度，污染样品。

透射电子显微镜需要两部分电源，一是供给电子枪的高压部分，二是供给电磁透镜的低压稳流部分，加速电压和透镜电流的不稳定将使电子光学系统产生严重像差，从而使分辨能力下降。

在进行 TEM 测试时，我们需注意样品有以下要求：①供 TEM 分析的样品必须对电子束是透明的，通常样品观察区域的厚度需小于 200nm，甚至更低；②所制得的样品还必须具有代表性以真实反映所分析材料的某些特征。

透射电镜的结构原理是：由电子枪发射出来的电子束，在真空通道中沿着镜体光轴穿越聚光镜，通过聚光镜将之汇聚成一束尖细、明亮而又均匀的光斑，照射在样品室内的样品上；透过样品后的电子束携带有样品内部的结构信息，样品内致密处透过的电子量少，稀疏处透过的电子量多；经过物镜的汇聚调焦和初级放大后，电子束进入下级的中间透镜和第 1、第 2 投影镜进行综合放大成像，最终被放大了的电子影像投射在观察室内的荧光屏上；荧光屏将电子影像转化为可见光影像以供使用者观察。

图像类别

① 明暗场衬度图像

明场成像（Bright field image） 在物镜的背焦面上，让透射束通过物镜光阑而把衍射束挡掉得到图像衬度的方法。

暗场成像（Dark field image） 将入射束方向倾斜 $2\theta$ 角度，使衍射束通过物镜光阑而把透射束挡掉得到图像衬度的方法。

② 高分辨 TEM（HRTEM）图像

HRTEM 可以获得晶格条纹像（反映晶面间距信息） 结构像及单个原子像（反映晶体结构中原子或原子团配置情况）等分辨率更高的图像信息，但是要求样品厚度小于 1nm。

③ 电子衍射图像

选区衍射（Selected area diffraction，SAD） 微米级微小区域结构特征。

会聚束衍射（Convergent beam electron diffraction，CBED） 纳米级微小区域结构特征。

微束衍射（Microbeam electron diffraction，MED） 纳米级微小区域结构特征。

**应用领域**

由于电子易散射或被物体吸收，故穿透力低，样品的密度、厚度等都会影响最后的成像质量，必须制备超薄切片，通常为 50～100nm。所以用透射电子显微镜观察时的样品需要处理得很薄。常用的方法有：超薄切片法、冷冻超薄切片法、冷冻蚀刻法、冷冻断裂法等。对于液体样品，通常是挂预处理过的铜网进行观察。以下是透射电镜在各个领域中的应用。

① 生物学中的应用

a. 细胞学　由于超薄切片技术的出现和发展，人类利用透射电镜对细胞进行了更深入的研究，观察到了过去无法看清楚的细胞超微结构。例如，用透射电镜观察到了生物膜的三层结构以及细胞内的各种细胞器的形态学结构等。

b. 发现和识别病毒　许多病毒，尤其是肿瘤病毒就是用透射电镜发现的。透射电镜也为病毒的分类提供了直观的依据，例如 SARS 病毒就是首先在透射电镜下观察到并确认是病毒而不是支原体的。

c. 临床病理诊断　生物体发生疾病都会导致细胞发生形态和功能上的改变，通过对病变区细胞的透射电镜观察就可以为疾病诊断提供有力依据。例如目前透射电镜在肾活检、肿瘤诊治中发挥了重要作用。

d. 免疫学　电镜技术与生命科学中新兴起的技术相结合，促进了新技术的应用。例如电镜技术与免疫学技术相结合产生了免疫电镜技术，它可以对细胞表面及细胞内部的抗原进行定位，使人可以了解抗体合成过程中免疫球蛋白的分布情况等。

e. 细胞化学　研究细胞内各种成分在超微结构水平上的分布情况以及

这些成分在细胞活动过程中的动态变化，以阐明细胞的化学和生化功能。其中主要的是蛋白质（尤其是酶）的细胞内定位，其次是核酸、脂肪、碳水化合物及无机离子的定位。该技术促进了形态学和生物化学的结合，使生命科学的研究进入了新的水平。

② 材料科学中的应用　材料研究用的 TEM 试样大致有三种类型：经悬浮分散的超细粉末颗粒；用一定方法减薄的材料薄膜；用复型方法将材料表面或断口形貌复制下来的复型膜。

a. 表面形貌观察　复型技术是制备薄样品的方法之一，而用来制备复型的材料常选用塑料和真空蒸发沉积碳膜，它们都是非晶体。复型技术只能对样品表面形貌进行复制，不能揭示晶体内部组织结构等信息，受复型材料本身尺寸的限制，透射电镜的高分辨本领不能得到充分发挥，萃取复型虽然能对萃取物相作结构分析，但对基体组织仍然是表面形貌的复制。而由金属材料本身制成的金属薄膜样品则可以有效地发挥透射电镜的极限分辨本领：能够观察和研究金属及其合金的内部结构和晶体缺陷，成像及电子衍射的研究，把形貌信息与结构信息联系起来；能够进行动态观察，研究在温度改变的情况下相变的形核长大过程，以及位错等晶体缺陷在应力下的运动与交互作用。

b. 纳米材料分析　现在纳米材料（陶瓷、金属及有机物）、纳米粉体、介孔材料、纳米涂层、碳纳米管、薄膜材料、半导体芯片线宽测量等领域已得到了广泛应用。即使一般材料研究，要得到更多显微结构信息的高分辨率照片，也需要场发射透射电镜。

# 球差矫正透射电镜

(Spherical Aberration Corrected Transmission Electron Microscope, AC-TEM)

球差矫正透射电镜（球差电镜）是用球差矫正装置扮演凹透镜修正球差的透射电镜，超高的分辨率配合诸多的分析组件使 AC-TEM 成为深入研究纳米世界不可或缺的利器。材料学、生命科学、半导体制造、石油煤炭等研究领域的可靠助手。

**工作原理**

球差是像差的一种，是影响 TEM 分辨率的主要原因之一。

球差透射电镜采用球差矫正装置扮演凹透镜来修正球差，由于 TEM 分为普通的 TEM 和用于精细结构成像的 STEM，故 AC-TEM 也可分为 AC-TEM（球差矫正器安装在物镜位置）和 AC-STEM（球差矫正装置安装在聚光镜位置），如图 7-12 所示。此外，还有在一台 TEM 上同时安装两个矫正器的，同时矫正汇聚束（Probe）和成像（Image）的双球差矫正 TEM。

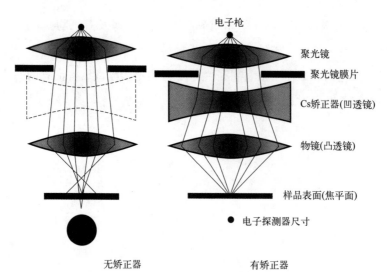

图 7-12 球差矫正光路示意图

透射电镜球差矫正器的原理基于球差的本质。球差是由于透射电镜的球形透镜在不同位置上的折射率不同而引起的。因此，矫正球差的方法是通过在透射电镜中加入一个球形透镜，使其与原有的球形透镜产生相反的球差，从而抵消原有的球差。

具体来说，透射电镜球差矫正器包括一个球形透镜和一个电子透镜。球形透镜的作用是产生相反的球差，而电子透镜则用于调节球形透镜的位置和焦距，以实现球差的矫正。在使用透射电镜球差矫正器时，首先需要对透射电镜进行调整，使其成像质量达到最佳状态，然后将球形透镜插入透射电镜中，并通过电子透镜进行调节，直到球差被完全矫正。

球差矫正透射电镜的主要组成部分包括光学系统、真空系统和电源与控制系统等，光学系统作为该仪器的重要组成部分，能够体现该仪器的成像原理，如图 7-13 所示。

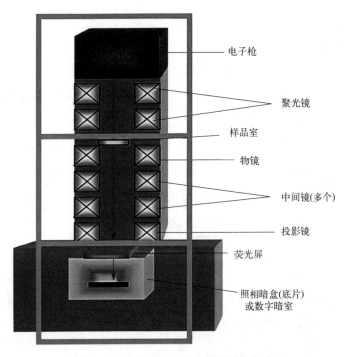

图 7-13　球差矫正透射电镜的结构组成

（1）光学系统

该组成部分主要指透射电镜的镜筒，其中，聚焦电子束的电磁透镜主要是利用磁场/电场力作用：电子在磁场或电场中受到洛伦兹力或电场力作用时，会改变其原有的运动轨迹方向；而电子枪与两个聚光镜构成了照明系统，该系统的主要作用是提供符合需求的小尺寸的光斑；物镜、投影镜、物镜光阑、中间镜以及视场光阑则组成了成像系统，透射电子显微镜的分辨率通常会被成像系统中的一个强磁透镜影响，该强磁透镜作为物镜的核心部分，能够形成衍射谱及放大的像；与之相对，弱磁透镜，又称中间镜，与投影镜协同作用，具有二次放大的作用，并将放大得到的图像投影到对应的接收器上。

(2) 真空系统

球差矫正透射电镜的工作环境对真空度的要求极高，通常情况下，真空度需保持在 $10^{-3} \sim 10$ Pa，若是达不到该真空度，极易导致工作过程中内部组件的氧化，缩短仪器的使用寿命。因此，仪器使用及保养过程中要重点注意其真空度的变化。

(3) 电源与控制系统

该组成部分的首要功能是提供稳定的电源，以供电子束的加速和聚焦等。同时，在荧光屏下面是照相暗盒，它和电磁快门、曝光表组成像的记录系统，用于把最终的图像拍摄记录下来。

基于此，球差矫正透射电镜的工作流程是：由电子枪发射出来的电子束，在真空通道中沿着镜体光轴穿越聚光镜，通过安装有聚光镜矫正器的聚光镜将之会聚成一束尖细、明亮而又均匀的光斑，照射在样品室内的样品上；透过样品后的电子束携带有样品内部的结构信息，样品内致密处透过的电子量少，稀疏处透过的电子量多；经过物镜（或装有矫正器）的会聚调焦和初级放大后，电子束进入下级的中间透镜和投影镜进行综合放大成像，最终被放大了的电子影像投射在观察室内的荧光屏（板）上；荧光屏将电子影像转化为可见光影像以供使用者观察。

球差矫正透射电镜的优势

球差电镜的最大优势在于球差矫正削减了像差，从而提高了分辨率。传统 TEM 的分辨率在纳米级、亚纳米级，而 AC-TEM 的分辨率能达到埃级，甚至亚埃级别（目前 AC-TEM 最高分辨率可达 0.06nm）。分辨率的提高意味着能够对材料进行更精细、更准确的结构表征。

如果想了解样品的原子级的结构并希望知道原子的元素种类（例如纳米晶体催化剂等），AC-STEM 将会是比较好的选择。如果想观察样品的形貌和电子衍射图案或者样品在 TEM 中的原位反应，那么物镜矫正的 AC-TEM 将会是更好的选择。

**应用领域**

① TEM 模式：原位电子显微学研究。

② STEM 模式：该模式下，可以使用各种明场和暗场探头收集各种图像。收集图像种类有 HADDF、LADDF、BF、ABF（JEOL），它的优势是得到原子结构像，像的衬度与原子序数有关，处理数据简单。EDS 和 EELS 线扫描和面扫描都需要在此模式下进行。

③ EELS（电子能量损失谱）：EELS 能够测试的元素的能量分辨率为 0.7eV，理论上 Li 之后的元素可以测。C、N、O、F、Mn、Fe、Ni、Cu 等这些元素的测试应用较多，但有些元素在高能区，不易测试。

④ HRTEM（高分辨像）：用来观测晶体内部结构、原子排布以及位错、孪晶等精细结构。高分辨像是相位衬度像，是所有参加成像的衍射束与透射束因相位差而形成的干涉图像。

⑤ Mapping（EDS/EDX）：用于获得合金、纳米管、壳体材料等的元素分布，进而辅助物相鉴定或结构分析等。

⑥ 会聚束电子衍射花样（CBED）：入射电子以非平行光入射样品并发生衍射时，物镜后焦面上的透射斑和衍射斑均扩展为圆盘，而圆内的各种衬度花样将反映样品晶体结构的三维信息。会聚束主要应用于晶体对称性、晶体点阵参数、薄晶片厚度、晶体和准晶体中位错矢量的测量及材料应变场研究。

⑦ 选区电子衍射花样（SAED）：用于晶体结构分析，晶格参数测定，辅助物相鉴定等。

# 激光粒度仪（Laser Particle Size Analyzer）

激光粒度仪以激光为探测光源，利用光源散射原理进行粉体测量，具有测量范围宽、结果分析快、重复性好等优势，是一种应用广泛而且比较有发展前途的粒度测量设备。英国马尔文仪器有限公司是最初一批商用激光粒度仪的生产厂商之一，于 20 世纪 70 年代左右制造出该公司第一台商用激光粒度仪，随后生产出世界上第一台激光 PCS 纳米粒度及 Zeta 电位分析仪，第一台超声粒度分析仪，成为举世公认的激光粒度分析技术的先锋及行业标准。后来，日本 HORIBA 在长年积累的粒子径计测技术和经验基础上，实现了从 1nm 的分子、原子级超微小区域到 6000nm 的大量程测定，而且准备了黏度计内置型，黏度值也能自动测定并输入。我国粒度测试技术研究工作起步于 20 世纪 70 年代，激光粒度仪的研制自 80 年代开始，90 年代中期以前，国产粒度测试仪器主要以沉降粒度仪为主，商品化的激光粒度仪还没有投放市场。

近年来，我国粒度仪行业发展迅猛，具有自主知识产权的、性能优良的国产粒度仪产品不断问世，并在近十年有了明显的突破。

**工作原理**

激光粒度仪是根据颗粒能使激光产生散射这一物理现象测试粒度分布的。由于激光具有很好的单色性和极强的方向性，所以在没有阻碍的无限空间中激光将会照射到无穷远的地方，并且在传播过程中很少有发散的现象。米氏散射理论表明，当光束遇到颗粒阻挡时，一部分光将发生散射现象，散射光的传播方向将与主光束的传播方向形成一个夹角 $\theta$，$\theta$ 角的大小与颗粒的大小有关，颗粒越大，产生的散射光的 $\theta$ 角就越小；颗粒越小，产生的散射光的 $\theta$ 角就越大。即小角度（$\theta$）的散射光是由大颗粒引起的；大角度（$\theta_1$）的散射光是由小颗粒引起的。进一步研究表明，散射光的强度代表该粒径颗粒的大小。这样，测量不同角度上的散射光的强度，就可以得到样品的粒度分布,如图 7-14 所示。

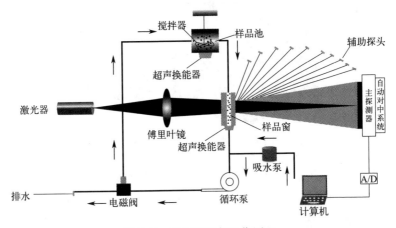

图 7-14 激光粒度仪工作原理

激光粒度仪的光散射可分为静态光散射和动态光散射。静态光散射法是采用光电探测器收集散射光的光强、能量等信号后,依据散射原理对信息进行计算解读从而获取颗粒尺寸信息的测量方法。这种方法获取的是一次得到的瞬时信息,因此称为静态法。应用较多的是动态光散射法。动态光散射法是利用光强随时间的变化来实现粒度测量,根据 Rayleigh 散射原理,在粒子尺寸远小于光波波长时,粒子的大小不再影响散射光相对强度的角分布,这种情况下无法使用静态光散射法进行测量。动态光散射法是依据颗粒在作布朗运动时,散射光的总光强会产生波动、散射光频率产生频移的原理,通过测量散射光强度函数随时间的衰减程度,分析得到颗粒的流体动力学尺寸及其分布信息。采用动态光散射法测量可将粒子直径的检测范围延伸到纳米级或亚纳米数量级。

激光粒度仪因具体用途不同,仪器的构造差异很大,但总体结构基本相同,如图 7-15 所示,主要由激光器、透镜系统、分散系统、样品室与进样系统、光电探测器、计算机与成像系统组成。激光粒度仪的两个核心部分是光路系统和数据处理系统。光路系统主要影响测量范围,数据处理系统主要影响的是结果的准确性。数据处理系统包括信号的滤波、提取和反演算法。

① 激光器　一般为 He-Ne 激光器或半导体激光器,作用是提供具有一定波长的光束。

图 7-15 激光粒度仪基本构造

② 透镜系统 分为入射前的扩束透镜和空间滤波器，将激光器发出的光束进行准直和过滤，使其成为一束平行单色光束；出射后的傅里叶透镜，用来将散射光会聚在焦平面。

③ 分散系统 依据分散剂不同分为湿法分散和干法分散。湿法分散通常通过超声和搅拌达到，分散效果与超声时间、频率和搅拌速度相关；干法分散则分为自由下落式和喷射式分散法两种。分散剂的主要作用是防止颗粒的沉降和凝聚，使颗粒呈良好分散态，理论上应当选择透明的、光学性质均衡、不与样品发生反应的液体。样品的充分分散是获得准确分析结果的前提，因此需要根据样品的性质选择合适的分散方法。

④ 样品室与进样系统 样品室通过进样系统与分散系统沟通。待测颗粒通过进样系统传输进样品室中，这一做法是为了保证颗粒分散均匀。

⑤ 光电探测器 光电探测器分布在散射光经过傅里叶透镜的焦平面上，数量众多，呈环状排列，这是由于每个需要检测的散射角均需安装一个传感器。分布在中心的传感器收集未衍射光束，用来测定样品的体积浓度；外围探测器用来接收散射光的分布角度与能量并将其转换为电信号，这些电信号经计算机测量与反演推算，可以获得颗粒的粒度分布特征。

目前主流纳米粒度仪使用的探测器有两种：PMT 光电倍增管和 APD 雪崩式光子计数器。

⑥ 计算机与成像系统。

激光粒度仪的优势

① 重复性好 仪器采用 Furanhofer（夫琅禾费）衍射及米氏散射理论，测试过程不受温度变化、介质黏度、试样密度及表面状态等诸多因素的影

响，只要将待测样品均匀地置于激光束中，即可获得准确的测试结果。

② 采用半导体激光发生器　具有光参数稳定、效率高、寿命长、不怕振动等一系列优点，克服了传统气体激光器由于自然漏气，需定期更换的缺点。

③ 测试迅速　由于无须沉降过程，使测试速度大幅度提高，在通常情况下，1min 内即可完成一次样品测试（不包括样品制备时间）。

④ 自动化程度高，操作简单　仪器采用微机进行实时控制，自动完成数据采集、分析处理、结果保存、打印等功能，操作简单，自动化程度高。

⑤ 测试范围宽　由于采用了大尺寸光电探测阵列（70 个通道）、侧向辅助光电探测阵列（12 个通道）及其他相应技术，使测试范围达到 0.1～450$\mu m$，并且由于仪器使用过程中无须更换镜头及调整光学系统，提高了系统的稳定性，简化了操作过程。

⑥ 采用独特的机械搅拌装置　具有搅拌力矩大、速度快、搅拌均匀等一系列优点。

**应用领域**

可测试的对象

① 各种非金属粉　如重钙、轻钙、滑石粉、高岭土、石墨、硅灰石、水镁石、重晶石、云母粉、膨润土、硅藻土、黏土等；

② 各种金属粉　如铝粉、锌粉、钼粉、钨粉、镁粉、铜粉以及稀土金属粉、合金粉等；

③ 其他粉体　如催化剂、水泥、磨料、医药、农药、食品、涂料、染料、荧光粉、河流泥沙、陶瓷原料、各种乳浊液。

激光粒度仪具有精度高、分析速度快、结果重现性好等优点，在对粒径分布范围窄的颗粒测试表现尤为突出的优势，在环境、考古、药学、食品、材料科学等领域均有广泛应用。

① 化工工业：可用于颗粒物料的质量检测和生产过程的监控，提高产品质量和生产效率。

② 食品行业：适用于粉状食品的颗粒大小和形状分析，如面粉、糖粉等，有助于改善产品口感和质量。

③ 材料科学：在材料表面、涂层、薄膜等的颗粒分析和表征中有广泛应用，对材料性能的改进和优化具有指导意义。

④ 地质学研究：沉积物粒度分布特征分析是探究沉积物特征、古环境与古气候的第一步。在地质学研究中，对沉积环境的判别分析对于含水层结构研究、水文地质识别和地下水流系统划分有重要意义。进行钻孔取样后对土壤样品进行粒度分析，可对颗粒的历史沉积环境进行判别与分析。

⑤ 药剂学研究：药剂的粒度控制在药剂学研究中具有重要意义。以用于银屑病和角化异常性皮肤病治疗的阿维 A（Acitretin）为例。阿维 A 属于第二代维 A 酸类衍生物，是一种难溶性药物，其粒度大小会直接影响药物的溶出速度，因此需要对其粒度进行严格质量控制。

⑥ 建筑行业：用于建筑材料生产，水泥的粒度分布将极大影响混凝土的强度。粒度分布的测量对最终产品的质量控制、降低生产成本、减少能耗方面均有极大的作用。对于水泥生产的实时控制，就需要激光粒度仪这样的监控仪器，保证数据的输出连续性，确保质量的可靠。

⑦ 大气监测：用于大气质量的监测，大气污染中主要是粒子状污染物。飘尘具有的交替特性使其形成气溶胶，会对环境造成极大影响。可以利用激光粒度仪测定大气中烟尘、灰尘在不同时间、不同位置的含量而得出大气中烟尘、灰尘时间-空间分布图，从而控制各地工业发展方向，为解决环境污染和全球性气候预测起到一定的指导作用。

⑧ 水质监测：用于江河湖泊水质监测，利用激光粒度仪测量水中金属氧化物以及固体颗粒含量，可以实时监控水质是否达标。同时，河水泥沙含量同样是一个重要指标，对于河口海岸带水质、地貌、环境等的研究具有重要意义。使用激光粒度仪测量可以让测量者得到连续的变化曲线，从而利于对环境变化的分析。

# 能谱仪（Energy Dispersive Spectrometer，EDS）

能谱仪是一种分析物质元素的仪器，常与扫描电镜或者透射电镜联用，在真空室下用电子束轰击样品表面，激发物质发射出特征 X 射线，根据特征 X 射线的波长，定性与半定量分析元素周期表中 Be～U 的元素，EDS 可提供样品表面微区定性或半定量的成分元素分析，以及特定区域的点分析（point）、线分析（line scan）、面分析（mapping）。

**工作原理**

当 X 射线光子进入检测器后，在 Si（Li）晶体内激发出一定数目的电子空穴对。产生一个空穴对的最低平均能量 ε 是一定的（在低温下平均为 3.8eV），由一个 X 射线光子造成的空穴对的数目为 $N=\Delta E/\varepsilon$，因此，入射 X 射线光子的能量与 $N$ 成正比。利用加在晶体两端的偏压收集电子空穴对，经过前置放大器转换成电流脉冲，电流脉冲的高度取决于 $N$ 的大小。电流脉冲经过主放大器转换成电压脉冲进入多道脉冲高度分析器，脉冲高度分析器按高度把脉冲分类进行计数，这样就可以描出一张 X 射线按能量大小分布的图谱，如图 7-16 所示。

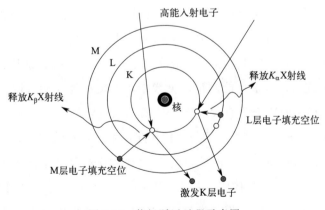

图 7-16　能级跃迁过程示意图

能谱仪由探测头、放大器、多道脉冲高度分析器、信号处理和显示系统组成。

探测头　把 X 射线光子信号转换成电脉冲信号，脉冲高度与 X 射线光子的能量成正比；

放大器　放大电脉冲信号；

多道脉冲高度分析器　把脉冲按高度不同编入不同频道，也就是说，把不同的特征 X 射线按能量不同进行区分；

信号处理和显示系统　鉴别谱、定性、定量计算，记录分析结果。

能谱仪中的探测器被置于一个特定角度，与样品非常接近，能测量到 X 射线的光子能量。探测器与样品之间的立体角越高，X 射线检测概率越高，因此越能获得最佳结果。常用的探头为 Si（Li）探测器，按照探头的位置以及数量配置，能谱仪一般可以分为斜插式、多探头、平插式等（图 7-17）。

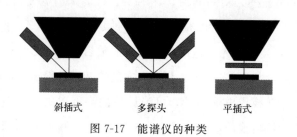

斜插式　　　　多探头　　　　平插式

图 7-17　能谱仪的种类

能谱仪是 SEM、TEM、EPMA 成分分析的重要附件。EDS 可同时记录所有 X 射线谱，用以测量 X 射线强度与 X 射线能量的函数关系，是一种不损坏试样的快速微区成分分析仪器。能谱仪的分辨率是指分开或识别相邻两个谱峰的能力，可用能量色散谱的谱峰半高宽来衡量，也可用 $\Delta E/E$ 的百分数来表示。半高宽越小，表示能谱仪的分辨率越高。目前能谱仪的分辨率达到 130eV 左右。能谱仪能测出的元素最小浓度称为探测极限，与分析的元素种类、样品的成分等有关，能谱仪的探测极限约为 0.1%～0.5%。如图 7-18 所示，SEM 的高能电子与试样相互作用产生的 X 射线，经过探测器窗口入射到探测器晶体，不同能量的 X 射线在探测晶体中产生不同数量的电子-空穴对，场效应晶体管（Field Effect Transistor，FET）初步放大收集来自晶体的电荷脉冲并将其转换为电压脉冲，经前置放大器进一步放大后，进入脉冲处理器对脉冲进行整形并降低噪声。经过整形的电压脉冲信号经过模数（A/D）转换后进入多道分析器。多道分析器是把不同能量的脉冲信号分开并存储在不同的能量通道内，最后在显示器上输出脉冲数及脉冲高度谱图。不同通道内的脉冲数与元素含量有关，不同脉冲高度与元素种类相对应。

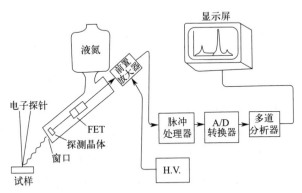

图 7-18　能谱仪的检测系统

加速电压的注意事项：①入射电子的能量（加速电压）必须大于被测元素线系的临界激发能；②X射线扩展范围应小于试样分析区域；③合适的过压比：$U=E_0/E_C=V_0/V_E=2\sim3$，使试样中产生的特征X射线有较高的强度、有较高的峰背比；④选用高加速电压时，不应使试样产生热或者电损伤，或者产生大的吸收校准值。一般情况下，对标准物质和试样中的每个元素，都应该用相同的加速电压分析。如果试样含有元素较多，加速电压无法使每个元素都能满足过压比为2~3时，入射电子的能量（对应加速电压）应超过大部分所分析元素的X射线临界激发能的1.5倍。

EDS在成分分析中的应用

① 点分析（point）　电子束固定在试样表面的某一点上，进行定性或者定量分析。

该方法准确度高，用于显微结构的成分分析，对于低含量元素定量分析的试样，只能用点分析。

测试注意事项

a）一般选择较大的块体在5000倍以下检测，块体太小或者倍数过大，都会造成背景严重，测量准确度下降；

b）选择样品比较平整的区域检测，若电子打在坑坑洼洼的样品表面，

X 射线出射深度差别较大，定量分析信息不够准确；

c）电子束与轻元素相互作用区域较大，干扰更强，定量分析结果可能偏差较大。

② 线分析（line scan）　电子束沿样品表面的一条分析线进行扫描，采集每个位点元素的特征 X 射线，可获得元素含量变化的线分布曲线，结果和试样形貌像对照分析，能直观地获得元素在不同相或区域内的分布，曲线高的地方，表明该元素含量高。

线扫描报告由三部分组成：样品形貌照片、元素谱图及线扫描结果图，此种扫描方式不能定量分析。

③ 面分析（mapping）　电子束在样品表面的某一区域扫描时，能谱仪固定接收某一元素的特征 X 射线，每采集一个特定 X 射线光子，在荧屏上的对应位置打一个亮点，亮点集中的部位就是该元素浓度高的部位。如果样品由多种元素组成，可以得到每个元素的面分布图。研究材料中杂质、相的分布和元素偏析常用此方法。面分布报告由四部分组成：样品表面形貌照片、元素谱图、各种元素面扫描综合图以及每一种元素面扫描图。

EDS 能谱仪的优势

① 能快速、同时对各种试样的微区内 Be～U 的所有元素定性、定量分析，几分钟即可完成；

② 对试样与探测器的几何位置要求低，对 W.D 的要求不是很严格；可以在低倍率下获得 X 射线扫描、面分布结果；

③ 能谱所需探针电流小，对电子束照射后易损伤的试样，例如生物试样、快离子导体试样、玻璃等损伤小；

④ 检测限一般为 0.1%～0.5%，中等原子序数的无重叠峰主元素的定量相误差约为 2%。

EDS 能谱主要用途

① EDS 测试与扫描电镜或者透射电镜联用，选定微小位置区域，探测元素成分与含量；

② EDS 测试是失效分析当中对于微小痕量金属物质检测的重要手段；

③ EDS 测试是区分有机物与无机物的简便的手段，只要发现检出大量碳和氧元素，基本可以断定含有有机物。

EDS 能谱测试要求

① 对于非金属样品，为了提高放大倍率，需要镀金，样品原貌会有一定改变；

② 对于金属样品，不用镀金就可以进行元素分析。

**应用领域**

① 化学领域：对物质进行分析和检测。通过对放射性核素的辐射能量进行测量，可以精确地测量样品中的元素含量和放射性活度。

② 医学领域：能谱仪可以用于放射性药物的生产和质量控制，促进医学影像技术的发展和掌握，为临床诊断提供重要的支持。

③ 物理领域：能谱仪可以用于测定核素的能谱，研究核反应过程和物质的物理性质。此外，能谱仪还可以用于天文学中对宇宙射线进行测量和研究。

④ 材料领域：金属材料的相分析、成分分析和夹杂物形态成分的鉴定；还可对固体材料的表面涂层、镀层进行分析，如金属化膜表面镀层的检测。

⑤ 鉴别：金银饰品、宝石首饰的鉴别，考古和文物鉴定，以及刑侦鉴定等领域。

# 参考文献

[1] 胡坪,王氢. 仪器分析 [M]. 5版. 北京:高等教育出版社,2019.

[2] 郭英凯,王韬,朱华静. 仪器分析 [M]. 2版. 北京:化学工业出版社,2015.

[3] 马毅龙,董季玲,丁皓. 材料分析测试技术与应用 [M]. 北京:化学工业出版社,2017.

[4] 高炜斌,徐亮成. 高分子材料分析与测试 [M]. 3版. 北京:化学工业出版社,2019.

[5] 张东升,秦健. 生物光镜与电镜技术 [M]. 北京:中国林业出版社,2022.